中国科普大奖图书典藏书系

# 科学大师的失误

杨建邺◎著

长江出版传媒 | 湖北科学技术出版社

**图书在版编目（CIP）数据**

科学大师的失误 / 杨建邺著. — 武汉：湖北科学技术出版社，2013.4（2018.6重印）
（中国科普大奖图书典藏书系 / 叶永烈 刘嘉麒主编）
ISBN 978-7-5352-5615-7

Ⅰ. ①科… Ⅱ. ①杨… Ⅲ. ①科学探索－普及读物
Ⅳ. ①N49

中国版本图书馆CIP数据核字（2013）第055098号

科学大师的失误
KEXUE DASHI DE SHIWU

责任编辑：曾 菡　　封面设计：戴 旻

出版发行：湖北科学技术出版社　　电话：027-87679468
地　　址：武汉市雄楚大街268号　　邮编：430070
（湖北出版文化城B座13-14层）
网　　址：http://www.hbstp.com.cn

印　　刷：武汉立信邦和彩色印刷有限公司　　邮编：430026

700×1000　1/16　　20.5印张　2插页　256千字
2013年4月第1版　　2018年6月第5次印刷
定价：34.00元

# 总序

ZONGXU

我热烈祝贺“中国科普大奖图书典藏书系”的出版！“空谈误国，实干兴邦。”习近平同志在参观《复兴之路》展览时讲得多么深刻！本书系的出版，正是科普工作实干的具体体现。

科普工作是一项功在当代、利在千秋的重要事业。1953年，毛泽东同志视察中国科学院紫金山天文台时说：“我们要多向群众介绍科学知识。”1988年，邓小平同志提出“科学技术是第一生产力”，而科学技术研究和科学技术普及是科学技术发展的双翼。1995年，江泽民同志提出在全国实施科教兴国的战略，而科普工作是科教兴国战略的一个重要组成部分。2003年，胡锦涛同志提出的科学发展观则既是科普工作的指导方针，又是科普工作的重要宣传内容；不是科学的发展，实质上就谈不上真正的可持续发展。

科普创作肩负着传播知识、激发兴趣、启迪智慧的重要责任。“科学求真，人文求善”，同时求美，优秀的科普作品不仅能带给人们真、善、美的阅读体验，还能引人深思，激发人们的求知欲、好奇心与创造力，从而提高个人乃至全民的科学文化素质。国民素质是第一国力。教育的宗旨，科普的目的，就是为了提高国民素质。只有全民的综合素质提高了，中国才有可能屹立于世界民族之林，才有可能实现习近平同志最近提出的中华民族的伟大复兴这个中国梦！

新中国成立以来，我国的科普事业经历了1949—1965年的创立与发展阶段；1966—1976年的中断与恢复阶段；1977—

1990 年的恢复与发展阶段；1990—1999 年的繁荣与进步阶段；2000 年至今的创新发展阶段。60 多年过去了，我国的科技水平已达到“可上九天揽月，可下五洋捉鳖”的地步，而伴随着我国社会主义事业日新月异的发展，我国的科普工作也早已是一派蒸蒸日上、欣欣向荣的景象，结出了累累硕果。同时，展望明天，科普工作如同科技工作，任务更加伟大、艰巨，前景更加辉煌、喜人。

“中国科普大奖图书典藏书系”正是在这 60 多年间，我国高水平原创科普作品的一次集中展示，书系中一部部不同时期、不同作者、不同题材、不同风格的优秀科普作品生动地反映出新中国成立以来中国科普创作走过的光辉历程。为了保证书系的高品位和高质量，编委会制定了严格的选编标准和原则：一、获得图书大奖的科普作品、科学文艺作品（包括科幻小说、科学小品、科学童话、科学诗歌、科学传记等）；二、曾经产生很大影响、入选中小学教材的科普作家的作品；三、弘扬科学精神、普及科学知识、传播科学方法，时代精神与人文精神俱佳的优秀科普作品；四、每个作家只选编一部代表作。

在长长的书名和作者名单中，我看到了许多耳熟能详的名字，备感亲切。作者中有许多我国科技界、文化界、教育界的老前辈，其中有些已经过世；也有许多一直为科普事业辛勤耕耘的我的同事或同行；更有许多近年来在科普作品创作中取得突出成绩的后起之秀。在此，向他们致以崇高的敬意！

科普事业需要传承，需要发展，更需要开拓、创新！当今世界的科学技术在飞速发展、日新月异，人们的生活习惯和工作节奏也随着科学技术的进步在迅速变化。新的形势要求科普创作跟上时代的脚步，不断更新、创新。这就需要有更多的有志之士加入到科普创作的队伍中来，只有新的科普创作者不断涌现，新的优秀科普作品层出不穷，我国的科普事业才能继往开来，不断焕发出新的生命力，不断为推动科技发展、为提高国民素质做出更好、更多、更新的贡献。

“中国科普大奖图书典藏书系”承载着新中国成立60多年来科普创作的历史——历史是辉煌的，今天是美好的！未来是更加辉煌、更加美好的。我深信，我国社会各界有志之士一定会共同努力，把我国的科普事业推向新的高度，为全面建成小康社会和实现中华民族的伟大复兴做出我们应有的贡献！“会当凌绝顶，一览众山小”！

中国科学院院士
华中科技大学教授 杨叔子 二〇一二 九、廿八

# 前　言

我们都知道，首创精神是科学研究活动最根本的要求；没有首创精神，就没有科学的存在，当然也就更谈不上科学的发展。但是，首创精神与错误、失败又是紧密相连的。这是因为只有探索别人从来没有或不敢探索的问题，提出别人没有或不敢提出的新见解，才能称得上具有首创精神。在进行这样的探索活动时，没有先例可循，有时甚至要打破旧框框，为后人提供一个崭新的框架。试想，在这种情形下怎么可能避免错误和失败呢？这正像一个人在漆黑的夜晚摸索于崎岖的山路上，他怎么可能不被石头绊一下或跌一跤呢？就是跌得鼻青脸肿、头破血流也不是什么很奇怪的事，除非他干脆屈膝抱头，在山缝里坐等天明。

谨小慎微、害怕担风险、人云亦云的“科学家”，固然不会犯什么错误，但也不会有所发现，有所发明，有所创造。苏联著名物理学家米格达尔说得好，如果从来没有做过一件错误的工作可以算是一个科学家的认真负责的话，那也可以简单地证明这位科学家缺乏勇气和首创精神。

纵观整个科学史我们就会发现，其中不仅包含令人叹为观止、夺目耀眼的成果，而且也包含有不少的错误和失败。英国物理学家开尔文勋爵（Lord Kelvin，1824—1907，即威廉·汤姆森，William Thomson）一语道破此中真谛，他说：

我坚持奋斗五十五年，致力于科学发展，用一个词可以道出我最艰辛的工作特点，这个词就是“失败”。

其实，科学史上科学家所犯的各种错误和所遭受的失败，不仅在内容上丰富多彩、引人入胜，而且就其对后人的启发性而言，比成功史还更胜一筹。对此，英国著名化学家戴维爵士（Sir Humphry Davy，1778—1829）就曾感触至深地说：

我的那些最重要的发现是受到失败的启发而获得的。

所以，我们实在很有必要对科学家的失败事例，作一番深入细致的研究。美国生理心理学家、美国心理学会前主席米勒（Neal E. Miller，1909—2002）也曾尖锐地指出：

已经发表的研究报告都是根据事后的认识写成的。为了节省杂志的篇幅（或许是为了面子），他们忽略了开始时在黑暗中的探索和尝试，由于失败而放弃的所有的尝试几乎都没有被提起。因此，他们描述的图景未免过于规律，过于简单，容易使人产生误解，其作用实际是把科学的前沿推进到毫无知识的领域。

在任何时代和任何研究中，只要把研究的对象罩上一层紫蓝色神秘的光彩，都会无一例外地给人们带来遗憾、偏见和误解。由此可知，失败案例的研究是多么不可缺少！实际上，研究失败案例，素来为科学大师重视。伟大的英国物理学家麦克斯韦（James Clerk Maxwell，1831—1879）说得好：

科学史不限于罗列成功的研究活动。科学史应该向我们阐明失败的研究过程，并且解释，为什么某些最有才干的人们未能找到打开知识大门的钥匙，而另外一些人的名声又如何大大地强化了他们所陷入的误区。

美国著名生物学家和科学史家迈尔（Ernst Mayr，1904—2005）在他的巨著《生物学思想的发展》一书指出：

> 历史所表现出来的不仅是解决问题的成功的尝试，还有不成功的努力。在处理科学领域的重大争论的时候，要努力去分析争论对手用来支持相反理论的思想、观念(或信条)以及具体证据。……只有通过学习这些概念形成所经历的艰难道路，学习早先的错误假定怎样一个一个地被否定，换句话说，就是要学习过去的所有错误，才有可能获得真正透彻和完满的理解。在科学中，人们不仅通过自己的错误的历史进行学习，而且也通过别人的错误的历史进行学习。

我们非常赞同米勒、麦克斯韦和迈尔的观点，因此早就有心在这方面做一些尝试。本书汇集了作者多年来的研究成果，现在能够奉献给大家，感到由衷的高兴。我们希望读者能够从本书20多例科学家的失误中，得到两方面的收益、启发。

一方面是，即使是科学大师，像伽利略、牛顿、林耐、居维叶、高斯、欧拉、麦克斯韦、爱因斯坦这些科学巨匠，也同样会犯错误。可以肯定地说，任何一位杰出的科学家的科学探索，都绝不只是成功的记录；我们甚至可以说，他们一生中所经历的失败肯定比他们获得的成功更多。他们之所以能最终获胜，是他们在经历失败的痛苦煎熬时，从不失望、从不气馁。这就是他们成功的奥秘所在。

另一方面，失败固然在所难免，但通过对历史上失败事例的研究，我们可以总结出前人失败的经验和教训，以便在今后从事科学探索时作为借鉴，以减少一些可以避免的错误和失败，作者相信这是完全可以做到的。

如果这本书果真能使读者有所裨益，并由此受到激励，立志为人类壮丽的科学事业贡献自己的智慧和力量，那作者就会感到由衷的满足。

另外，本书讲的科学大师的失误不仅仅是研究思想和方法的失误，还有一些失误是由于心理、性格、情绪等非科学原因造成的失误。例如，有的科学家由于骄傲，有的由于某些民族情绪导致一时丧失客观标准而进退失据或者走向极端，导致可悲的错误发生。看见这些错误，有时不免唏嘘不止，感慨万千。

不论由于什么原因，导致失误的结果是一致的。研究这些失误应该具有重要的意义和价值。但是作者本人学识有限，没有涉及的，或者分析不严谨之处，在所难免。如果能够得到广大读者或者专家的指正，本人将非常感激！

本书第一版书名为《杰出科学家的失误》，2000 年 8 月在华中师范大学出版社出版后，受到读者的关注，曾经在 2001 年 12 月 9 日中央电视台 10 套《读书时间》，播出作者本人与该节目主持人李潘讨论本书若干内容。今年承蒙湖北科学技术出版社的好意，收集到“中国科普大奖图书典藏书系”里，既感到高兴和受到鼓舞，但也感到一份惶惑和担心。毕竟时间过了近十三年，读者的水平已经大不同于十几年前，这本书还会受到读者的关注和欢迎吗？这种担心曾经与何龙社长谈过，并因此觉得不收进“书系”为好。但是何龙社长并不同意我的担心，还是希望我修改审定后出版。于是我做了修改后，再次献给读者，希望还能有益于读者诸君。

谢谢出版社的高然先生，他多次鼓励我修改，积极帮助审定。没有出版社社长和编辑诸君的帮助，这本书就不会再呈现在读者面前。

杨建邺

华中科技大学宁泊书斋

2013 年 1 月 23 日

# 目　录

## 生物学家



## 数学家



## 化学家

## 天文、宇宙学家



## 物理学家

# 生物学家

## “生物学界的独裁者”居维叶

居维叶是一位杰出的比较解剖学家，古生物学的创始人。他坚定地反对拉马克主义理论，尤其是反对他的进化学说。虽然居维叶坚持反对物种变化的可能性，但他对比较解剖学的巨大变革使解剖学成了收集资料的有力工具，这些资料后来还成为支持进化论的证据。

L. N. 玛格纳

法国生物学家居维叶

在科学史上，人们一般把林奈看成是 18 世纪坚持物种不变教条的代表人物，这实在是有点委屈了林奈。林奈其实早就怀疑物种不变的教条，而且在他后期著作中也有所反映。可惜由于种种原因，他始终未能大胆、明确、决断地走向进化论，反而在科学史成了一个不光彩的代表人物，其实真正使物种不变的教条上升成为一个正儿八经的理论，并成为坚定彻底的反进化论者，是19世纪法国最伟大的生物学家、被称为当时“生物学界的独裁者”的居维叶(Georges Cuvier，1769—1832)。而且更令人惊诧莫名的是如美国著名生物学家、哈佛大学教授迈尔所说：

“在前达尔文时期，没有人像乔治·居维叶那样贡献出那么多最终支持进化论的新知识。”

可以想象，居维叶的科学生涯，尤其是他的失误，一定十分让读者感兴趣。我们现在就潜心进入居维叶的人生旅途上来。

## (一)

法国生物学家、比较解剖学奠基人乔治·居维叶于1769年出生于法国东部巴塞尔(Basel)附近的蒙贝利亚尔。他父亲是一个胡格诺教徒[①]，而且是一个传教士。年轻时他曾在法国部队为政府效劳，曾经有一段时间居住在符腾堡(Wurtemberg)境内(现为德国的一个州)，后来移居法国。退伍时，他只有很少的一点养老金，因此家庭生活常处于窘迫之境。

居维叶从小就是一个神童。4岁就能读书，14岁就进入斯图加特(Stuttgart)大学学习，比我国少年班大学生的平均年龄还小。特别聪明(尤其是所谓“神童”)的孩子似乎都有一个共同特点：身体都比较羸弱。居维叶似乎也难逃这一“规律”，虽从小颖悟非凡，体格却令人担心，常常生病。幸亏他的母亲十分疼爱小居维叶，呵护有加。正是因为这一原因，居维叶终生都对他的母亲怀有深深的爱意和崇敬的心情。母亲去世后，居维叶终生将母亲的一些遗物放在身边，不时面对遗物，缅怀慈母对他的恩情。

母亲见儿子有非同寻常的智力，很早就将他送进蒙贝利亚尔的初级小

① 胡格诺派(Huguenots)受到1530年代约翰·加尔文思想的影响，在政治上反对君主专制。1555—1561年期间，大批贵族和市民改宗胡格诺派。在此期间，天主教会首次用“胡格诺”称呼加尔文的信徒，而胡格诺派自称“改革者”。主要成分为反对国王专制、企图夺取天主教会地产的新教封建显贵和地方中小贵族，以及力求保存城市“自由”的资产阶级和手工业者。

学学习。虽然居维叶在同学中最小，但他那惊人的记忆和领悟能力，立即使老师对他另眼相看，并在他14岁时就将他保送到斯图加特大学的卡罗琳学院学习生物学。生物学教授基尔迈耶(K. F. Kielmayer)是研究比较解剖学的知名学者，他在讲授比较解剖学的时候，发现了居维叶的才干，因此十分重视他，常常给予额外的关照。

居维叶自幼就对大自然和它的历史有特殊的爱好，爱屋及乌，他甚至连名家的风景画和法国博物学家布丰(Georges Louis Leclerc, Comte of Buffon, 1707—1788)著作中的彩色插图都爱不释手。有了基尔迈耶教授的指导，他对博物学更是有了执著的爱好，在学习之余，常常到野外搜集各种动植物标本，和精心作图描绘这些标本。他多次获得大学的奖励，甚至还获得过一枚勋章。

1787年，居维叶从斯图加特大学毕业。由于家境困难，再加之那个时代社会为科学家提供的职位极少，因此他大学毕业后一时无法找到工作，这无疑给他添加了无穷的烦恼。幸运的是第二年，即1788年，他在诺曼底(Normandy)一位伯爵家里找到一个家庭教师的工作，这才使他有可能安下心来在教课之余从事博物学研究。在6年的家庭教师工作中，除了为学生上课，他把时间和精力都用于调查研究诺曼底地区动物与植物的分布情况。伯爵的家正好濒临拉芒什海峡(La Manche)，这为居维叶提供了观察大自然的方便机会。在6年时间里，他解剖了无数脊椎动物，还作下了详细记录，这些都为他以后的成功作下了厚实的准备。

成功永远是为那些坚持不懈的人准备下的礼物；成功者也从来不把自己的时间用在等待、无穷的埋怨之中，他们的座右铭永远是"不浪费一分钟，时刻行动"。居维叶就是成功者的一个典型人物。他并没有为自己一时的失意和远离学术中心而心怀戚戚，整天抱怨生活的不公正；而这正是许多年轻人的通病，动辄声称生活不公正，其实生活通常是公正的。他的生活准则是行动，积极的行动。在这种生活准则下，生活终会给他公正回报的。

1792年，他写出了第一部著作，内容是关于一种软体动物的解剖。正好在这期间,一位叫特希尔(M. Tesser)的农学家在诺曼底与居维叶邂逅相遇,居维叶的生活旅途从此有了转机。特希尔知道了居维叶的自强不息的精神和研究成果后,深深受到感动,他立即将此事写信告诉在巴黎国家自然历史博物馆的圣-伊莱尔教授(G. Saint-Hilaire, 1772—1844),说"我在诺曼底的粪土中挖出一颗明珠",建议圣-伊莱尔能设法让居维叶到巴黎去工作,否则会让法为科学界会后悔,云云。

大约是1794年底或1795年年初,圣-伊莱尔亲自写了一封洋溢着热情的信给居维叶，请他到巴黎国家自然博物馆来主讲动物解剖学。1795年春,蛰居诺曼底6年之久的居维叶在特希尔、圣-伊莱尔唤来的春雷声中,终于由"惊蛰"而跃入回春的大地。从此他在学术上和官场上都一帆风顺,青云直上。1795年他就获得法国科学院院士称号，1802年出任法国最高科学职位法国科学院终身秘书;1806年被选为英国伦敦皇家学会会员。他不仅有杰出的科学成就,而且还是一位成功的社会活动家,1813年在拿破仑时代他被任命"皇家特命全权代表",1819年又出任路易十八的新教内务部长,1831年年届64岁的居维叶被法国国王路易·菲力普封为男爵。第二年,即1832年,居维叶去世,为人类留下了彪柄的功勋和十几部巨著。

后世学者曾尊称他为"第二个亚里士多德",也略带贬义地称他为"生物学界的独裁者"。由此也可以感知到他为世界科学作出了多么大的贡献。

## (二)

居维叶到了巴黎国家自然历史博物馆之后,立即被任命为比较解剖学教授的助教,而他也勇敢地独当一面,在新的职位上开始了他的新的科学长征。他极端热爱他的新工作,一上任就开始系统整理比较解剖学里浩如烟海的资料。他曾经深情地对朋友说:

"从童年时代起我对比较解剖学就十分爱好,随着年龄的增大,在这方面的兴趣有增无减,直到后来决心献身于这门学科。"

比较解剖学是利用比较解剖的方法，研究动物器官之间的相互关系，和器官构造与机能之间的密切关联的规律。这种研究需要投入惊人的精力才可能获得成就，他自己曾说：

“我得一个一个地检查我的标本的物种。”

“在每一种情况下，我至少要解剖每一个亚属的一个物种。”

居维叶在巴黎自然博物馆演讲。

在研究鸟类时他说：

“我以最大的耐心检查了博物馆里保存的 4000 多只鸟类标本。我的艰苦繁重的研究工作，对真实、正确的鸟类史的建立，是有很大价值的。”

由于他艰苦、踏实而富有成效的研究，在他来到自然历史博物馆后仅三年时间，就写出了一本后来广为传播的著作《动物自然史的基本状况》(1798 年)，再过两年，他的伟大著作《比较解剖学》的第一、二卷问世，1805 年又出版了第三卷。

在这部传世巨著中，居维叶根据他多年大量的研究，得出了“器官相关律”。这一规律指出，每一种动物的有机体都是一个严密完整统一体，每一种动物的特有结构、形态，都和这种动物的特殊习惯(吃草、吃肉、水生……)和机能相关、相互适应的；如果这种动物的某一个部分发生了变化，那一定会引起相关的另外一些部分随之发生变化。有了相关律，在考古时就可以根据所发现的一小块骨头，合理地判断、推测整个该种动物的全貌。举一个例子：

我们根据牙齿(或爪)的形状，可以合理地判断具有这种牙的动物整体情形。如果这种牙齿锋利，适于撕裂、咬碎动物皮肉，那么这种动物一定有较宽而且坚固的颚骨，以帮助它啮咬；它的肩胛骨必须有利于它奔跑以捕捉动物；它的趾一定是尖利的爪，以帮助它抓获和撕裂捕获物；它的内脏组织器官要适于消化新鲜的肉；它的整个肢体结构必须适于追捕和奔袭远处的猎物；它的头上一定不会有犄角如羊、牛、鹿那样；它的大脑也一定会保证它有足够的本能使它实现捕捉的“阴谋”；它的颈肌必须有力，脊椎和枕骨一定会有特殊形式以适合袭击别的动物等等。

同样，从一个爪，一块肩胛骨，一条腿骨……或任何其他的骨骼，都能使我们推测这块骨骼所属动物的整体结构。这正是：“欲观千岁，则数今日；欲知亿万，则审一二；……经近知远，以一知万，以微知明。”

居维叶曾明确指出器官相关律的内涵和价值，他说：

> 一个动物的所有器官形成一个系统，它们各部分合在一起并相互作用和反作用；某一部分的变化必然会导致其余部分发生相应的变化，……决定动物器官关系的那些规律，就是建立在这些机能的相互依存和相互协调上的；这些规律具有和形而上学规律和数学规律同样的必然性。……牙齿的形状意味着颚的形状，肩胛骨的形状意味着爪的形状，正如一条曲线的方程式含有曲线的所有属性一样。

居维叶创立的比较解剖学不仅大促进了生物学的研究，奠定了这门学科的基础，而且它还打破了林奈的“人为分类”系统，创立了自然分类系统。我们知道，分类方法是科学研究中基本的理论方法，它又分为两种：“人为分类方法”和“自然分类方法”。前者仅仅依据事物的外部特征或外在联系所进行的分类方法，这种方法带有很强的人为性质，它也称为“现象分类方法”；后者则根据事物的本质特征或内部联系进行分类，因而也称它为“本质分类方法”。科学史证明，科学研究之始的分类总是从人为分类法开始，而后随研究的扩大和深入，人为分类法已经弊端百出，人们自然会摒弃它，转而用自然分类法取而代之。

居维叶除了像林奈一样利用形态比较法以外，他还把器官相关律用于分类。这样，从他的分类中就很容易看出，整个动物界在时空上的亲缘关系，由此也很容易看出生物进化的趋向。事实上，居维叶在动物分类中，就发现每一门类中的各个物种都来自一个原始的共同祖先(例如所有的鸟来自一种“始祖鸟”),虽然它们在长期发展中使它们的结构、形态千变万化,但万变不离其宗,彼此总会保持一定的亲缘关系,保持某种最初的原型。显然,居维叶的分类已经告诉了我们关于物种同一起源和物种进化的思想。事实上他自己也情不自禁地说过:

> 通过对(人和类人)这个大系列动物的细心检查,即使在彼此相隔最远的种中,我们也总能发现某些类似,并且能追踪到从人到最后的鱼的同一方案中的渐变等级。

在居维叶的许多著作中,他多次给出具体的解剖学例证,有力地证实了每一门类中各物种都有亲缘关系、共同祖先,甚至还论述了动物四大门类之间也存在着许多中间环节。他甚至认为,就是在动植物之间也不存在什么绝对分明的界线,例如植虫动物因为它既具有动物特征,又具有植物特征,因而可以视为是动植物之间的过渡环节,可称之为“动物性植物”。

由居维叶的著作可以看出,他的自然分类比林奈的人为分类优越多了,因为他的分类既反映了生物界的统一性和差异性,共性和个性,也反映了生物进化过程中的间断性和连续性,比林奈的分类法更能反映生物界的自然面貌和本质特征。

居维叶创立的比较解剖学,为进化论的确立提供了极丰富可靠的科学根据。德国著名进化论者海克尔(E. H. Haeckel,1834—1919)曾指出:

> 我们今天称为比较解剖学的这一高度发达的科学,直到1803年才算诞生。伟大的法国动物学家居维叶出版了他主要著作《比较解剖学》,在这部著作里,他首次试图确立人和动物躯体构造的一定规律……把人类明确地归入脊椎动物这一类,并讲清了人类与其他类别的根本区别。

诺贝尔生物学奖获得者、法国生物学家莫诺(J. L. Monod,1910—1976)

在讲到进化论的历史时，曾明确地说：

正是由于居维叶这些不朽的业绩，立即引起了并证实了进化论。

那么，读者也许会推断说：居维叶一定会积极开创进化论。但恰好相反，居维叶坚决反对进化论。这不是非常奇怪吗？

## （三）

美国著名生物学家E.迈尔说过一段有趣的话：

居维叶赢得了反对进化思想者的每一次战役，但如果他活得再长一些，就会认识到他在这场争论中是一个败将。

居维叶在巴黎自然历史博物馆工作时，博物馆共有三位杰出的博物学家：居维叶、拉马克（J. B. de Lamarck，1744—1829）和圣-伊莱尔。前面我们提到，居维叶是由特希尔向圣-伊莱尔推荐才由诺曼底到巴黎来工作的。他们三人私交不错，居维叶在他的著作中也一再提到拉马克和圣-伊莱尔的名字，对他们的帮助表示感谢。但他们之间的学术观点彼此不同。在生物进化论方面，居维叶可以说是物种不变的信奉者、倡导者。他尤其不能赞同"一些物种起源于另一些物种"的观点。在《化石骨骼研究》一书中他写道：

没有任何证据表明，现代各种生物所特有的全部差异，可能是由外部情况所引起的。关于这一点所曾发表过的一切都是假定的；相反，经验似乎证明，由于地球的外部情况，变种被限制在相当狭窄的范围内，而只就我们对古代能洞察到的程度来看，我们认为这些范围从前和现在是一样的，因此，我们必须承认存在着某些类型，它们从一开始就已经繁殖出来，此后也没有越出这些范围；而属于这些类型之一的一切生物就组成了所谓物种。而变种只是从物种偶然得来的一个分支。

由上面这段话可以明显看出，居维叶主张物种是不变的，而所谓变种只是“偶然”得到的，与物种不相关的一种独立的东西。否定物种会演进、变化，必然使居维叶无法解释为什么地球上生物纷繁多样这一事实，最终也必然会使他求助于上帝，如像牛顿不得不求助于上帝的“第一推动力”一样。上帝在开天辟地时就创造了各种各样的生物，一经创造之后就不会变动。环境不能改，人力更不可及；即使有所改变，也只是一些次要性状。

正如迈尔所说：“居维叶忽略了进化中有力的比较解剖学证据。”

如果说居维叶忽视了比较解剖学提供生物进化的信息，那么化石顺序也仍然没有给他带来这种信息。居维叶也曾广泛深入研究过化石，也注意到不同时代的地层中有不同的生物化石，而且发现地层时代越久远，其中的化石就越简单；随着年代的推进，化石越来越复杂、接近现代生物。这一事实本身就明显而充分地证明：生物是经历了进化的历程的。可惜的是居维叶虽然占有大量资料，仍然坚持物种不变论，而且还用“灾变说”为自己的观点辩护。

“灾变说”认为，在整个地球生存的历史时期中，地球表面经常遭到周期性的可怕灾难袭击，如洪水泛滥、火山爆发、气候巨变等等，都有可能引起地球表面规模巨大的灾难，使地球上的生物突然全部灭绝。当灾难过去以后，生物遗体由于沉积作用而埋入地层，形成化石。每次灾变过后，上帝又重新创造地球上的生物，而且由于遗忘的原因，上帝每次创造的生物各不相同。

居维叶几乎完全出于臆想，说地球已经经历过四次大的灾变，而最后的一次是发生于五六千年前的一次“摩西洪水”，这次可怕的洪水使地球上所有生物荡然无存。最可笑的是，居维叶甚至把这种“灾变”称之为“革命”，这很可能与当时的法国大革命有关。居维叶的“灾变说”在他的著作《地球表面的革命》中，有详尽的叙述。

E. 迈尔曾深刻指出：

居维叶最终还是否定了：从一定动物群到另一较高地层中动物群之间存在着进化发展，或一般地说，他否认地层序列中贯穿着一种进展。……化石顺序并没有带给他任何进化的信息。

居维叶简直就不愿面对这个问题。贯穿地质时间的动物群的进展已经很容易确立，一种因果解释也必然会取得进展。看起来只有两种选择：或者承认古老的动物区系演变成新的动物区系——这种选择居维叶根本就不能接受；或者认为新的动物区系是每一次灾变后产生的。承认后者也就会将神学引入科学……



那么，居维叶何以在又一次伟大的成功降临在他面前时，却“拒绝”成功呢？这有主客观两方面的原因。进化论是一种非常革命的学说，我们一定记得当达尔文义无反顾地举起进化论的大旗时，在整个欧洲所引起的剧烈震撼。因为进化论挖动了宗教的基础，所以它是教廷决不能容许的。当时报纸、杂志上，不断有文章咒骂、威胁、嘲弄、讽刺达尔文，以致达尔文的朋友赫胥黎（T. H. Huxley，1825—1895）宣称：

“我正在磨利我的爪和牙，做好准备战斗。”

面对这一革命理论，居维叶绝不敢竖起它们的旗帜。正如科尔曼（W. Coleman）所说：

居维叶本质上因循守旧，安于现状。虽然他学识渊博、勤奋异常、头脑清醒、判断明确，但他不是知识上的革命者。

正因这样，他虽然极有条件倡导进化论，但他宁愿避开它。这种情形并非仅居维叶一人如此，在科学史上可说屡见不鲜。

有人说，科学家作为一个整体总是保守的。这似乎颇有一些道理。

英国诗人丁尼生（A. Tennyson，1809—1892）诗曰：

愿自由的橡树万古长青，

一天比一天更加茂盛。
谁去修剪那干枯的枝杈，
谁就是名副其实的守旧之人。

## 简单性的要求有时会成为一个陷阱
## ——德尔布吕克的成功和失误

道，可道，非常道。名，可名。非常名。

老子

Simplex sigillum veri.（简单是真的印记）。

拉丁格言

真理引起了反对它自己的狂风骤雨，那场风雨吹散了真理撒播的种子。

泰戈尔

20世纪科学史上有一段趣话，很让物理学家扬眉吐气。

1962年6月，在德国科隆新成立的一个实验遗传研究所的开幕式上，丹麦物理学家玻尔（Niels Bohr，1885—1962；1922年获得诺贝尔物理学奖）应邀发表了一次演讲，题目是《再论光和生命》。上面提到的"一段趣话"，就与这次演讲有关。事情要追溯到1932年8月的某一天，那一天玻尔在丹麦哥本哈根召开的国际光会议上作了

1969年获得诺贝尔生理学和医学奖的德尔布吕克

题为《光和生命》的演讲，一位从德国柏林来的年轻物理学家德尔布吕克（M. L. H. Delbruck，1906—1981）也听了这次演讲。他来哥本哈根原打算跟随玻尔学习物理学的，但受了玻尔演讲的影响，决心改行从事遗传学研究。玻尔在演讲中说：

“在较狭窄的物理学领域中得到的结果，可以在多大程度上影响我们对于生物在自然科学大厦中所占地位的看法？”

接着，玻尔分析了互补原理在生物学研究中的地位、价值。他指出：

> 由于存在这种本质上的互补特点，力学分析中所没有的目的概念，就在生物学中找到了一定的用武之地。确实，在这种意义上，目的论的论证可以认为是生理学中的合法特点。

后来德尔布吕克在纪念玻尔第一篇《原子结构》论文发表50周年纪念会上，曾回忆起这段有趣的经历：

> 我在火车站遇到前来接我的罗森菲尔德，我们径直向议会大厦奔去，那儿正在举行开幕式。……也许我和罗森菲尔德是那时唯一认真对待玻尔演讲的两个人，这种严肃的态度决定了我此后的事业，我决定改变研究方向，想到生物学里看一看玻尔说的一些到底是不是真实的。

改行研究生物学后，德尔布吕克先充分利用物理学中已经十分成熟的科学思想和方法，迅速取得了辉煌的成就，还于1969年因“发现病毒的复制机制和遗传结构”获得诺贝尔生理学奖。有人开玩笑说：

“德尔布吕克改变职业是玻尔1932年这次演讲最大的成就。”

有一些物理学家也不无得意地说：

“如果你在物理研究中江郎才尽，做不出成就，那就改行吧！去研究生物、化学……”

这当然是开玩笑的话，不必较真。

## （一）

1906 年 9 月 4 日，德尔布吕克出生于德国柏林，他是家中 7 个小孩中最小的一个。他父亲叫汉斯，是柏林大学历史系教授，叔叔是大学神学教授；母亲林娜是德国化学巨擘李比希（Justus von Liebig，1803—1873）的孙女。可以看出，德尔布吕克是真正书香门第之后。家庭熏陶，对他日后的成功肯定有潜移默化的影响。

由于父亲是大学教授，因而家庭比较富裕，可以在郊区宁静、美丽的居住区购置寓所，这是当时德国富裕家庭的惯例。因此，德尔布吕克从小就在美丽的大自然里成长、接受教育。

但是在青少年时期，却适逢第一次世界大战给人类带来巨大不幸的悲惨时代。残酷的战争带来了饥饿、寒冷和死亡；战后经济的崩溃又给德国带来了大萧条和极度的贫困。虽说他们家还算幸运，但残酷的现实生活，也不可能不影响到敏感的德尔布吕克。

德尔布吕克由于受家庭的影响，从小就对科学有极大的兴趣。很可能是郊外无垠的夜空中群星闪烁，激发了他无限的遐想，因此天文学成了少年时期的梦想。在读完了小学、中学和预科学校之后，他以优异的成绩考进了德国著名的高等学府哥廷根大学。

小学的自由生活、严格的中学和大学的生活，反差是如此之大，使许多学生几乎失控。教授们根本不在乎学生听不听课，也没有人来检查大学生的学习情形。于是一些大学生高兴地将大部分时间用在饮酒、击剑上去了，但不满 20 岁的德尔布吕克却充分利用大学的自由，遨游在知识的大海洋中。

开始的时候他以天文学为自己的主修专业，但到了上研究生的时候，他的兴趣又移到理论物理上来了。这并不奇怪，因为当德尔布吕克在大学学习时，正是物理学处于“激动人心的时代”，量子力学异军突起、崭露头角，而哥廷根大学那时有玻恩（Max Born，1882—1970；1954 年获得诺贝尔物理学奖）、弗兰克（James Franck，1882—1964；1925年获得诺贝尔物理学奖）两位量子力学的功勋人物，使这所大学成为当时世界量子力学的研究中心之一，还有那位传奇式人物希尔伯特（David Hilbert，1862—1943），不时制造一些有关量子力学的奇闻，更使得心轻气盛的德尔布吕克决心在量子力学中大显一次身手。

1930年，24岁的德尔布吕克获得了哥廷根大学的理论物理哲学博士学位。这以后，他在3年多的时间里，先后到瑞士的苏黎世、丹麦的哥本哈根等地访问、进修。1932年8月，他得知玻尔将在哥本哈根作《光与生命》的报告，立即赶到哥本哈根。玻尔的报告实际上提出了一个问题，即要把生物学研究提高到分子水平。德尔布吕克认真听完了玻尔的报告以后，萌发了投身于生物学研究的想法。不过，他还没有立即转行。这以后他曾与德国著名化学家哈恩（Otto Hahn，1879—1968；1944年获得诺贝尔化学奖）和理论学家迈特纳（Lise Meitner，1878—1968）一起工作，研究放射性化学。

1933年在德国举行的一次会议，对德尔布吕克的思想有更进一步的影响。这次会议在柏林举行，议题是"基础物理学的未来"。讨论得出了3个结论：1、物理学在最近一段时期，提不出有意义的研究课题；2、生物学中需要解决的问题最多；3、估计一些物理学工作者会转入生物学研究领域。

这次会议之后，德尔布吕克更加坚定了自己离开物理学的决心，而将揭示生命之谜的诱人前景作为自己今后科研的方向。一位研究者离开自己已熟悉的本行，转到一个陌生的领域去开拓，这本身就需要义无反顾的勇气。这正是：

风萧萧兮易水寒，壮士一去兮不复还！

## （二）

进入一个新的学习领域，最关键的问题是从哪里切入？德尔布吕克转行到生物学研究中去，有优势，也有逆势，他必须冷静地权衡这一切，才能作出明智的选择，走向成功。在德尔布吕克决定转行的前几年，美国生物学家缪勒（Hermann Joseph Muller，1890—1967；1946年获得诺贝尔生理学和医学奖）用X射线照射引起基因的突变，这是用物理学手段研究生物学的最佳例证。除此之外，德尔布吕克还认为，用他已掌握的数学和物理知识，以及物理学中成熟的思想方法，投身到生物学研究中去，一定会异军突起，获得意外的成功。他也知道，自己缺少的是生物化学知识，但这也许是一种优点，正如法拉第因为数学知识差，反而有益于电磁学研究一样。

德尔布吕克在详细分析了生物学研究状况后，决定从遗传学领域来研究和揭示生命的本质。根据缪勒实验的启示，德尔布吕克认为：基因有可能是一种化学分子，并与化学分子类似具有某种稳定性。这一观点在今天看来，简直是再普通不过的一点常识，基因不是某种化学中的分子，还能是什么呢？但是在20世纪30年代经典遗传学一统天下的时候，这可是一个非同一般的新奇观点。经典遗传学只把基因看成是决定性状的一种抽象单位，从来没有明确地把它看成是一种化学实体。今天看来不免觉得可笑，但当时就是如此。难怪有人说：

> 经典遗传学家被看成是围着遗传学的边缘细细咬嚼，而不力图触及遗传学的靶心——遗传分子的本质，以及遗传分子的自催化和异催化手段。

当研究者确信基因是一种化学分子以后，遗传学就发生了本质上的变化：经典遗传学走向了分子遗传学。德尔布吕克带着他那理论物理学家的优势和锐气，成了这一重要转折的关键人物。



1935年，29岁的德尔布吕克发表了一篇题为《论基因突变和基因结构的本质》的纯理论性文章，从此他在生物学中崭露头角，受人瞩目。他的这篇文章，建立了遗传基因的原子物理模型，并正式倡导了“遗传基因的高分子学说”，使理论遗传学从此打上了物理学的烙印。

后来，德尔布吕克的好友、量子力学创始人之一薛定谔（Erwin. Schrödinger，1887—1961，1933 年诺贝尔物理学奖获得者）看了这篇论文后，接受并发挥了德尔布吕克的思想，写出《生命是什么？》（1944 年）一书。在这本书中，薛定谔建议用明确的物理定律来研究活细胞和遗传过程，向那些想到新领域开拓的物理学家们，预言了一个即将开始的生物学研究新纪元。

1937 年，德尔布吕克在哥本哈根的一次小型讨论会上，作了《生命之谜》的演讲，他将病毒的复制与细胞分裂、动植物有性繁殖过程作了一个精彩的对比，引起与会者的高度重视。回国后，希特勒正在实施他的恐怖政策，大批知识分子对德国的未来感到恐惧与失望，纷纷逃往国外，德尔布吕克在同一年的秋天，携家眷逃到美国。他不是犹太人，但他的一个亲人因对纳粹政策不满而惨遭杀害，于是在祸殃池鱼的危急形势下，走为上策。

德尔布吕克有洛克菲勒基金会的赞助，选择了加州理工学院作为今后研究生物学的基地。这个选择不奇怪，因为这所学校有摩尔根（Thomas Hunt Morgan，1866—1945）开创的遗传研究所。我们一定知道，摩尔根用果蝇作遗传研究，取得了辉煌成就，而摩尔根本人也于 1933 年“因发现染色体在遗传中的作用”而获诺贝尔生理学奖。

对于一个物理学家来说，他们总是习惯于从最简单的对象着于研究，并把这种方法视为最基本、最重要的方法。例如力学研究始于“质点”，热学研究始于“理想气体”，电学研究始于“点电荷”等等，那么研究生命奥秘的“质点”应该是什么呢？的确，物理学家在长期成功的研究中，练就一身化繁为简的好本领，真是十分了得！德尔布吕克用他那“火眼金睛”一瞧，就深感遗传学家们喜欢和重视的研究对象诸如玉米、豌豆、果蝇……实在不宜于作遗传学研究的模本，因为它们都不满足简单性的要求，不是遗传学研究所需的“质点”。德尔布吕克决心重新确定一种研究对象，它既能满足最简单的模型的要求，又具有足以代表生命最本质的特征。这是什么呢？

经过慎重考察，德尔布吕克和他的同事们找到了这种“质点”，那就是噬菌体（bacterio Phage）。噬菌体是一种侵犯各种细菌细胞的病毒，它像所有病毒一样，由一个蛋白质外壳和包在里面的核酸组成；核酸通常是DNA，但也有RNA①。每个噬菌体的形状有点像一个注射器，它先用较细的一端吸附在细菌细胞的外膜上，然后将它自己的核酸“注入”细菌细胞，它的蛋白质外壳则仍然留在细菌的外膜上。噬菌体的核酸一旦注入细菌体内之后，这核酸就会发出指令，令细菌体内的细胞装置产生病毒所需的新的DNA和新的蛋白质外壳，每次组装成50～100个新噬菌体，释放出来后，又继续感染其他细菌。由此可见，噬菌体只能寄生在其他细胞上，利用自己的遗传信息进行繁殖。

德尔布吕克非常敏锐地觉察到噬菌体的价值，用它来研究生命本质和解释生命现象是再合适不过的了。这是因为：(1)噬菌体极易生长；(2)一个很小的空间就可以培养数以万计的噬菌体；(3)更新换代时间极短，20～30分钟即可繁殖一代；(4)组成极简单，仅有两种生物大分子——蛋白质和核酸；(5)最后，它虽然简单，但仍有生命最本质的特征——自我复制。

由以上5点分析可知，用噬菌体做实验以观察核酸和蛋白质在繁殖过程中的变化，既简单又精确，实在是最理想的研究材料了。摩尔根钟爱的果蝇与噬菌体相比较，则有许多无法避免的缺点，而不适于对生命本质作更深入的研究。

德尔布吕克(左)与鲁里亚(中)和埃克斯勒(Frank Exner)1941年在冷泉港讨论问题。

由于德尔布吕克的热情宣传，他终于在美国组成了一个研究集体，人们称之为“噬菌体小组”(Phage group)。由于多个方面的原因(战争、敌侨、不信任……)，

① DNA(Deoxyribonucleic acid，缩写为DNA)即脱氧核糖核酸，是一种分子，可组成遗传指令，以引导生物发育与生命机能运作。RNA(Ribonucleic Acid，缩写为RNA)即核糖核酸，存在于生物细胞以及部分病毒、类病毒中的遗传信息载体。

德尔布吕克几乎没有得到什么资助，但凭着他的无坚不摧的精神，他的研究小组终于取得了重大进展。大约在1945年以前，他们已经证实由于细菌对噬菌体的敏感，使细菌中可以产生抗噬菌体的变种；还发现了噬菌体复制机理，而这复制的机理又无一例外适用于所有病毒。这就是说，由于他们的开拓性研究，奠定了分子生物学这门新学科的基础，为生命科学带来了革命性的进展。这对于人类科学事业是一个巨大的贡献。

1946年，德尔布吕克和美国生物学家赫尔希（Alfred Day Hershey，1908—1997）各自独立地发现，不同病毒的遗传物质可以重新组合，变成一种同原来病毒都不相同的病毒。这一发现创立了分子遗传学，历经20多年的考验，德尔布吕克的研究成果终于得到确认。

1969年，德尔布吕克和赫尔希、卢里亚（Salvador Edward Luria，1912—1991）共同分享诺贝尔生理学奖。

## （三）

中国有句成语："成也萧何，败也萧何。"用在德尔布吕克身上，倒有几分合适。德尔布吕克由于具有一个理论物理学家的素质和修养，使他在进入生物学研究领域后受益不浅，连续取得了重大成就；但是，也正因为他是一位研究物理学的博士后，他天生就缺乏生物化学方面的修养，而这又使他多次失误，让真理从他的鼻子尖上溜走了，成为他终生的憾事。

德尔布吕克到美国后不久，就遇到了一个志同道合的朋友，那就是来自意大利的微生物学家卢里亚。卢里亚原来在巴黎巴斯德研究所时，就一直研究噬菌体，1940年来到美国后，恰好碰上德尔布吕克想以噬菌体作为研究遗传学的理想材料，加之两人都是"敌侨"，又都说德语，于是他们成了天生的一对合作研究者。他们两人在确凿的实验基础上，又通过漂亮的数学论证，清晰优美地证实细菌具有"自发突变"的本能。这一实验其实是一个判决性实验，证实了DNA是遗传物质。但完成这一实验的德尔布吕克却不承认DNA是遗传物质，甚至在有人指出这一点时，他仍然坚持错误，不为所动。这真是科学史上一段精彩的故事。为了让读者能领略这种“精彩”，我们还得把话题稍稍扯远一点。

我们知道，经典遗传学已经揭示出基因就在染色体上，而染色体的化学成分主要是蛋白质和核酸。那么，究竟是蛋白质，还是核酸才是基因的物质载体呢？关于这个问题，科学家经历了一段颇为曲折的认识过程。

早在20世纪20年代，英国微生物学家格里菲斯（Frederick Griffith，1879—1941）在研究肺炎双球菌的转化实验中，就明确发现有一种物质，当它从一种细菌转移到另一种细菌中以后，竟然可以改变后者的遗传性状。这在当时真是一项惊人的伟大发现！但那时候科学家们普遍认为，细菌太微小、太原始了，它不可能含有基因。于是格里菲斯的重大发现根本不为人们重视。更让人怆然泪下的是，在1941年德国对伦敦进行大轰炸时，格里菲斯被炸死在实验室里，因此他至死也不明白正是他预示了现代分子遗传学的到来。

在格里菲斯之后，一位加拿大出生的美国细菌学家奥斯瓦尔德·艾弗里（Oswald Theodore Avery，1877—1955）接着做出了更重要的发现。1913年，艾弗里是纽约洛克菲勒医学研究所的细菌学家。那年美国有5万人死于肺炎双球菌，他的母亲也因此死亡。艾弗里非常希望弄明白：为什么这种球菌可以杀死一些人，而另一些人感染了却不会死去？于是他决心弄清楚是什么物质决定了细菌的毒性。当时医学界普遍认为，带有毒性（或决定毒性）的最基本物质一定是蛋白质。但艾弗里经过确凿的实验证实，决定这种毒性的物质是纯粹的DNA，根本不是蛋白质。这是一个关键性的进展，明确证实了蛋白质并不是遗传的物质载体，遗传的物质载体非DNA莫属了！这也就是说，DNA才是真正的遗传学基础。这一实验结果于1944年公布。

但是，即使有如此确凿的实验可以证实，人们囿于偏见仍然怀疑：这么简单的DNA难道可以承担如此艰巨、微妙、复杂的遗传任务？他们还怀疑艾弗里的实验样品中很可能有少量蛋白质的残留物。

唉，怀疑本是科学家的尚方宝剑，用它可以剔除愚昧、错误、偏见等，但怀疑本身如果被偏见蒙蔽时，这支尚方宝剑却可以扼杀多少天才的思想、发现！

在怀疑艾弗里正确结论的人里，绝不都是思想僵化或无能之辈。例如，德尔布吕克就不相信艾弗里的理论。特别值得指出的是，1943 年 5 月的一个下午，那时德尔布吕克正在校园里散步，正好艾弗里也在校园里思考问题，于是两人就正在研究的课题闲聊起来。艾弗里谈到关于 DNA 是遗传的物质载体的实验发现，德尔布吕克惊讶地说：

“是吗？我刚收到我一个哥哥的来信，谈到他最近的新发现，而且与您刚才说的如出一辙……”

“那您的看法呢？”艾弗里不免性急地问。

德尔布吕克的观点使艾弗里大失所望。德尔布吕克认为 DNA 是一种“乏味的随性大分子”，根本不可能承担遗传物质载体这样重要的角色。

艾弗里见德尔布吕克如此坚决，嗫嚅了一下，终于没再多说什么。也许艾弗里想说，你们这些噬菌体小组的成员呀，大都没有深厚的生化知识根基，何以在探讨如此复杂的生物学问题时，不多听一下别人的意见，而是如此斩钉截铁似的不容商量呢？

遗憾的不仅是德尔布吕克失去了一次发现真理的绝好机会，而且由于艾弗里在 1955 年不幸去世，未能获得诺贝尔奖的桂冠。如果他再多活几年，他应该会获得此殊荣的。当然，如果科学界能早些接受艾弗里的正确见解，他也许会在生前夺冠。我国学者方舟子在一篇文章中写道：

“科学类诺贝尔奖授予了不配获奖的人，错过了应该获奖的人，也是屡见不鲜的。生物的遗传物质被证明是脱氧核糖核酸（DNA），这称得上是 20 世纪最重大的科学发现之一，但是其发现者美国生物化学家奥斯瓦尔德·艾弗里却没有因此获得诺贝尔生理学或医学奖。……以艾弗里的性格，他应该不会渴望获得诺贝尔奖。他也不需要靠诺贝尔奖为自己增辉。分子遗传学的历史要从艾弗里艰苦卓绝的伟大实验讲起，今天没有哪个生物系的学生会不知道艾弗里的实验，而大多数诺贝尔奖获得者的工作又有多少人知道？有的人获得诺贝尔奖，是为自己增辉，有的人获奖，却是为诺贝尔奖增辉。艾弗里没有获得诺贝尔奖，应该是诺贝尔奖的遗憾，而不是艾弗里的遗憾。”

除此以外，德尔布吕克的简单性思想虽然盛誉一时、名扬一方，但当这种思想被夸张、放大时，它必然又会反过来损害、阻碍科学的发展。麦克林托克（Barbara McClintock，1902—1992，1983 年获诺贝尔生理学和医学奖）就是深受其害的一位诺贝尔获奖者。在 20 世纪中期，正是噬菌体学派异军突起之时。他们提倡将物理学中最有效的“简单性思想”用来研究生物学，将非决定论、还原论思想带进生物学。因此，生物学的研究必须从最简单的对象入手，而噬菌体就是一个最理想的简单模型。一时间，噬菌体小组威风八面，影响遍及全美国各个角落。

这时麦克林托克却反其道而行之，用玉米作为研究遗传奥秘的对象。当时生物学家们普遍认为，麦克林托克正可悲地走在一条错误的研究道路上。因为玉米是一种高等真核生物，生长周期过长，一年才熟一次（噬菌体 20 分钟繁殖一代）；而且玉米是一种驯化植物，几乎没有野生型，因此从中引申出的一些概念、思想，在分子生物学家看来恐怕没有普遍的意义。因此，当麦克林托克沉浸在玉米研究上时，几乎所有的研究者都远离了她，狂热般地拥向噬菌体。

噬菌体小组的活动场所经常在冷泉巷，而麦克林托克则几乎很少离开冷泉巷。这样，德尔布吕克当然十分熟悉麦克托克的研究方向、内容。尽管他十分尊重麦克托克，但认为她只代表了一种过时的传统，从她那儿不会学到什么东西。德尔布吕克甚至于对人说：

“在理解真正重要的遗传学问题时，生物化学可能是无用的。”

当生化学家想通过研究酶是如何合成和作用以了解遗传的本质、奥秘，德尔布吕克认为这种研究都是误入了歧途，由此可知他对麦克林托克的研究，完全感到多么“痛心”和“遗憾”。德尔布吕克甚至极端地认为，遗传学基本单位可能会服从物理学新定律。他的雄心壮志就是要寻找这一“物理学”的新定律(而不是生物学的！)。事实证明,这个“物理学”新定律寻找的彻底失败,好在他由此发现了生物学中的新规律。但他并没有由此明白自己在思想方法上的偏见。

美国作家E. F. 凯勒在为麦克林托克写的传记《情有独钟》一书中写道:

“幸运的是,并不是每个人都抱有像德尔布吕克那样的偏见。”

美国生物学家麦克林托克

麦克林托克就没有“德尔布吕克那样的偏见”,后来她终于在1983年81岁高龄时获得了诺贝尔生理学奖。因为她的高寿,艾弗里的悲剧没有在她身上再现。

1953年以后,德尔布吕克急流勇退,离开了分子生物学的研究方向。其原因恐怕还是因为他缺乏系统生化知识和技能的训练,无法再在一个方向上深入下去。于是他又转向一个新的研究领域,想在新领域里“找回自我”。这次他寻找的领域是“感觉生物学”,研究的对象确定为一种单细胞真菌——须霉。他仍然试图以研究噬菌体的老路来研究,结果很不成功。原来跟随他的几个学生,只好先后离他而去。而正好在他毫无作为地研究感觉生物学时,分子生物学正进入突飞猛进的新时期,新的巨大突破不断涌现。

可惜德尔布吕克已不能分享这些新的成就了。这正是:

年岁晚暮时已斜,
安得壮士翻日车。

# 危险的挑战——莫诺与普里高津之间的论战

> 无疑，偶然性在宇宙事物中的作用问题，自第一位旧石器时代的战士偶然被石块绊倒时起，就已经为人们所辩论了。
>
> （美）A. 托夫勒

1965年诺贝尔生理学奖得主法国生物学家莫诺

正如美国未来学家阿尔文·托夫勒（Alvin Toffler，1928—）所说，人们关于偶然性和必然性的争论，其起源可以上溯到悠远的旧石器时代。而且，在后来相当长的一段时期里，这种争论变得带有强烈的宗教和政治色彩。“是命里注定，还是自由意志，围绕它的确切含义展开了血淋淋的冲突……”

尽管经历了这么长期而严酷的争论，但它似乎是一个永远会引起科学家、哲学家争论的题目。尽管争论表现出的形式越来越现代化、复杂化，但争论的基本问题并没有发生实质上的变化。20世纪80年代中叶，法国著名微生物生化遗传学家莫诺（Jacques Monod，1910—1976）发表了一系列著作，向以普里高津（Ilya Prigogine，1917—2003）为首的“非平衡态热力学派”提出了挑战。莫诺指出：

> 近来有一类新型微妙的泛灵论者——我称他们为热力学者，他们提出一些理论和公式，并试图以此为根据说明地球上的生命

不可能不出现，其后的进化也不能不出现。

莫诺还点了德国科学家艾根（Manfred Eigen，1927—）的名，艾根用数学和物理学理论探讨分子进化，在西德也自成一个学派。艾根和普里高津也都是诺贝尔奖得主，分别于1967和1977年获得化学奖。普里高津因为在研究非平衡态热力学中，提出了著名的"耗散结构理论"，而且他正好是因为"研究了非平衡态热力学，特别提出了耗散结构理论"才荣获诺贝尔奖的，而莫诺也正好是以耗散结构为主要批判对象。

比利时化学家普利高津，1977年获得诺贝尔化学奖。

读者一定会好奇心大发：这两位大师到底为什么意见不一致，以致非引起公开战不可？他们到底谁是谁非呢？这可不是一句两句话说得清的，话还得从头说起。

## （一）

首先介绍一下莫诺。

1910年2月9日，雅克·莫诺出生于巴黎，他的父亲是一位画家。1928年莫诺进入巴黎大学学习生物学。1931年获科学学士学位，1941年获自然科学博士学位。在准备博士论文时，沃尔夫教授对他说：要想研究生物生长问题，纤毛虫还嫌太复杂，不是理想材料，最好改用细菌，如大肠杆菌，它既可在人工配制的培养基中生长，又便于控制各种条件。这是一个至关重要的建议，所以从1937年起，莫诺就开始选用大肠杆菌作为研究材料。这是他成功的起点。

莫诺的研究课题是“细菌生长的动力学”。他利用生物统计学知识,测定细菌在含不同糖的培养基中的生长常数。在测量中,莫诺发现一个有趣而又让他迷惑不解的异常现象:当细菌在含葡萄和乳糖的培养基中生长时,细菌首先利用葡萄糖,葡萄糖用完了以后再来利用乳糖;但在用完葡萄糖转而利用乳糖时,细菌似乎因为换口味有些不习惯,先停止生长一段时间,然后才开始利用乳糖。这一异常现象反映在生长曲线上,表现为在两段上升的生长曲线间,有一段平坦的直线,莫诺称为“二次生长曲线”。但他却无法对此作出解释。他问沃尔夫教授,教授也感到新奇。教授思考一会儿后说:

“这可能同酶的适应性有关。”

“酶的适应性?”莫诺没听说过。

以后的事实证明,在二次生长曲线的后面,埋藏着一座金矿,就看哪个有心人能够把它开采出来。莫诺是有心人之一。他为了弄清什么是“酶的适应性”,他查阅了不少文献才弄清楚,细胞里有两种酶,一种是“组成酶”,它是细菌的正常组成部分;另一种是“适应酶”(现在称为“诱导酶”),平时仅以微弱数量存在,只有当环境中出现这种酶的底物时,它才会大量产生。打个比方:“组成酶”是正规军,“适应酶”是预备役部队,当有特殊需要时,预备役部队才会作战斗动员,并迅速将它们投入战斗。

莫诺明白了这些基本概念后,提出了一个假说用来解释“二次生长曲线”。但初战失利,他的假说被证明是错误的。

正在这时,第二次世界大战爆发,巴黎沦陷,莫诺参加了反法西斯的地下武装斗争,他的研究工作一时无法进行。莫诺是一位英勇的抵抗运动成员,为了躲避德国盖世太保对他的搜捕,他离开了巴黎大学,到巴斯德研究所工作。二战结束后,他接任巴斯德研究所所长之职。

第一次研究的失败,使他明白要解开“二次生长曲线”之谜,需从遗传学角度入手。正在这时,他从文献上看到德尔布吕克和卢里亚论述细菌自发突变的论文,这使他不仅大受启发,也使他决心从遗传学的角度深入探讨细菌中适应酶的形成。而且他也逐渐明白,他所研究的问题正好处于遗传学和生物化学的交叉点上，因此还没有人注意这一研究课题。后来，当他把自己研究的情况介绍给科学界时，受到人们极大关注，莫诺也因此大受鼓舞！

经过艰苦的研究，莫诺终于弄清楚了：所谓酶的诱导，其实是一种大分子合成过程，而蛋白质大分子结构本身是稳定的。这一结论对分子生物学来说十分重要。

战后50年代正是细菌遗传学研究蓬勃发展的时代，莫诺的实验室里先后增加了两位重要成员：美国来的雅各布（Francois Jacob，1920— ）和科恩（Stanley Cohen，1922— ），后来这两位都先后于1965年和1986年获得了诺贝尔生理学和医学奖。

在他们有效的合作中，终于解开了二次曲线之谜，提出了"信使核糖核酸"（m-RNA）和"操纵子"模型。这种模型认为，蛋白质合成的第一步，是将DNA链上的碱基顺序转录成一种与碱基互补的RNA（这就是20世纪50年代发现的类似于DNA的RNA）。正是这种RNA，把遗传信息传送到核蛋白体上，因此莫诺和雅各布把它命名为"m-RNA"（信使核糖核酸）[①]。这一假说，很快由法国生物学家伯瑞纳等人证实。生物学家们从发现DNA到发现m-RNA，生物学家从分子水平探索遗传学规律，又获得了一项了不起的新成果。俗话说：种豆得豆，种瓜得瓜。何以会如此呢？这是一个遗传学中的奥秘，现在这一奥秘正在莫诺等人的研究中，显示出其中的奥妙和强大的生命力。

莫诺的另一个巨大成就是提出了"操纵子"学说。操纵子[②]由结构基因和一个"操纵基因"（它控制结构基因的转录）组成。操纵基因开放时，就可以产生m-RNA；它关闭时就不能产生。这样，操纵子模型有助于解释酶的合成和噬菌体的诱导作用。

---

① 信使核糖核酸（Messenger RNA——mRNA）携带遗传信息，在蛋白质合成时充当模板的RNA。

② 操纵子（operon）指启动基因、操纵基因和一系列紧密连锁的结构基因的总称。

下面我们再来介绍一下普里高津。

普里高津于1917年1月25日生于莫斯科一位化学工程师的家庭，9个多月以后俄罗斯发生了“十月社会主义革命”。一场重大的社会剧变在俄罗斯大地发生，许多不适应这场革命的家庭先后离开了俄罗斯，到国外谋求发展。普里高津一家也于1921年离开了莫斯科，最终于1929年定居于比利时首都布鲁塞尔。

普里高津的读书生涯都在布鲁塞尔度过。在读书期间，普里高津爱好极多，喜欢历史学、考古学，也非常喜爱音乐；同时对哲学也有经久不衰的兴趣。他曾说：

> “当我在阅读柏格森的《创造进化论》时我所感受到的魅力，至今记忆犹新。”

他还非常地欣赏法国哲学家柏格森（Henri Bergson，1859—1941）的下面一句话：

> “当我们越是深入地分析时间的自然性质的时候，我就越会明白时间的延续就意味着发明，和新形式的创造”。

柏格森指明的深刻哲理，后来使普里高津对时间的普遍性研究获得了重大进展，以至于他敢于说“时间又一次被发现了”。

1941年，普里高津在布鲁塞尔自由大学化学系获博士学位，10年之后被聘为该大学教授；从1959年起，他出任索尔维国际物理及化学研究所所长。在他几十年的研究生涯中，他建立了以他为首的“布鲁塞尔学派”，而这个学派最著名的成就是创建了一个震惊科学界的“耗散结构理论”，普里高津本人也因为这一理论而于1977年荣获诺贝尔化学奖，成为比利时唯一一位诺贝尔化学奖得主。

在普里高津以前，科学领域中有两个基本问题让人们感到迷惑不解。

一是有序和无序的关系问题：按照物理学中热力学第二定律，宇宙将不断从有序转向无序，例如山会剥蚀、尘化，房子会倒塌、毁掉，人会死去，最终消失……一切都是如此；但生物进化论却无可置疑地向我们证实，生物是从简单走向复杂、从无序走向有序。例如，人这种最复杂、最有序的高级动物就是从无机物逐渐演变、进化而来。这两者何以如此相互矛盾？

二是可逆性问题。热力学第二定律描述的都是不可逆的现象，例如热可以从热的地方自动向冷的地方传播（一杯热水慢慢冷却），但逆过程（即相反的过程）却从来没有人见过。试问：谁见过热从冷的地方向热的地方自动传播（一杯冷水由于四周空气把热聚集起来，而使得杯中的冷水沸腾起来）？这从本质上说，就指明时间是有方向的。但是已建立起来的经典力学、相对论力学和量子力学里，一切过程又和时间无关，这意思是说当你把时间 t 用正值(t)或负值(-t)代入上述力学方程，结果完全一样。这显然又是一对矛盾。

如何解决这些矛盾？普里高津学派从本世纪 50 年代起就致力于研究和解决这两组矛盾：有序无序和可逆不可逆矛盾。到 1969 年，他们终于取得了突破性进展，向全世界宣布了他们的“耗散结构理论”（Dissipative structure theory）。简而言之，耗散结构的概念是相对于平衡结构的概念提出来的，它提出一个远离平衡态的开放系统，在外界条件发生变化达到一定阈值时（远离平衡态的非平衡体系），量变可能引起质变，系统通过不断地与外界交换能量与物质，就可能从原来的无序状态转变为一种时间、空间或功能的有序状态。耗散结构理论成功地引用到某些系统。这种新的有序状态要维持下去，必须与外界不断交换物质和能量。我们举一个简单的例子。

在一个金属盘子里装上一些液体，然后在盘子下用灯火加热。没加热之前，水中的亿万分子是作无序运动，整体上水平静地待在盘子里；当加热到相当高的温度时，上下水温相差加大，大到一定的时候（即远离原来与四周没有温差的平衡态了），上面的水往下流，下面的水往上蹿，形成上下对流运动。这并不奇怪，奇怪的是这种对流运动很有秩序，根据金属盘子的形状和其他条件的不同，会出现很漂亮的对流花纹。这时亿万分子在某种神秘的呼唤下，在宏观上作非常有序的运动。无序成了有序，而且发生在远离平衡态之下；如果想使这美丽的花纹保持下去，必须不断加热，也就是水这一体系不断从外界（火）吸收（热）能量。活的人体、植物、动物，都是一个耗散结构，一个社会、城市、工厂，也是一个耗散结构。这样，耗散结构可以是生物的、物理的、化学的，也可以是社会的，因而这一理论有极广泛的应用，对自然科学、社会科学，甚至对数学理论的发展，都起了积极的促进作用，产生了划时代的重大影响。最令人感兴趣的是，这一理论对于揭开生命科学之谜，也将具有重大意义。正是由于它的重大理论价值，所以普里高津才获得了诺贝尔奖。

## （三）

莫诺正是对普利高津用耗散结构解决生命之谜的尝试时，有了不同意见，并向普里高津发起了挑战。

普里高津认为，生命是一种高级自组织形态，也是一种耗散结构，因而生命的起源也可以从耗散结构的理论中获得启示，甚至可以揭开生命之谜。他在与尼科里斯合著的《探索复杂性》（1986年）一书中指出：

> 生物在其形态和功能两方面都是自然界中创造出来的最复杂最有组织的物体。……它们为物理学家们从中得到鼓励和启发。……现在可以确信，普通的物理化学系统可以表现出复杂的性能，它们具有许多往往属于生物的特性。人们自然会问，上述的某些生物特性是否能归因于由非平衡约束引起的转变？这也许是科学家提出的一个最基本的问题。现在尚无法提出尽善尽美的答案，但人们可以联想到某些例子，其中物理化学自组织现象[1]同生物秩序之间的联系特别引人注意。

---

① 自组织（self-organization）。前面讲到加热金属盘中的水形成美丽的对流花纹，就是这种“物理化学自组织”的一个最简单易见的例子。

艾根在1978年也指出：自组织过程是一种中介，有了这种中介，生命起源的化学变化才能过渡到生物进化过程中去。

我们这儿只着重谈莫诺十分关注的偶然性问题。耗散结构将偶然性引入了生命起源的过程中，但普里高津并没有将生命起源归结于纯粹偶然事件。生命现象作为一个"历史客体"，在它的起源和形成过程中有许多偶然的事件在起关键性的突变作用。突变对单个生命系统来说，是非常偶然的、几率极小的事件，这是现实证明了的。也就是说，从"大数定理"[①]来看，几率极小的事件偶然在全系统得以实现的条件下，其实现的几率可以是1。因而这儿所指的确定性，也有严格意义上的确定性。非但如此，"原始生命的出现"这一极偶然的事件一旦实现后，由于总体上的自催化功能（新陈代谢、自我复制和繁殖），就可以立即转化为一种严格的规律。这样，在耗散结构里，偶然性和必然性在同一过程中表现出一种不可分离的关系。

《探索复杂性》一书中译本封面。普利高津与尼科里斯合著。

莫诺呢，他是一位严谨而又富有创造性的实验科学家，但他不满足于仅仅成为一个优秀的实验科学家，也不满足于只获得单纯、具体的科学知

① 大数定理（Law of Large Numbers）是指在随机试验中，每次出现的结果不同，但是大量重复试验出现的结果的平均值却几乎总是接近于某个确定的值。其原因是，在大量的观察试验中，个别的、偶然的因素影响而产生的差异将会相互抵消，从而使现象的必然规律性显示出来。例如，观察个别或少数家庭的婴儿出生情况，发现有的生男，有的生女，没有一定的规律性，但是通过大量的观察就会发现，男婴和女婴占婴儿总数的比重均会趋于50%。

识，他像爱因斯坦、玻尔和普里高津一样，喜欢探索自然科学中的哲学问题。1970年他写的《偶然性和必然性》一书，就是他关于哲学沉思的成果。

莫诺是现代达尔文主义[①]，所以一般地说他既承认偶然性（如突变）的作用，也同时承认必然性（如进化）的结果。他曾说过：

> 突变从纯粹偶然性的范围内被延伸出以后，偶然性事件出就进入必然性的范围了。
>
> 进化的普遍渐进过程，进化的循序渐进，以及进化给人的顺利而稳定展开的印象，这些统统起因于那些严格的条件，而不是起因于偶然性。

但对于突变，他有不同的看法。无论是原始生命的发生，还是DNA遗传分子的突变，都是以一种极偶然几率极小的事件，而后才确定地转化为极严格的规律。这样，莫诺认为：几率极小的突变是生命产生、生物进化的唯一源泉，那么自然界的物种又有什么必然性可言呢？他在上面提到的那本书中写道：

"突变是量子事件，……按其本质是不能预见的。"

人类的出现，他认为只不过是"蒙特卡洛赌窟里中签得彩的一个号码"，在生命出现在地球上以前，"出现生命的几率实际上等于零"。他认为生物体是一个非常保守的系统，不变性是生物的固有属性；DNA的突变和生物进化是因为复制的错误等偶然性因素所导致的，他说：

> 只有偶然性才是生物界每一次革新和创造的源泉。

莫诺的观点，显然与普里高津的观点有很大的不同。1975年，莫诺进一步阐明他的观点，还点名批评了艾根。他在《关于分子进化论》一文中指

① 现代达尔文主义是在达尔文的自然选择学说和群体遗传学理论的基础上，结合生物学其他分科，如细胞学、发生学、生态学等新成就而发展起来的当代达尔文进化理论。

出：

> 生物体的特权不是进化，而是保守。说进化是生物的一个规律，那是概念上的错误……。进化论的一个侧面是完全偶然性的侧面。人、社会等的存在是完全偶然的。……生命在地球上的出现，在它出现之前也许是无法预言的。我们必然断言：任一特定物种包括我们人类在内的存在，都是一个独一无二的事件，一个在整个宇宙中只发生一次的事件，因而也是不可预言的。……我们人类出现以前是不可预言的，我们可能不生活在这里，也可能不出现。

由莫诺的文章可以看出，他把生物体的出现看作是一种“本质上”的偶然性，也就是说是一种绝对的巧合，即使用统计方法也不能预言。

## （三）

普里高津不同意莫诺把耗散结构称为“新型的微妙的泛灵论者”，尤其不同意莫诺过分强调偶然性而否定必然性的哲学结论。他针对莫诺的观点指出：

> 偶然性与必然性彼此合作而并不相互对立，因而主张毫无规律性的纯粹偶然性观点是错误的。

的确，莫诺过分夸大了偶然性。他否认事物的变化是有方向的，认为生物进化纯是一种偶然出现的现象，毫无规律可言和无法预言的；并由此指责普里高津和艾根为“泛灵论”，认为承认自然发展具有规律就等于承认“宇宙中存在一种有灵性的发展意向”。莫诺的这些哲学见解，实在太草率了。

实际上，生物的变异看起来似乎是纯属偶然，但在这种偶然性的背后它仍然受某种必然性的支配。例如，DNA 遗传分子发生突变是一件很偶然、几率极小的事件，但是这种突变在由大量(几十亿以上)个体组成的物种来说，就不再是一种偶然事件了，即突变在物种中的实现具有一种必然性。而且这种突变引起的变异，将因某种具有严格确定性的自然选择而不断严格复制出来。当然，生命群体的进化是非常复杂的现象，要把它完全弄清楚还需假以时日，但这并不妨碍人们用自组织理论来定性描述和说明生物进化。

以普里高津为首的学派用耗散结构理论，以物理学和化学中比较成熟的方法研究生物进化的方向、规律，应该说是一种很可喜的试探，而且也取得了一些有价值的突破，怎么说得上是“泛灵论”呢？据说莫诺并不真正懂得普里高津和艾根的理论。这不奇怪，一位伟大的分子生物学家不精通物理学和数学、化学，这是经常可以见到的，而且我们也没有理由要求生物学家精通他们专业以外的知识。但是，当他们抬起头向他们专业以外的领域表示关注时，我们有理由希望他们谨慎行事；尤其在做哲学结论时，更要小心，而且最好不要随便给别人扣上一个什么“论”的帽子。

美国物理学家塞格雷（Emilio Gino Segrè，1905—1989，1959年获诺贝尔物理学奖）曾深有感触地说过：

> 一旦某一规则在许多情况下都能成立时，人们就喜欢把它扩大到一些未经证明的情况中去，甚至把它当做一项“原理”。如果可能的话，人们往往还要使它蒙上一层哲学色彩，就像爱因斯坦之前，人们对待时空概念那样。

莫诺发现突变的偶然性在进化过程中所起的创造性作用，并批评了机械决定论，这无疑是一个巨大的成就，但他又把突变的偶然性夸大为偶然性将主宰宇宙，那恐怕就过分了。

在科学史上我们常常可以看到，一些科学大师在做哲学概括时，常常会陷入误区。例如爱因斯坦、奥斯特瓦尔德等。为什么会这样呢？我们用理查德·费曼（Richard Feynman，1918—1988，1956年获得诺贝尔物理学奖）的观点来分析，也许会让我们得到一些有益的启示。费曼曾把科学家划入

探险家一类的人,而把哲学家划入旅游家中去。他说:

“旅游家们喜欢看到什么东西都整整齐齐;探险家们则把大自然看成像他们所发现的那样。”

莫诺在他的专业领域里是一个优秀的探险家,但又希望像旅游家那样来审视一下全部的自然科学。他也许全然没有想到,当他按照自己的理解来运用“因果关系”、“决定论”、“偶然性”或“必然性”之类本属于哲学范畴的名词时,他根本没有仔细考虑和研究这些名词所包含的全部细节,以致于像公牛闯进了瓷器店,引起了一阵混乱。尤其在不太了解别人研究的内容时,只因为别人稍稍涉及一些与哲学有关的命题,立即作出过激的哲学上的反应。这样,他恐怕非失足不可。

我们还记得爱因斯坦(Albert Einstein,1879—1955)晚年所陷入的误区吗?他于1942年写给朋友的一封信中说:

> 偷看上帝的底似乎是很困难。但是我一刻也不能相信上帝会掷骰子并使用“传心术”的手段(就像目前的量子理论所设想他做的那样)。

爱因斯坦对量子力学理论的态度,真有点像莫诺对待耗散结构理论的态度,一个用“掷骰子”、“传心术”来嘲讽对方,一个则用“泛灵论”来驳斥不同意见的人。而他们的对方,则是热忱的探险家,被大自然的无限奥妙所激动,决心更深入地去探幽索微,以饱眼福。

当然,这并非说科学家不应该作哲学的反思。反思是必不可少的;事实上,科学研究,尤其是涉及一些基本原理的研究,是离不开哲学思想导引的。即使历史上由于哲学的独断曾经损害过科学,我们也决不能因此而菲薄甚至厌恶哲学;即使自然科学家涉足哲学领域时容易陷入误区,我们也不能因此持敬鬼神而远之的态度。

玻恩晚年曾深有体会地说过一段话,这段话一定会引起我们的关注和深思。他说:

关于哲学，每一个现代科学家，特别是每一个理论物理学家，都深刻地意识到自己的工作是同哲学思维错综地交织在一起的，要是对哲学文献没有充分的知识，他的工作就会是无效的。在我自己的一生中，这是一个最主要的思想。

## 一场官司，谁是谁非？

文章千古事，得失寸心知。

（唐）杜甫

哥伦布为人机巧。有一次，有人让他把鸡蛋竖立起来。哥伦布在桌上把鸡蛋的一头敲破了一点，然后轻而易举地把鸡蛋竖立起来。

一个传说故事

1959年诺贝尔生理学奖获得者阿瑟·科恩伯格

20世纪90年代，在美国为一项高科技的专利权、优先权打了一场官司，美国著名的杜波特公司状告塞特斯公司，指责塞特斯公司侵权、牟取非法暴利，并对他起诉。这场官司引起了美国科学界、技术界和工业界的高度关注，因为这不仅仅是一项被称为 PGR 技术的优先权属于谁的问题，还有一些人们在法律上还弄不清的概念急待澄清。另外，这桩官司涉及了3位诺贝尔奖得主，更让人们感到好奇。

我们这儿把这桩官司写进本书，当然不仅仅是写一桩离奇的官司，更重要的是让读者看到，即便是获得过诺贝尔奖这样殊荣的科学大师们，也会因为种种私利的驱动，而使自己陷入很不光荣的境地。

这桩官司涉及3位诺贝尔生理学奖获得者，不过只有两位涉及较深，另一位虽涉及但关系不大。为此，我们先介绍一下这两位获奖者，然后简略介绍一下PCR技术；最后再谈这场官司。

## （一）

这两位获奖者是科恩伯格（Authur Kornberg，1918—2007）和缪里斯（Kary B. Mullis，1944—），前者是1959年诺贝尔生理学奖获得者，后者是1993年诺贝尔化学奖得主。我们先介绍一下科恩伯格。

科恩伯格于1918年3月3日出生于美国纽约市的布鲁克林区。1933年，他得到纽约州的奖学金进入纽约市立大学医学院；1937年以优异成绩获得学士学位。接着，他又获得巴斯韦尔奖学金，进入罗彻斯特医学院学习；1941年获该校医学博士学位。

在攻读研究生学位时，他对酶[①]有了强烈兴趣；10年后在美国公共卫生组织任医学顾问时，仍然醉心于酶的本质及作用这一重要课题。科恩伯格对于一个重要的遗传学问题更是特别钟情：一个特殊的细胞何以会产生这种酶或那种酶？为什么产生酶的是某种细胞而不是另外的细胞？由于当时遗传学的生化研究还是空白，所以想弄清这些问题十分困难。

后来，当沃森（James Dewey Watson，1928—，与克里克同获1962年诺贝尔生物学和医学奖）和克里克（Francis Harry Compton Crick，1916—2004）弄

---

① 酶（enzyme）是细胞赖以生存的基础。指由生物体内活细胞产生的一种生物催化剂。大多数由蛋白质组成（少数为RNA）。能在机体机中十分温和的条件下，高效率地催化各种生物化学反应，促进生物体的新陈代谢。生命活动中的消化、吸收、呼吸、运动和生殖都是酶促反应过程。细胞新陈代谢包括的所有化学反应几乎都是在酶的催化下进行的。

清楚了DNA的双螺旋结构以后，尤其是纽约大学医学院的奥乔亚（Severo Ochoa，1905—1993；1959年与科恩伯格一起获诺贝尔生理学奖）成功地合成了核糖核酸后，科恩伯格才有了深入研究酶的条件。他利用沃森、克里克的DNA分子模型为指导，运用奥乔亚合成RNA时采用的方法，开始人工合成DNA大分子。

1993年诺贝尔化学奖获得者卡瑞·缪里斯

科恩伯格合成DNA的重大意义在于，人类首次掌握了遗传物质基础的制造方法，这就为改变基因、控制生物体的遗传性能、并进而为治疗癌症和各种遗传性疾病开辟了道路。他本人也正因为这一贡献于1959年获得诺贝尔奖。1974年他出版了《DNA合成》一书，1980年又出版了他本人十分得意的一本书《DNA的复制》（*DNA Replication*）。

科学研究是永无止境的，后来者总是把先行者的成就更迅速地向前推进。这正是“长江后浪推前浪”！缪里斯就是一位优秀的后来人。

缪里斯于1944年出生于美国南卡罗来纳州的哥伦比亚市。他从小就对科学有浓厚的兴趣。他的母亲曾回忆说：

> 他是一个活泼的孩子，但常常把事情弄得一团糟。3岁时，有一次他把鸡蛋与颜料混到了一起，然后把房子涂成黄色。我经常发现他把各种甲虫和蚯蚓放到各种大小不同的瓶子中。这个野孩子简直对任何事情都有兴趣，当时我还为此担心，现在才明白他的大脑是超人的。

缪里斯的童年是毫无拘束的，他家就住在一个原始森林区的边缘上，那儿有一条小河，林子里和小河边有负鼠（opossum）、浣熊、毒蛇等动物。

缪里斯和一帮男孩子如果在这儿玩够了，就会兴致勃勃地钻进城市的下水管道网中去玩。他熟悉那个黑暗的地下迷宫，虽说进去后常常被恐怖抓着心，但正是这份刺激让他入迷。

大约是十六七岁吧，缪里斯完成了他的第一个“发明”，他用加热的硝酸钾和糖制成燃料火箭，将一只青蛙送到了离地面1英里半的高空；令人惊喜的是青蛙竟然平安返回地面。这种燃料有一次突然爆炸，像一团烟球直飞到邻家，万幸的是没引起火灾，否则缪里斯真是要吃不了兜着走！

到了读高中时，他妈妈才放了心，缪里斯不仅担任了学生会副主席、辩论俱乐部主席，而且成了全国优秀公费生。但他仍然着迷于不断地“发明”。在乔尔加技术学院学习化学时，暑假里他把一个旧鸡屋弄成了一个实用化学实验室，制出各种产品出售。

1972年，缪里斯获得伯克利大学生化学博士。但令导师惊讶和为难的是，他在1968年竟发表了一篇与研读博士无关的论文《时间倒转的宇宙学意义》，而且发表在水平很高的《自然》杂志上！

获得博士学位后，缪里斯留校攻读博士后。在研讨班中，他对生长激素释放抑制因子(inhibitory factor)，用以影响基因的合成和克隆很有兴趣，他第一次明白：DNA的一些有意义的片段可以用化学合成。他感到这真是激动人心！于是，他开始在图书馆去寻找有关合成DNA的图书和文献。

1979年秋，缪里斯进入了塞特斯公司，这是位于旧金山的一个生物技术公司。当时在旧金山有好几个公司的研究部门，对于改进DNA合成的方法很有兴趣，并展开了积极的实验研究。正是在这一时期，缪里斯进入了他事业的辉煌时期。

在1983年4月一个周末的夜晚，缪里斯在他家旁的森林散步。空气潮湿凉爽，七叶树的花香弥漫在宁静而舒适的夜空……就是在这醉人的夜晚里，缪里斯突然灵感大发，奇妙的想法一个接一个从潜意识里向外冒，他都几乎应接不暇了！正是这时，他有了PCR技术的最初想法(关于这一技术，下面一个小节将作稍微详细的介绍)。他惊叹自己的灵感：

"天啊！如果这一过程真能循环进行下去，那DNA的产量是多么惊人啊！2的10次方大约是1000，2的20次方大约是100万，2的30次方大概是10亿……真是惊人的增长！"

那天晚上，缪里斯想的就是DNA"扩增"的神奇过程。但缪里斯有些担心：

"这样简单的想法，怎么以前就没人想到过呢？恐怕事情没有这么简单吧？"

星期一的一清早，他急忙赶到大学图书馆，检索文献。奇怪的是根本没有关于DNA扩增的文章。随后他又向不少于100人介绍他的想法，但没有一个人对他的灵感有兴趣。他们既没听说过这种方法，也不知道何以人们不做这个实验。大多数人回答说：

"既然没人这么想、这么做，那要么是它无法进行，要么是它毫无价值。因此结论是：甩开你的灵感吧！那一定是垃圾。不是吗？"

但缪里斯不放弃自己的灵感，整个春天和夏天，他都一直在深究他的设想。9月份的一个晚上，他终于觉得理论上准备得差不离了，于是决定开始行动——做实验。他把人类DNA的一部分和一种神经生长因子引物放入一个有紫色螺旋帽的小试管中，将混合物煮沸几分钟再冷却，然后加入约10个单元的DNA多聚酶，封好试管，将它置于37℃的环境中。

第二天中午，缪里斯到实验室去看结果。他失望了！没有他想象中的扩增现象出现。他思索许久之后，终于明白问题之所在。

1983年的12月16日，他终于成功了。他高兴地对人说：

"我终于把分子生物学的规律改变了！"

## （二）

尽管缪里斯实验成功了，仍然很少有人从中洞察其伟大的实用价值。但缪里斯可是毫不含糊地相信自己，并把自己的技术称为"PCR技术"。他一方面积极申请专利，一方面设计了一张广告，描述PCR技术，宣扬它的重要实用价值。

据说在开始，缪里斯的宣传仅仅只引起了一个人的“关注”，这个人还是一位了不起的大人物：1958年的诺贝尔生理学奖得主、洛克菲勒大学校长莱德伯格（Joshua Lederberg，1925—2008）。他在看广告时转头对站在旁边的缪里斯问道：

“这个方法行得通吗？”

由这句话可以看出，人们当时对缪里斯的设想是多么生疏和不信任。可是几十年后的今天，情形大不相同了，PCR技术已经成为分子生物学中不可缺少的工具。它是一项革命性的技术突破，它使得生物学能够研究古代标本中的DNA片段，也使法学家能够分析从犯罪现场获得的微量的DNA。

那么到底什么叫PCR技术呢？其实说穿了每一个人都很容易理解其中奥妙。

PCR是Polymerase Chain Reaction的缩写，意思是DNA“聚合酶链式反应”。“链式反应”在物理学中也有，原子反应堆、原子弹就是一种“链式反应”，指中子不断地自动增多，使核反应自动维持下去。在生物学中，PCR也是这个意思，即DNA不断扩增加下去。这是一种很简便的、在体外对细胞内DNA复制过程的模拟，所以有人称它为“无细胞的分子克隆”。更通俗地说，PCR技术犹如一台复印机，将一份文本迅速高效地复制成百万份文本，只不过PCR技术是用生物技术方法，将DNA不断“复印”（即复制、克隆）出成百万DNA的技术。有关它的详细技术过程，这儿就不深入介绍，读者如果有兴趣，可以找有关资料查询。

PCR技术一旦被科技界接受以后，立即成为分子生物学领域中最耀眼的明星，而缪里斯本人也立即闻名遐迩，并于1993年获得诺贝尔生理学奖。

PCR的踪影现在几乎随处可见。在医学上，它可用来迅速检测危险的传染病的病原菌，如HIV（人类免疫缺陷型病毒）；在法医上可以利用PCR技术从血液、头发、精液、唾液和皮肤中提取DNA样本，用作分析、鉴定；在生物学研究中，PCR技术已成为检测遗传改变的有用工具，因为扩增遗传材料的特定片段，可以直接分析相关的DNA区域，而无需知道整个基因组的背景情况。

今天，由于PCR技术不断完善，它已发展成为简单、多用途、适用于几乎任何一个生物和商业领域的通用技术。而且可以确信，PCR的用途将越来越开阔，新的商业机会将非常诱人。

但“天有不测风云，人有旦夕祸福”，正当缪里斯名利双收之时，平地起风波，一场没有想到的恶意官司向他凶狠地扑来。

## （三）

英国哲学家弗兰西斯·培根（Francis Bacon，1561—1626）说：“嫉妒是没有假期的。”

英国作家亨利·菲尔丁（Henry Fielding，1707—1754）说：“一些人攻击另外一些人，是因为另外一些人拥有他们极想获得而又没有得到的东西。”

当PCR成了一项利润丰厚的技术，为塞特斯公司带来上亿美元的利润时，其他一些公司当然也想跻身于这种牟利的技术中。但人们没料到的是，实力雄厚的杜波特公司却突然向法院起诉，说塞特斯公司侵权，因而必须停止PCR技术的应用，并赔偿由此带来的损失。

这话从哪儿说起呢？

杜波特公司既然起诉，自有他的歪理。原来他们的理由是PCR技术是根据麻省理工学院教授、1968年诺贝尔生理学奖得主科拉纳（Har Gobind Khorana，1922—2011）在70年代初的工作而创造的，因而塞特斯公司犯了侵权罪。

科拉纳是出生于巴基斯坦的一位学者，1948年他在英国利物浦大学获有机化学博士学位。1960年后到美国的大学任教，1970年任麻省理工学院教授。科拉纳因为“研究基因密码破译、蛋白质合成机制及信使核糖核酸和酶”，获1968年诺贝尔生理学奖。

当1966年他宣布基因密码已全部破译的时候，他也在这年宣布加入了美国国籍。接着，他开始了更困难的研究——合成DNA基因。后来他将自己的研究成果写进了《基因的总体合成》(*Total Synthesis of a Gene*)一文中。在这一研究过程中，科拉纳曾在一篇论文中阐述过PCR技术的基本思想,指出在某种条件下可以反复制DNA,等等。但是在他的文章中没有提出具体的温度、引物的浓度……而且十分遗憾的是,科拉纳后来也始终没有做过自己想过的这一实验。



杜波特公司正是根据科拉纳的两篇论文和一项转让证明书,作为重要证据交给法庭。但科拉纳本人拒绝出庭作证,这真让杜波特公司觉得脸面上不好看。但杜波特还是要把官司打下去。而法院经过调查以后指出,杜波特公司的起诉缺乏根据:科学家大脑里的“思想”作为商品转让,是不受法律保护的,因此杜波特公司从科拉纳那儿得到的“转让”是不成立的。塞特斯公司保住了他们丰厚的利润。缪里斯名声鹊起,而科拉纳也没有糊涂到卷入这件官司中去。

可是,有一位诺贝尔生理学奖得主却不明智地卷进了这场官司,他就是我们前面提到的科恩伯格。科恩伯格好糊涂，竟然作为证人走上了法庭。他振振有词地说：

> PCR技术根本就用不着等缪里斯来发明,早在50年代中期,我本人就一直在和DNA聚合酶打交道，而PCR技术只不过是DNA聚合酶特性的合理延伸而已,而这种酶正好是我本人发现的。

这几句话倒还不怎么过分，但下面的话恐怕有失一位科学家的风度了。他几乎是调侃而不负责地说：

> 由以上所说可以清楚地看出,我的实验室的研究人员或其他与我们相似的实验室研究人员,只要想做PCR就什么时候都可以做,只是一直没有这个需要。而缪里斯肯定是闲着没事干,这才去做我和我的学生绝不会去做的事……不过,他这样做反而让他实现了DNA模板的扩增!

尽管科恩伯格的话说得俏皮，大有嘲讽之意，但缪里斯的律师可是成竹在胸，不为这种引人生气的调侃所动。缪里斯的律师问：

“您在 1980 年出版过一本《DNA 的复制》，是吗？”

这是科恩伯格最得意的一本专著，近几年一版再版，因此他毫不犹豫地回答道：

“是。”

“1983 年再版过，是吗？”

“是。”

“据我所知，1983 年版的《DNA 的复制》一书上并没有写上有关 DNA 扩增技术的内容，是吧？”

科恩伯格预感他钻进了一个可怕的圈套，但他必须正面回答，他没有任何理由不回答。

“是的。”

律师面带胜利笑容地出示《DNA 的复制》最新版本，翻开到原来夹有书签的地方，对法官说：

“这儿……在新版中，却出现了 DNA 扩增的内容，这一事实说明了什么呢？”

好了，每一位读者想必明白律师反问的话，对科恩伯格是一记多么沉重的打击！科恩伯格低下了头，他感到无地自容。是啊，当哥伦布被要求把鸡蛋竖立在桌子上的时候，人们都准备看他的笑话，看他在公众面前出丑。可是，哥伦布轻轻将鸡蛋的一端在桌上一敲，然后鸡蛋稳稳地立在了桌上。

“瞧，蛋不是立起来了吗？”

周围准备看笑话的人开始惊愕了一下，接着大声讪笑起来：

“这谁不会呀！这种立鸡蛋的方法太简单了！”

但谁能否认哥伦布真的把蛋立起来了呢！科恩伯格正好是犯了嘲弄哥伦布的那些愚人的错误。缪里斯就是竖起鸡蛋的哥伦布！

缪里斯也像哥伦布一样，颇有点传奇色彩。例如，他发表过诗歌、散文和小说，这在科学大师中少见吧？他的生活极富浪漫色彩，结过三次婚，也离过三次婚。他似乎与许多艺术家一样，认为每次当他陷入罗曼蒂克的恋情中时，他就更富有灵感和创造力。他甚至开玩笑地说：

“我希望人们对我多次结婚和有许多女友的了解，能超过对PCR的了解。”

他有三个孩子；除此之外，他还多次捐献自己的精子。因此，他还有多少人工授精的孩子，这谁也不清楚。

他曾得意地对记者说：

“我不喜欢动手；作为一个发明家，最重要的是为解决某些问题而尽力设计一个简捷的行动方案。”

可见，不同的科学家有很不相同的性格和工作方式。

## 贝特森为什么要反对摩尔根

关于哲学，每一个现代科学家，特别是每一个理论物理学家都深刻意识到自己的工作是同哲学思维错综地交织在一起的，要是对哲学文献没有充分的认识，他的工作就会是无效的。在人自己的一生中，这是一个最主要的思想收获。

M. 玻恩

威廉·贝特森(William Bateson，1861—1926)是英国著名的遗传学家。他在国际上享有“伟大的遗传学先驱”的盛誉，正是他奠定了遗传学里的“剑桥学派”，也正是他的奋力反击，使孟德尔的被遗忘了几十年的遗传律，得以重振雄风，得到世人的承认。贝特森的功劳可谓大矣。但是，奇怪的事却不少：当以美国的摩尔根为首的生物学家，把孟德尔学说进一步推进到染色体理论中时，贝特森却成了摩尔根理论坚定的反对者，扮演了一个长达20年的反面保守角色。

这是为什么？

英国遗传学家贝特森

## （一）

贝特森于1861年8月8日诞生在英国约克郡惠特比镇一位学者的家庭里。他的父亲曾担任剑桥大学圣约翰学院的院长。到了读大学时，贝特森顺利地考上了剑桥大学，开始学习动物学。大学毕业后，他在1883年到1884年的两年时间里，到美国霍普金斯大学布鲁克斯教授（William Keith Brooks，1848—1908）的实验室待了两年。他在布鲁克斯的指导下，学习海洋生物的发育问题。他曾到弗吉尼亚州和北卡罗来纳州沿海的海岸考察海洋生物，并在考察中取得了他第一个重要研究成果：完成了柱头虫属（acorn worm）的生活史；并通过发现柱头虫除了鳃裂以外，还有一根很小的脊索和背部神经索，从而把它鉴定为原始脊索动物。

他的导师布鲁克斯还担任过遗传学家摩尔根（1933年诺贝尔生物学和医学奖获得者）的导师，贝特森想必受到过布鲁克斯的影响，认为遗传学是一个很值得研究的领域，而且对"不连续的变异"（discontinuous variation）很感兴趣。不连续变异一词指的是这样的一种变异：即一个个体与其后代可以发生突变的、容易辨认的变异，例如蓝眼睛的人可以生一个褐眼睛的儿子，红花花籽可以开出橙色的花，等等。与其相反的观点则是"连续变异"（continuous variation）。在19世纪末到20世纪初，科学家都力求解答这个问题：哪一类变异是真实的？自然选择对哪一种遗传起作用？

贝特森从美国回到剑桥大学以后，成了圣约翰学院的高级研究员，随即开始了对变异的研究。他确信，研究变异和变异性状的遗传是研究遗传学正确的方法。1886年至1887年，年轻而充满热情的贝特森，旅行到俄国、埃及，希望获得对研究变异有用的资料。

1899年7月11日，贝特森向皇家园艺学会提交一篇论文:《作为科学研究方法的杂交和杂交育种》。从这篇论文我们可看出，尽管他的研究结果很容易用孟德尔的观点来解释，但他本人在那时仍然没有明确的遗传学理论。但情况很快就发生了戏剧性的变化。

1900年5月8日，贝特森乘火车从剑桥到伦敦参加一次会议。在火车上，他第一次阅读了孟德尔的著作。我们知道，孟德尔(Gregor Johann Mendel, 1822—1884)是奥地利遗传学家，他根据豌豆杂交实验的结果，于1865年在布尔诺自然科学协会上，发表了《植物杂交实验》，提出了"遗传单位"(现在叫"基因")的概念，并提出遗传的三条规律，现在称为"孟德尔遗传规律"。遗憾的是，孟德尔的遗传规律被埋没了30多年，直到1900才由荷兰植物学家德弗里斯(H. de Vries, 1848—1935)、柯灵斯(C. E. Correns, 1864—1935)和奥地利植物学家丘歇马克(E. von Tschermak, 1871—1962)发掘出来，孟德尔遗传规律这才引起了人们重视。贝特森也正是从德弗里斯那儿才看到孟德尔的论文。

贝特森真是"心有灵犀一点通"，立即明白了孟德尔理论的价值。这是因为他本人的研究那时正处在这个突破的边缘上，所以他在火车上一看完孟德尔的论文，立即成了孟德尔遗传理论的热情而又有效的推广者。他在伦敦一开完会，立即返回剑桥，把孟德尔的思想收编到自己的讲稿中，并着手翻译孟德尔的著作。而且，他开始用各种动物、植物来验证孟德尔的理论。实验的初步结果表明，孟德尔的理论与实验基本上一致。

可是没有想到的是，由于他拥护和宣传孟德尔的理论，他以前的好友韦尔登(Walter Frank Raphael Weldon, 1860—1906)立即开始对他进行攻击。韦尔登是一位颇有影响的生物统计学家，他不重视非连续变异。贝特森那时热情洋溢、思维敏捷、反应迅速，对韦尔登的攻击毫不客气，出版了一本名为《孟德尔遗传原理：一个回击》(1902)的书，反击了韦尔登的攻击。韦尔登没有被说服，论战继续下去。到1904年，在英国科学促进会的一次会议上，两人展开了论战，结果贝特森大获全胜。从那时起，“非连续性”成了遗传学概念中一个几乎毋庸置疑的特征。

贝特森的主张受到了国内外许多学者的支持。1902年贝特森去美国参加一个农业会议时，他受到了意料之外的热烈欢迎。他在给妻子的信中写道：

> 我每到一处都受到了手里拿着孟德尔论文的农业专家的欢迎。真让人兴奋，孟德尔，到处都是孟德尔！

由于贝特森的这一突出贡献，他于1910年被任命为约翰·莫尼斯园艺研究所所长。由于他的努力，这个研究所成了英国遗传学研究中心。

## （二）

贝特森在遗传学的建立和发展过程中，作出了出色的贡献。是他在1906年第二届国际遗传学会议上，从希腊字中创造了“遗传学”(genetics)这个专有名词，以代替“传下去”(descent)这个不确切的词，“以此来象征对于遗传学认识的新纪元”。斯多培(H. Stubbe)在《遗传学史》(1965)一书中正确地指出：

“于是，研究遗传的这门科学，由于贝特森才有了自己的名称。”

除此之外，贝特森还在深入研究中继续创造了许多新的术语，如F1代，F2代，等位基因，上、下位基因，合子，纯合体和杂合体……这些术语至今仍为大家使用。

正当贝特森取得瞩目成就、受到科学界赞誉的时候，他却在20世纪20年代遗传学蓬勃发展的时期，充当了长达20年的、阻碍遗传学进展的反面角色。这真是让人意料不到的一件悲剧事件。美国哈佛大学教授E.迈尔指出：

贝特森是一位具有复杂个性的人，在争论时，他好斗，甚至到了粗野的地步，不过与此同时，他完全献身于研究。他具有革命性和守旧性的混合特点，难于接受新思想。在1900年以后的10年里，他是遗传学领域的带头人。的确，正如在卡斯特尔(W. E. Castle)1951年论述时所说的那样，我们有许多正当的理由可以把贝特森看成是“遗传学的真正奠基人”。1910年以后，他对染色体理论的反对，以及对物种瞬间形成这一论点所做的长久的辩护，使得他再没有什么建树。

美国遗传学家摩尔根

非常有趣的是，摩尔根开始对孟德尔理论持反对态度；但一年之后，他又成为美国孟德尔理论最狂热的支持者之一。他开始之所以反对孟德尔的理论，是因为孟德尔的理论中有一些错误，以及一些新的实验结果用它无法作出解释。但当他认识到孟德尔理论深刻的本质，以及正确评价它的不足以后，他立即改变了反对态度，积极宣传并发展孟德尔理论。在这后一点上，贝特森和摩尔根的态度泾渭分明：贝特森无条件地支持孟德尔理论，而摩尔根则克服孟德尔理论的缺点，并向前推进这一理论。

在发展孟德尔理论过程时，摩尔根通过在果蝇中进行实验遗传学的研究中，发现新的遗传规律，提出了染色体遗传学说，认为“染色体是孟德尔遗传性状传递机理的物质载体”。摩尔根还进一步创立了基因学说，认为基因是组成染色体的遗传单位；他证明基因在染色体上占有一定的位置，并成直线排列。在生物个体发育过程中，一定的基因在一定的条件下，控制着一定的代谢过程，从而体现在一定的遗传特性和特征的表现上。由于

“发现染色体在遗传中的作用”这一卓越成就，摩尔根于1933年获诺贝尔生理学和医学奖。

贝特森几乎在摩尔根提出染色体概念之初，立即表示反对，从根本上否认染色体与孟德尔理论有什么关系。贝特森的一个学生曾写道：

> 在1903—1904年间，我是贝特森最早一批学生中的一个。在那些日子里，我最鲜明的记忆是他与染色体理论的对抗。我记得，在图书馆里，我无意中看到萨顿（W. Sutton, 1877—1916）的论文，感到很有兴趣，我把它带给贝特森看，问他有什么意见，他竟不屑一顾。——我记得他翻了一下那篇论文，就断言道：染色体绝不可能与孟德尔学说有什么关系的。

从那时开始，贝特森就开始了与染色体理论的斗争。直到1922年他访问了摩尔根的实验室之后，才最终放弃了对染色体理论的怀疑，并写信表示他对“已经在西方升起的星星”的敬意。其间整整20年！这20年正是生物学新纪元的开端，是美国生物学研究走向世界领先地位的20年，是摩尔根和他的同事大显身手之时，而贝特森却错失良机，不仅使自己成为这一时期保守势力的典型代表，而且还使得英国遗传学研究也落后了整整20年！正如美国著名学者艾伦（Garland. E. Allen）在《20世纪的生命科学》（*Life Science in the Twentieth Century*，1975）一书中指出的那样：

> 由于贝特森顽固地坚持他的立场，他被遗传学的发展抛在后面了。到1920年，他成了一个脱离时代的人，他固执地认为，“基因”（或孟德尔的遗传因子）的物质基础在细胞结构中没有任何直接的证据。



贝特森从一个“遗传学真正的奠基人”变成一个“脱离时代的人”，成为反对染色体这一正确理论的三个主要人物之一，这其间一定有很深刻的原因，使他一叶障目，看不到遗传学进一步发展的方向。这些原因，想必我们有深究的必要，从中肯定会得出某些值得借鉴的教训。

## （三）

科学的进步，一般都要经历“唯象理论”（Phenomenological theory）的阶段，“唯象”是指只关注客观对象表面现象上的变化，而没有深入探索表象内部深层的机理。例如，物理学家研究热学的过程中，先发现了热力学第一、第二定律，这都是唯象的一些规律，其内部（即微观层次上）的机理，是到唯象研究相当成熟以后，才开始引起物理学家们的关注，于是此后建立了气体分子运动论、统计力学，这已经属于比唯象理论高一级的“理论架构”（Theoretical Structure）阶段。物理学家比较早地经历了这一转变。生物学大致上是从20世纪20年代开始从唯象论中走出来，开始走向生命奥秘的深层。正像从热力学到分子运动论的转变中有许多反对者一样，生物学在这种“蜕变”过程中，也必然会引起一些怀疑论者的反对；而且像在物理学中发生过的一样，这些反对者多是在建立唯象理论中功绩卓越的科学大师。

贝特森不幸成这一蜕变过程中的反面人物。贝特森的反对理由很多，我们只捡两个容易说懂的简单介绍一下。摩尔根试图结束生物遗传学中唯象的描述方式，找到遗传的物质载体。他把孟德尔抽象的“因子”归结为“染色体粒子”，从物质结构中去寻找遗传学的规律。这种做法显然是一种进步，正如物理学家想从物质的原子-分子结构中探寻热现象的本质一样。但不幸的是，贝特森认为摩尔根的这种追究是十分荒谬的。他说：

> （摩尔根他们的想法）是不可想象的。染色体的粒子或任何其他物质，不管多么复杂，怎么可能具有我们所说的因子或基因的能力呢？他们的染色体粒子彼此间难以分辨，经实验检验几乎都是同质的，这种粒子怎么可能通过其物质本性来授予、传递生命全部奥秘呢？这种假定完全超出了令人信服的唯物主义的范围。

这是其一；与这一方面有关的其二，是他要求摩尔根实验小组拿出实验证据来，以证明染色体上有基因独立的证据。他认为，摩尔根提出的染色体的解释，没有令人信服的、自己的独立的证据。他在1921年这样说：

> 令我震惊的是，“意外事件记录”的数量、致命因子、“基因”、修饰联琐……以及诸如此类的权宜新词，可能有效，但是需要的是证据。每一个假说都必须是能够站得住脚的。

当摩尔根决心推进遗传学，提出染色体理论之初时，贝特森站在反对派立场上指手画脚、横挑眉毛竖挑眼，想方设法指责摩尔根这不对、那不充分，这需要证实那需要检验，从现在来看，当然觉得他十分可笑，十分“顽固”，但是，我们切不可做事后诸葛亮。严格说来，科学发展史上没有争论的话，科学就无法前进；一个新的理论提出来以后，由于它自身的不完善，非常需要反对派对它进行严格的、挑剔式的挑错。贝特森的反对，不能说他处处都错，正如爱因斯坦在反对量子力学的统计诠释时一样，玻尔往往非常需要听听爱因斯坦反对的声音，以免自己过分热衷于尚不成熟的假说，而误入迷津。

那么，贝特森的失误主要在什么地方值得我们后人探索呢？我们还记得奥斯特瓦尔德吗？他在本世纪初还在坚定地反对原子理论，他有一句很有名的话：

“你要我相信原子假说，你就给我看一看原子。”

这未免要求得太高了，尽管当时物理学家可以用原子理论正确地解释许许多多物理现象，还可以预言许多现象（而且被实验证实），但那么小的原子让物理学家一下子拿出来让人“看一看”，实在匪夷所思。无奇不有的是，贝特森对待摩根的染色体的态度，如出一辙，他要求摩尔根拿出证据，证明染色体有“自己独立的证据”。这种过高、过急的要求，作为同是一位终身从事遗传学研究的人，总该知道自己未免有些过分了吧？如果不是有什么其他值得探究的原因，贝特森当然会明白一个假说是如何一步一步走向成功的,而不会在它向成功方向发展时横空打一耙子。他应该有耐心的。

贝特森之所以没有耐心,而急于向摩尔根的染色体假说发难,是因为他的哲学观点。他的哲学观使他早就断言:生命现象不可能而且也不应该从物质本身得到说明;在他看来,任何想用物质结构的设想来解释生命的奥秘,都是不正确的,都是一种错误的生命观。贝特森一再强调,不论是染色体也好,还是任何其他的"多么复杂"的物质单位也好,都绝不可能成为承担遗传的物质载体。这种哲学观,实际上是把生命神秘化的唯心哲学观。这种哲学观渊源久矣,它们认为生命是与物质绝对相互独立的一种东西,不可能由物质的活动来解释生命现象,而遗传又是生命现象中最令人感到神秘的一种研究对象。有了这种哲学观,贝特森理所当然地会坚持反对染色体假说,而且对它"根本不屑一顾"。

艾伦曾正确地分析过贝特森的这种错误:

> 在所有贝特森的论点背后,隐藏着他自己可能没觉察到的一种倾向,那就是哲学唯心主义和不相信科学中的唯物主义理论……贝特森的错误显然在于他不能看到把抽象的、观念化的孟德尔理论与物质染色体理论结合起来的必要性。

正是在这一点上,贝特森的反对是十分有害于当时遗传学的进一步前进。现在我们对于生命现象有物质作载体,已经非常习惯,谁要提出异议倒会让人大吃一惊了。但在20世纪20年代,当生物学刚向生命奥秘进展时,提出生命现象有物质载体为基础,是一件十分新颖大胆的事情,是向所有旧传统根本决裂之伟大举动。在这种转变的关键时机,贝特森不幸由于自己的科学观、哲学观,成了逆潮流而动的保守派。

如果扩而大之,我们可以看到,贝特森反对染体是整个欧洲实证主义哲学潮中的一个局部反映。奥斯特瓦尔德反对原子论,也是这一思潮的反映。艾伦在他的《摩尔根传》(*Thomas Hunt Morgan: The Man and His Science*, 1978)中说得更为透彻,他写道:

> 贝特森倾向于认为，遗传的物质学说接近于古代的预成论。更有甚者，贝特森本人对任何形式的唯物论都表示反感，因为他从唯心论物理学家那儿受到了深刻的影响。而那些物理学家在1900年至1920年这段时间，在剑桥形成了一个颇有影响的学派。甚至在摩尔根小组表明染色体可以作图之后，贝特森的唯心论思想最后还是阻碍了他接受染色体学说。

科学家由于哲学观的原因而引起科学上的失误，在科学史上并不少见。这儿特别应该指出来的是，当科学处于革命性转变的时候，哲学就会表现得相当活跃，这是因为科学家在茫茫荒原中想寻找思想、方法上的依托，有求于哲学。在这种关键性时刻，正确的哲学观往往举足轻重；否则，一不小心就会遗恨千古。

贝特森正是在遗传学蜕变的关键时刻，由于错误的哲学观，而失去了继续推进遗传学的大好时机，反而成了阻挡它前进的障碍之一！

反过头来再回味一下本文引言中M. 玻恩讲的那段话，我们一定会有新的感受吧？

# 数 学 家

## 欧拉留下的遗憾

他只有停止了生命，才能停止计算。

（法）康多塞

数学上有多少方程、定理、公式……用欧拉命名的？恐怕谁也说不出一个准数。我们随手拈几个来就有：欧拉变换、欧拉常数、欧拉定理、欧拉定律、欧拉动力学定律、欧拉法、欧拉方程、欧拉曲率公式、欧拉图、欧拉线、欧拉坐标、欧拉相关、欧拉角、欧拉力、欧拉函数、欧拉积分、欧拉运动方程……

啊呀，这位欧拉可真了不得！可不是吗，有一件趣事，更足以证明欧拉的伟大。人们为了纪念这位叱咤数学界几十年的风云人物，曾把他同阿基米德、牛顿、高斯三人一起合称为“数学界四杰”。但有一位著名数学家说：

“不！欧拉应该被称为数学英雄！”

这位数学家认为欧拉在四个人当中是最顶尖的。下面我们就简单介绍一下这位“数学英雄”欧拉。

## （一）

瑞士数学家和物理学家欧拉

1707年4月15日，列昂哈德·欧拉（Leonhard Euler, 1707—1761）出生于瑞士第二大城市巴塞尔。他的父亲是一位穷牧师。家庭虽然穷，但因为是牧师家庭，这使他能以进入令一般人神往的学校。他父亲见小欧拉聪明过人，于是对他寄托了莫大的希望，希望他能飞黄腾达、荣耀门庭。但小欧拉却常常提出一些奇怪的问题，让做父亲的十分担心。小欧拉像每一个小孩一样，当抬头仰望夜空时，那闪耀的群星总会引起他无限的遐思，那思绪不由自主在宇宙遨翔。他问父亲：

"天上有多少星星呀？"

父亲耸了耸肩，漫不经心地回答：

"有多少颗星星这并不关紧要，我们应该知道的是，那些星星是上帝一颗一颗地镶上去的。"

"那么，上帝既然一颗一颗地镶上去，他就该知道有多少颗星星了。"

这些问题是不能多问的，父亲不免担心地瞧着小欧拉。父亲的担心，果然被印证了。校长因为小欧拉经常提出一些犯禁忌的问题，而把他从学校除名，以免这些不祥的问题蛊惑人心。父亲十分沮丧，只好让小欧拉在家中帮他做点杂事。未来一片黯淡，有什么办法呢？

但出乎意料的事发生了：有一天，巴塞尔大学数学教授约翰·伯努利（John Bernoulli，1667—1748）来找欧拉的父亲，他早已听说小欧拉有非凡的数学天才，因此，想亲自看一看。伯努利家族在欧洲科学界威名赫赫，先后出了八九位著名的数学家，而且这个家庭的人特别注重选拔和培养人才。

约翰听说小欧拉竟然能够解决难度不小的“围篱问题”，不觉心动了；如果真是天才，可不能浪费了！

事情是这样的，有一天欧拉的父亲想围一个羊圈，羊圈长40英尺(1英尺=0.3048米)，宽15英尺，面积当然就是600平方英尺；显然，这需要110英尺篱笆才能围住。但他却只有100英尺篱笆，这可让他犯愁了。小欧拉当他的帮手，见父亲犯愁，就问他愁什么。父亲不耐烦地说：

“大人的事，你小孩子多问些什么呀。”

小欧拉不罢休，最后总算知道父亲愁什么。他仰头想了一会，又在地上用树枝画了一些什么，然后对父亲说：

“爸爸，您可以把长宽都定为25英尺，那羊圈面积成了625平方英尺，比您设计的还大了25平方英尺，但篱笆却只要100英尺，您就不用愁了！”

父亲听儿子这么一说，不禁喜从心来：我儿子还真不同一般呢！从此逢人便说儿子的“奇迹”。约翰后来也听说了，于是决心见一见小欧拉。约翰见到小欧拉，就亲切地问他在想些什么。小欧拉兴奋地说：

“我在想，6这个数可以分解成1、2、3、6这4个数，把前面的3个数1、2、3、加起来正好等于最后的一个数6；还有一个数是28，它可以分解为1、2、4、7、14、28这6个数，把前面的5个数1、2、4、7、14加起来，又正好是最后面的一个数28。约翰先生，请问这种奇妙的数除了这两个以外，还有吗？”

约翰听完小欧拉的问题，不由大吃一惊：这两个数6和28在数学上称为“完全数”；到底有多少个完全数，这可是迄今没有解决的一个数学难题。现在，这个难题竟然被一个小孩子提出来了，真是不可思议！约翰先生看着小欧拉闪耀着智慧之光的眼睛，心中暗自决定：一定要帮助、培养这个有极大天分的孩子，不能让这颗明珠被埋在土地里了！

小欧拉的命运发生了奇迹似的改变，而人类在当时不久的未来就将出现一颗明亮的数学新星。

1720年，在约翰教授的极力推荐和支持下，13岁的欧拉以破天荒的小年龄进入了巴塞尔大学。当校长反对约翰教授的推荐时，约翰教授争辩说：

对于天才，年龄不能成为入大学的一种限制，校长先生。如果由于我们的疏忽，埋没了一位天才，让数学天空的一颗明亮的星成为稍纵即逝的彗星，那不是我们的奇耻大辱吗？不，那简直是犯罪。先生，是的，是犯罪。

进了大学以后，欧拉真个是如鱼得水，过着“桃之夭夭，灼灼其华”的青春年少的书生生活。欧拉和伯努利一家来往十分密切，实际上伯努利家的成员，已经把欧拉看成是他们家的一员了。其中尼古拉·伯努利(Nicolaus Bernoulli，1695—1726)和丹尼尔·伯努利(Daniel Bernoulli，1700—1782)与欧拉年龄差不多，他们之间的关系也最好，可以说亲如手足。

《欧拉与伯努利兄弟》一书封面。封面上左边是丹尼尔·伯努利，中间是约翰·伯努利，右边是欧拉。

1725年，尼古拉和丹尼尔同时到俄罗斯彼得堡科学院工作。当时俄罗斯女王卡德琳娜一世继承彼得大帝的遗愿，决心振兴俄罗斯的科学事业，建立圣彼得堡科学院，重金聘请欧洲各国知名科学家到设备极为优良的科学院工作。尼古拉和丹尼尔那时已是欧洲数学界赫赫有名的人物，因而被聘为圣彼得堡科学院院士。

谁知祸从天降，风华正茂的尼古拉到了俄罗斯后仅仅一年时间，竟然病得不能起床。当尼古拉终因病入膏肓而离开人间后，卡德琳娜女王召见丹尼尔，请他再推荐一位数学家来接替已故尼古拉空出来的位子。丹尼尔提出可由欧拉前来顶替。

“欧拉今年19岁，巴塞尔大学硕士，不久前因为一篇论文得过巴黎科学院奖金。”

女王似乎不大相信丹尼尔的推荐。一个 19 岁的年轻人竟然被聘到俄罗斯最好的科学院来，岂不让人讥笑？丹尼尔是何等聪明的人，他立即明白女王的想法，说：

"女王陛下，如果您能聘用他，使他有优越的研究条件，他日后一定会超过我们整个伯努利家族！陛下千万不要失去良机！"

女王十分感沛于丹尼尔的举贤若渴的无私精神，于是同意聘请欧拉。欧拉遂于 1727 年来到圣彼得堡，此后一直工作到 1741 年；但到 1766 年他又回到圣彼得堡科学院，直到 1783 年离开人世为止。前后他在俄罗斯工作了 31 年。

当 1766 年他回到俄罗斯时，他双眼由于过分勤奋的工作而失明。但他却在这种极端可怕的 17 年里，奇迹般地一刻也没有停止工作，仍然继续发表了 400 多篇论文和一些专著。这真是奇迹！任何其他人如果一生能有他双目失明后 17 年中发表论文的四分之一，就已经能闻名世界！

1783 年 9 月 18 日，他正在运算前两年被赫歇尔发现的天王星的运行轨道，突然他手中的烟斗落到地上，他喃喃地低语道：

"我死了……"

一代巨星就此陨落，76 岁的欧拉停止了呼吸。

欧拉一生给人类留下了数量惊人的科学著作，据统计有 886 部书籍和论文，其中既有数学中各个领域的著作，还有物理学、天文学、弹道学、航海学和建筑学等领域深入的研究。圣彼得堡科学院后来为了整理他的著作，竟然用了整整 47 年时间！这么巨大数量的著作，该需要他花费多大的精力！难怪法国哲学家、数学家康多塞(Nicolas de Condorcet，1743—1794)怀着崇敬的心情叹息说：

"他只有停止了生命，才能停止计算。"

欧拉不仅多产，而且在每一个领域里都有深刻的、卓越的创见，连后来德国的"数学王子"高斯(Carl Friedrich Gauss，1777—1855)都由衷欣佩地说：

"学习欧拉的著作，乃是认识数学的最好途径，没有什么别的可以代替它。”

法国物理学家拉普拉斯(Pierre-Simon marquis de Laplace,1749—1827),更是谆谆教导他的学生说:

“读读欧拉的著作,读读欧拉的著作,他是我们大家的老师。”

后辈对欧拉非凡的天才,也发表过无限感慨的惊叹。著名的法国物理学家阿拉果(Dominique Francois Jean Arago,1786—1853)赞叹地说:

“欧拉对于计算好像一点也不费力,正如人呼吸空气,老鹰乘风飞翔一样。”

欧拉的一位学生在回忆一段往事时感慨万分地说:

> ……我和另一位同学把一个十分复杂的收敛级数逐项写出来,然后相加,发现两人所得的结果不一样。可是这个数字相当巨大,在第50位上才出现差错。……欧拉教授听我们争执,闭着他那双几乎完全失明的双眼,一声不作……最后,他告诉我们差错在哪儿,是如何引起的。我们都非常了解他,知道他有罕见的心算能力,因此对他能说出我们争论中的错误,我们一点也不感到意外。他不仅可以用心算计算简单的问题,许多高等数学范畴中的内容他同样可以用心算去完成。

但是,这位数学英雄也不只是有过五关、斩六将的赫赫成就,他和所有科学精英一样,也有败走麦城的时刻。

## (二)

欧拉是一位天才的数学家,这是不争的事实,但如果他不付出惊人的努力,他就不可能获得他那些惊人的成就。从这一意义上来说,“天才就是勤奋”这句话也是有一些道理的。也正因为他比一般人更勤奋,他一定会犯比常人更多的错误。我们在欧拉所犯的众多错误中,选两个容易让读者看懂的错误,让读者从中领略一下欧拉的思想和局限……

“无穷级数”在数学中经常会出现，每个中学生都会接触到一些稀奇古怪的这种级数，如：

$$1+1/2+1/3+1/4+1/5+\cdots$$

$$1+1/x+1/x^2+1/x^3+\cdots(|x|>1)$$

$$1+1-1+1-1+1-1\cdots$$

这些级数由于涉及“无限”多的项，所以常常会和我们开些“丈二和尚摸不到头脑”的玩笑。我这儿举一个有趣的例子：“阿基里斯追不上乌龟”。

公元400多年前，古希腊哲学家芝诺（Zeno of Elea，公元前490—前425）提出了一个奇怪的悖论“阿基里斯追不上乌龟”。阿基里斯是一个像我国水浒故事中神行太保戴宗似的人物，日行千里、夜走八百。但芝诺却振振有词地证明：阿基里斯永远追不上在他前面10米远的乌龟。你也许会哑然失笑说：这位芝诺先生一定雾水淋头，稀里糊涂。你可真不能先这么说，不信我把芝诺的证明讲出来以后，看你如何反驳芝诺。芝诺证明如下：

假定阿基里斯和乌龟都用不变的速度向前跑，开始时乌龟在阿基里斯前面10米。阿基里斯虽然跑得比乌龟快多了，假定他的速度为乌龟的10倍，他却永远追不上乌龟。为什么呢？试想：当阿基里斯跑到第10米的时候，到了乌龟起跑的地方，这时乌龟已经跑到第11米的地方，乌龟领先1米；当阿基里斯跑到第11米的地方时，乌龟跑到第11.1米的地方，乌龟与阿基里斯的距离缩短了，但仍领先0.1米；当阿基里斯跑到第11.1米处时，乌龟跑到11.11米处，领先0.01米；……如此不停地跑下去，阿基里斯要追上乌龟就得依次跑完10米、11米、11.1米、11.11米，……而乌龟则依次领先1米、0.1米、0.11米、0.111米……由于这样的距离有无限多个，阿基里斯跑完10米有1米，跑完11米有11.1米……所以乌龟总是领先一段小小的距离，阿基里斯也就永远追不上乌龟了！

芝诺提出的这个悖论，你也可能会被难住了吧？虽然你不相信阿基里斯真的追不上乌龟，但你能把芝诺的诡辩驳倒吗？如果你无法驳倒，就是因为“无限”在这儿给你开了一个很大的玩笑。为什么说是“很大”的玩笑呢？因为科学家、哲学家们为了驳倒芝诺的诡辩，竟然用了近两千年的时间！而读者您如果不找点数学参考书看一看，恐怕也一时驳不倒芝诺的诡辩呢。

欧拉也是在解决一个无穷级数时，一时不慎，败走麦城。他遇见的是一个很普通的级数：

$$1-1+1-1+1-1\cdots \qquad (1)$$

对这个无穷级数求和时，法国著名数学家傅里叶（Jean Baptiste Joseph Fourier，1768—1830）曾用下面办法求这个级数的和：如果把（1）式的和假设为 S，我们可以把（1）式改写为：

$$1-(1-1+1-1+\cdots) \qquad (2)$$

因为（1）是无限多项，因此改成也是无限多项的（2）式是可以的。这样：

$$S=1-S$$

于是

$$S=1/2$$

读者一定可以看出，傅里叶在得出 $S=1/2$ 时，在无穷级数（1）的求和中运用了加法结合律。这似乎顺理成章，不成问题。但是问题偏偏出来了。我们同样用加法结合律可以把（1）式改写为：

欧拉在俄罗斯圣彼得堡工作时的照片

$$(1-1)+(1-1)+(1-1)+\cdots \qquad (3)$$

结果，$S=0$。如果把（1）改写为：

$$1-(1-1)+(1-1)+(1-1)+\cdots \qquad (4)$$

那么，$S=1-0=1$

结果，同一个无穷级数竟然得出 1/2、0、1 这三种不同的和，这显然是不可能的。那么，问题到底出在哪儿了呢？欧拉也曾对这个问题感兴趣，他用的是另一种办法，得出 $S=1/2$。他根据的公式稍微复杂一些。由于：

$$1/(1-x)=1+x+x^2+x^3+\cdots \qquad (5)$$

则在假定(5)式中 $x=-1$ 时，可得出：

$$1/[1-(-1)]=1+(-1)+(-1)2+(-1)^3+\cdots$$

所以有：

$$1/2=1-1+1-1+1-\cdots$$

于是(1)式的和应该是 1/2。这是欧拉的证明。

现在我们知道，傅里叶、欧拉……这些数学大师都错了。原因是无穷级数由“无穷多项”组成，它和“有限项”组成的多项式在本质上有许多不同；对多项式适用的方法，对无穷项组成的级数就未必合适。对于新的数学研究对象，需要有新的概念和方法，而这些在欧拉所处的时代尚未得到解决，因此他和另一些数学家不犯错误是不可能的。正是错误刺激了数学家的自尊和灵感，这才一代又一代将数学推向更加辉煌、更加灿烂的今天和明天！

1784 年，柏林科学院悬赏征文的题目就是：

“对数学中称之为无穷的概念建立严格的明确的理论”

可见，在欧拉那个时代，数学界正多么急切寻求新概念、新方法啊！

## （三）

1741 年，欧拉应普鲁士国王腓特烈大帝的邀请，决定到柏林科学院去工作，他的夫人柯黛玲是俄国人，她当然要随同丈夫去德国生活。欧拉之所以作这一决定，是因为俄国的政权发生了巨变，彼得大帝的女儿伊丽莎白推翻了小国王伊凡六世，自己占据了王位。由于她的专横，俄罗斯人民的尊严受到严重的践踏，科学家也由此失去了自由和舒适的工作环境。

当欧拉和夫人、孩子们到了柏林以后，腓特烈大帝立即召见了他。王后见欧拉很少说话，奇怪地问：

“欧拉教授，您为什么沉默寡言？身体不适吗？”

“陛下，”欧拉回答说，“在俄罗斯如果话说多了是会上绞刑架的。”

柯黛玲离乡背井来到柏林，虽然不时想念遥远的故乡，但看见自己的丈夫如此受到皇帝的尊重，一种骄傲的感情就会油然而生。这时欧拉的眼睛越来越糟糕，但他完全不顾及自己的身体状况，仍然拼命地工作，连吃饭都觉得占去了宝贵的时间。

1760年，当俄国军队入侵德国时，伊丽莎白女王没有忘记欧拉给俄国作出的巨大贡献，她写了一封慰问信给他，并且给他带来一大笔钱，作为赔偿欧拉在战争中受到的损失。这使欧拉颇受感动。1762年，卡德琳娜二世即位，她是一位在文治武功上都有一番野心的女皇帝，对科学事业极为关注。她多次诚恳地敦请欧拉返回圣彼得堡工作，并许以特殊优待。欧拉也怀念自己事业获得成功、发祥之地，加之柯黛玲也日夜思念故土，于是，他们终于在1766年，当欧拉59岁时，返回了圣彼得堡。

卡德琳娜二世按照王室的待遇迎接欧拉，配给他一套豪华的寓所，有18名侍从为欧拉一家服务……欧拉对这一切，十分满意。

腓特烈大帝由于热衷于让臣民为他歌功颂德，结果使得朝廷里小人得势、正直人遭殃。欧拉之所以离开柏林，这也是原因之一。不过，腓特烈大帝对欧拉始终另眼相看，盛情有加。即使欧拉离开了柏林，腓特烈大帝仍然不时写信问候或向他请教。

大约在1780年前后吧，腓特烈又向欧拉提出一个有关“方阵”的问题。什么是“方阵”问题呢？

方阵与军队排列队形有关。军队在检阅时，常常排成方队，比如400人一队的方队，每行和每一列都是20人，这叫“400人的方队”。方队不仅仅整齐、威武、雄壮，军事学家还发现方队在训练士兵和作战阵形上有许多特点，比如说这种队形便于观察四方、便于狙击敌人……于是军事上将可以向四方发枪的队形称为“方阵”(square matrix)。

方阵后来又被数学家盯上了，因为方阵可以变幻无穷，引出许许多多让数学家绞尽脑汁都无法解决的问题。例如：

某些数能不能组成方阵？一个方阵怎样变成两个方阵？几个相同的

方阵加上多大的数可以组成另外一个大的方阵？这种种稀奇古怪的问题，在数学上来说，其实是讨论“全平方数”的问题。[①]

例如：52 个战士可以排成两个方阵（如图）：

这在数学上就是 $53=2^2+7^2$。如果我们问：21200 个战士可以排成两个方阵吗？从数学上分析，$21200=53\times 202$，于是：

$$53\times20^2=(22+72)\times20^2=(22\times20^2)+(72\times20^2)=40^2+140^2$$

即 21200 位战士可以组成两个方阵：$40\times40$ 和 $140\times140$。

再进一步问：还可以组成另外两个方阵吗？我们仍然可以从数学上分析，

$$21200=53\times400=53\times25\times16=(2^2+7^2)(3^2+4^2)\times4^2$$

又：$(3^2+4^2)(2^2+7^2)=34^2+13^2=29^2+22^2$

所以：$21200=4^2(34^2+13^2)=4^2(29^2+22^2)=136^2+52^2=116^2+88^2$

由这一计算可知，21200 个战士还可以摆成另两种方式的两个方阵。

好，我们在大致上知道了方阵的基本概念和方法后，再回到腓特烈大帝的问题上来。腓特烈大帝的问题是：

“从 6 支部队中选出 6 种不同军衔的军官，如上校、中校、少校、上尉、

---

① 一个数(例如 9)如果是另一个整数(3)的完全平方($3^2$)，那么我们就称这个数(9)为完全平方数，也叫做平方数。例如：0，1，4，9，16，25，36，49，64，81，100，121，144，169，196……

中尉和少尉，排成 6 × 6 的方阵，要使每行、每列都有各支部队、各种军衔的军官。”这种方阵被称为“拉丁方阵”(Latin square)。

这个问题柏林无人能解，于是腓特烈大帝只好求助于欧拉。欧拉以前早就对方阵有过卓有成效的研究，有一个方阵还被命名为“欧拉方”(Euler squares)呢。腓特烈问他算是问对了人。可是万万没有想到的是，欧拉对这个方阵问题也束手无策！欧拉先解决容易一点的：5 支军队中选出 5 种不同军衔的军官，组成 5 × 5 的方阵，这可以满足腓特烈大帝的要求：每行每列有各支军队、各种军衔的军官；可是到了 6 × 6 的方阵，硬是解决不了！

一年又一年，欧拉在黑暗中想了又想，算了又算，仍然毫无进展。于是他突发奇想：

“也许腓特烈大帝的题目本来就没有解决的可能？”

说问题无解，也是一种结果；但仍然要证明真的无解。可是怪啦，连无解他也证明不了。最后他在 75 岁时，即去世前一年提出一个猜想，即：

$(4K+2)\times(4K+2)$（当 $K=0,1,2,\cdots$）时，这方阵无解。

腓特烈大帝的问题是 $K=1$，即 $(4\times1+2)(4\times1+2)=6\times6$ 的方阵。当方阵不是 $(4K+2)$ 的方阵，如 3,4,5,7,8,9 阶的方阵有解。

那么，这个猜想到底对不对呢？有没有可能得到准确的结论呢？

但到 177 年之后的 1959 年，真相才终于大白于天下，印度数学家、物理学家玻色(Satyendra Nath Bose，1894—1974)和史里克汉德推翻了欧拉的猜想，接着帕克又证明了 10 阶正交拉丁方的存在，欧拉的猜想被彻底推翻了。除了欧拉研究过的 $K=0,1$ 以外，当 $K=2,3,4,\cdots$都有办法组成腓特烈大帝要求的方阵。

一位作家对欧拉的这次失败说了一句话：

> 这并不是欧拉的悲剧。欧拉艰苦卓绝的工作，正是后人得以继续前进的阶梯啊！

这句话说得太好了！任何伟大的科学家绝不可能穷尽所有的科学问题，总会在某一个当时最困难的问题上止步，提出一些后来被证明是错误的理论或者看法。而它们又将成为后继者前进的阶梯和方向。

这是历史局限性的必然。

## 是谁挥起了“亚历山大之剑”？

……很多事物都有那么一个时期，届时它们就在很多地方同时被人们发现了，正如春季看到紫罗兰到处开放一样。

W. F. 鲍耶

竭力为善，爱自由甚于一切，即使为了王座，也永勿欺妄真理。

贝多芬

神话传说有一个国王叫戈尔迪(Gordius)，他原是一个普通农民，有一次耕地牛轭上落下一头鹰，一位预言家说这件事将预兆他取得王位。后来这位农民果然得到了王位。于是戈尔迪把这辆有功的牛车存到神庙中作为神物朝拜，他还用非常复杂的绳结将牛轭捆在车上。据说谁要是能解开这个结，就可以成为国王。后来，因为没有人解开这个结，马其顿王亚历山大一怒之下，举剑砍断了绳子，接了王位。此后在人类语言上便多了一个“斩断戈尔迪之结”这样一个谚语，意思是说用断然手段解决某种困难。

在数学上就有这样一个“戈尔迪之结”(Gordian Knot)，难倒了历史上无数的数学家，也在数学史上留下了极其悲壮的故事，让后人唏嘘、涕泣不止。那么，后来又是谁举起了“亚历山大之剑”斩断这个戈尔迪之结呢？我们下面来讲一讲这其中的几个感人肺腑的故事，让我们领略这些天才们一个个是在什么地方失足，又如何终于成功的。

## （一）

首先要简单介绍一下这个数学上的“戈尔迪之结”。看这本书的每一位读者恐怕都学过初中几何，这种几何有时称为“平面几何”，其实它的学名叫“欧几里得几何”。欧几里得几何学是公元前300年左右，由一位叫欧几里得（Euclid，公元前约330-275）的希腊人发现的，他把他的发现写成一本至今闻名于世的书《几何原本》中。这本书一问世，立即大显奇光异彩，令全世界人民惊讶、目眩。而且在两千多年的风雨历程中，它一直像最神奇的瑰宝，熠熠闪光，照亮人类前进的路程。物理学家也是根据这一几何理论，建立了牛顿力学的空间，这叫“欧几里得空间”（Euclidean space，简称欧氏空间）。利用这种空间，我们可以准确地计算天上星体和地面上物体的种种运动，甚至找到了迷人的海王星。

正因为欧几里得几何学严谨美妙的推理，让人不得不衷心地折服，再加之牛顿力学又取得如此辉煌的成就，因此在人们心中就逐渐形成了一个根深蒂固的传统观念，即：欧几里得几何是神圣不可侵犯、绝对正确的理论。例如中世纪意大利数学家卡尔丹（Jerome Cardan，1501—1576）这样说过：

> 欧几里得几何学的原理的无可置疑的牢固性和它的尽善美是如此的绝对，其他任何论文在正确方面是不能和它相提并论的。在“基础”之中反映出真理的光，大概只有掌握了欧几里得几何学的人才能在复杂的几何学中辨别出真伪。

哲学家也趁机在它头上抹上几道灵光，更让人见了只敢跪拜磕头。例如霍布斯（Thomas Hobbes，1588—1679）、洛克（John Locke，1632—1704）和莱布尼兹（Gottfried Wilhelm Leibniz，1646—1716）这些著名的哲学家，都一致声称欧几里得几何学是宇宙学中所固有的。只有苏格兰哲学家休谟（David Hume，1711—1776）例外，说科学是纯经验性的，欧几里得几何的定律未必是物理学的真理。但德国古典唯心主义哲学创始人康德（Immanuel Kant，

172—1804）认为：欧几里得几何学是先天的真理，把休谟的一点怀疑扫了个干干净净。康德在他的《纯理性批判》一书中断言：欧几里得几何学是唯一的，是必然的；物质世界必然是欧几里得式的，用不着诉之于经验。而另一位唯心主义哲学泰斗黑格尔（Georg Wilhelm Friedrich Hegel，1770—1831）声称：几何学可看作已经结束，不会再有什么发展。就连一些唯物主义哲学家，在论及几何学时也不敢否认欧几里得几何学的真理性、权威性。

但是，仍然不断有“不信邪”的数学家不承认欧几里得几何学是什么“顶峰”，更不愿承认它是什么永远不可逾越的真理。数学家那警惕、挑剔的眼光盯上了《几何原本》上的第5公设。欧几里得的基础是5个公设。“公设”是被无条件认可的规则，也就是最开始的假设；整个欧几里得几何学就是建立在它的基础上。前4个公设简明、直观，但第5个公设却和前4个大不相同，既复杂又没有直观性，而且涉及直线无限延长的问题。第5公设原话说得遮遮掩掩，也挺别扭的，我们这儿用不着引用它的原文，但欧几里得想说的意思实际很简单：两条平行的直线无限延长都不相交。这就是所谓“平行公理”，它显然缺乏充分的说服力。欧几里得把这一公设说得遮遮掩掩，而且把不需要用第五公设就可证明的命题尽量排在前面，得出了前面的28个定理之后，才开始引入第5公设，这似乎也说明欧几里得本人对这一公设也缺乏信心。正如美国著名数学史家克莱因（Morris Klein，1908—1992）在《古今数学思想》一书中所写的：

> ……按照Euclid那样方式陈述的平行公理，却被人认为有些过于复杂。虽说没有人怀疑它的真理性，却缺乏像其他公理的那种说服力，即使Euclid自己也显然不喜欢他对平行公理的那种说法，因为他只是在证完了无需用平行公理的所有定理之后才使用它。

正由于上述种种原因，两千多年来数学家一直想从其他显而易见、不证自明的公设把第5公设推出来，如果成功，第5公设就不再是公设，而可以下降成一个定理。这种努力，从古希腊时期就开始了，但一直都没有得到成功。直到18世纪末，这一努力终于有了一线转机。那么，到底是谁解开这个戈尔迪之结，举起亚历山大之剑呢？

## （二）

我们下面要讲的故事，都和高斯有关，其中恩恩怨怨、是是非非纠结在一起，使人们想从其中得出清楚的结论，很是困难。好在读者都是有判断力的，看了这些故事之后，可以自己得出结论。

德国数学家高斯，他被称为“数学王子”。

最先讲的是德国数学家弗兰茨·托里努斯（Franz Adolph Taurinus，1794—1874）。托里努斯有一个叔叔，名为费迪南·施韦卡特（Ferdinand Karl Schweikart，1780—1857），本来是位法学家，但后来却对数学有了兴趣，在27岁时发表了一篇文章，提出应该对欧几里得几何学的论述方法从形式上进行改造，并且得出结论说：平行线公理不可能逻辑性地得到证明；可以从三角形三内角之和小于180°出发，构造一种几何学。他将这种几何学称为“星空几何学”。

三角形三内角之和小于180°？这是什么意思？我们不是说“三角形三内角之和等于180°”吗？是的，但这只是欧几里得几何学中的定理；如果否定了欧几里得几何学的第5公设，也就等于否认了“三角形三内角之和等于180°”这一定理，这样，三角形三内角之和就可以小于或者大于180°。这种几何就不再是欧几里得几何学了，现在统称为“非欧几何”。当时施韦特称之为“星球几何学”，以后还有人取各种不同的名字。

托里努斯本来也是法学家，但肯定受了叔父的影响，竟然也不知天高地厚地闯进了这个纠缠了数学家2000年的难题中。他沿施韦卡特的路前进，从三角形三内角和小于180°的条件出发，得到了许多非欧几何的定理。他认为，欧几里得几何学中的第5公设是独立于其他公设的，完全可以用相反的公设取而代之，从而建立无逻辑矛盾的（非欧）几何学。

1824年，托里努斯把自己研究的成果写进《平行线理论》一书中，并将稿子寄给哥廷根的"数学王子"高斯。高斯看了以后，回信给托里努斯。信中写道：

> 假定三角形三内角之和小于180°，可以得到一个独特的、完全不同于欧几里得的几何学。这一几何学完全符合逻辑。我能完全令人满意地把它加以推进。我能解决这一几何学里的任何问题。

在信中高斯还说，在一定条件下，非欧几何将与欧几里得几何学一致；还深刻地指出，关于空间"我们知道得很少，或者可以说连空间的本质是什么也不知道"。看来高斯对于非欧几何有过深入的思考，下面的一句话尤其令人关注：

> 如果非欧几何是真理，那么……我们在天空、在地面的测量就是可行的，就可以通过实验来决定。因此，我有时开玩笑说，希望欧几里得几何学不是真理，因为那时我们事先就有了绝对长度。

的确，高斯可以说对非欧几何有十分深刻的认识，但是，他没有支持托里努斯，他担心公众会猛烈攻击这种"稀奇古怪"的非欧几何，因为欧几里得几何学是如此之固如磐石，想动它一根毫毛都会引起普遍的震怒，尤其是那些哲学家，会愤怒得像马蜂一样叮死叛逆者。高斯害怕这可怕的恶果，因此在信的末尾叮嘱托里努斯说：

"在任何场合，您应该把我写的这封信当做私人通信，决不应该公开它。"

托里努斯因为高斯支持了他的研究成果，非常高兴，急忙出了两本小册子（即上面提到的一本，和另一本《几何学原理初阶》，于1826年出版），但他没有认真记住高斯那信尾的叮嘱，虽然十分谨慎但却又让外人可以明白地在前言中说，他的研究成果得到欧洲最伟大的数学家的支持。

高斯看到这小册子后，非常生气，立即中断了与托里努斯的信件来往。托里努斯的任何解释都无济于事。这件事对托里努斯打击很大，接着他害了一场重病，精神失常。当一次精神失常严重发作时，他把他写的书全烧了。一次有希望的努力，在高斯的支持下，本可在数学史上提前完成，但却被高斯亲手扼杀了。

这是为什么呢？难道伟大的数学王子高斯竟然如此谨小慎微？这哪有王者风范啊？

## （三）

悲剧不只发生在托里努斯一人身上，发生在匈牙利数学家亚诺什·鲍耶（János Bolyai，1802—1860）身上的故事，更让人唏嘘不止。鲍耶的父亲法尔卡什·鲍耶（Wolfgang Farkas Bolyai，1775—1856）也是数学家，年轻时曾与高斯交往甚密，也得到过高斯的许多帮助。法尔卡什也曾研究过非欧几何，付出了不少心血。他还与高斯谈过关于非欧几何的一些设想，但高斯敏锐地发现他在证明中犯了一个十分简单的错误。这对法尔卡什是一个严重的打击，这么多年的心血竟然一文不值！于是，他的心凉了，热爱数学的火花熄灭了，并且留下了永久未能愈合的创伤，以后“就染指诗歌的研究”，在数学上一事无成。

匈牙利数学家亚诺什·鲍耶

几十年过去了，他的儿子亚诺什也鬼使神差地走上了研究非欧几何的道路。鲍耶的父亲知道他的打算后，立即写信给儿子，以自己血的教训劝儿子千万别走上这条永无出头之日的黑暗道路。他写道：

干涸的源泉能流出什么水来？你万不可在这上面用去一个小时的功夫。你不会得到任何报偿，只能浪费自己的生命。多少世纪以来，几百位伟大的数学家在这上面绞尽了脑汁。我想，一切可以想象得到的思想都用尽了。即便是伟大的高斯思考这个问题，也会把自己的时间毫无结果地葬送掉。幸亏他没做这件蠢事，否则他的多面体学说和一些其他著作就不会问世了。我还知道，他也差一点陷入了平行线理论这个泥潭。他口头和书面都曾表示过，他曾多年毫无效果地思考过这一问题。

父亲还用自己的经历来打动儿子：

“我经过了这个毫无希望的夜的黑暗，我在这里面埋没了人生的一切亮光、欢乐和希望。你若再痴恋这一无休无止的劳作，必然会剥夺你生活的一切时间、健康、休息和幸福！”

但年仅21岁的亚诺什·鲍耶却听不进父亲的劝告，决心干这件“蠢事”，勇闯这个“泥潭”。他还对人谈起他父亲的警告，说：

这是一个有力的、作用很大的警告，它要我失去勇敢精神，可是它并没有吓住我。相反，它倒是激发了我对它的兴趣，增加了我的毅力。我要不惜任何代价钻研平行公理，并且下决心解决它！

亚诺什·鲍耶也从三角形三内角之和小于180°这一假设出发，建立起一套完整协调、天衣无缝的新几何体系，他把这种新几何学称为“绝对几何学”。1823年11月3日，亚诺什就预见自己的努力已经有了眉目，高兴地写信给他父亲说：

“主要之点我还没有找到，但是我走的路一定会允许我达到目的，这是完全可能的。在还没有达到目的之前，我已经发现了这么多的好东西，连我自己都感到惊讶。如果我失去这些发现，那将是永远的遗憾。我凭空创造了一个新世界,您将会承认这一点的。……”

父亲法尔卡什却无动于衷,没有给亚诺什一点鼓励。但亚诺什成竹在胸,于1825年完成了他的《空间的绝对几何学》,并寄给父亲,请父亲设法发表。但父亲不相信儿子的理论,拒绝帮助发表。可怜的亚诺什等了4年,父亲仍然坚持已见。1829年,亚诺什只好自己把论文寄给一位叫艾克维尔的数学家,可惜又失落了。直到1832年法尔卡什出版自己20年前写的《试论数学定理》(2卷)的时候,经亚诺什一再恳求,才答应把他的那篇文章作为附录附在第一卷的尾部。全文仅24页,却有一个奇特的标题:“附录:绝对空间的科学,和欧几里得几何学第11公理的真伪无关……”

法尔卡什为了放心,将书的清样于1832年1月寄一份给老友高斯。高斯看了“附录”之后,大吃一惊,于3月给鲍耶父子回了一封信,信中先写了许多别的事情,到结尾处他才令人不可理解地、而且几乎是轻描淡写地转到让鲍耶急于想看到的“附录”上去。高斯写道:

> 现在谈一下关于您儿子的文章。如果我一开始便说我不夸奖这些成果,您会马上感到惊讶。但是,我不能不向你说明:夸奖这篇著作就等于夸奖我自己,因为您儿子的这些工作,他走过的路,他获得的成果,和我在30年到35年前思考的结果几乎完全相同。我自己对此也的确感到惊讶。我自己在这方面的著作,只写好一部分,我本来不想发表,因为绝大多数人完全不懂,写出来肯定会引起一片反对的叫喊声。现在,有了老朋友的儿子能够把它写出来,免得它与我一同湮没,这使我非常高兴。



亚诺什·鲍耶看了高斯的信,愤怒之情实难言于表。父亲安慰说:

“高斯毕竟承认你的著作是卓越的,你为我们祖国带来了光荣……”

亚诺什·鲍耶震怒了,他控制不了自己的愤怒,大声说:

“光荣?他把光荣据为已有!”

父亲找出高斯以前写给他的信,解释说:

“他以前的确思考过平行线理论中的困难……”

“也许你把我的工作全都告诉过他，是吗？这个贪婪的巨人要把它据为己有，是吧？他在撒谎！……”

亚诺什·鲍耶被这意外的结果震昏了头，根本无法接受这一“现实”。一出悲剧就这么酿成了！此后，可能会在数学上做出卓越贡献的鲍耶，一怒之下扔开了数学研究，再没有发表任何数学论文。

高斯已经戴上了桂冠，被誉为数学王子，对于“老友”儿子的卓越成就首先想到的不是极力提携、褒奖，却急急忙忙抢着要优先权，这种狭窄而阴暗的心态着实让人摇头、叹息。结果一封信扼杀了又一位天才！即使高斯真正思考过这个问题（事实上真思考过），但他很可能没有像鲍耶那么完整地思考过，也没有鲍耶那么完整的构架；退一万步，即使结果完全相同，高斯害怕“捅了马蜂窝”而没有胆量发表，束之高阁，讳言非欧几何，现在有了年轻的勇士敢于闯阵，而且印在了书上，这该多么可喜可贺啊！起码比他勇敢多了吧！所谓“初生牛犊不怕虎”，这正是自己缺少的。如果凭他的资历、威信，助鲍耶一臂之力，共建伟业，那非欧几何学至少可以提前30多年正式面世！但高斯面对如此伟大的数学史上的战役，首先想到的却是自己的优先权！实在可悲，实在可叹！

不过，鲍耶也未免太“小家子气”了！我们下面要讲到的另一位数学家就比他豁达多了。

## （四）

罗巴切夫斯基（Н. И. Лобацевский，1792—1856）是俄国喀山大学的数学教授。他从1815年就开始研究非欧几何学。到1823年，31岁的罗巴切夫斯基就大胆而坚定地指出：

> 直到今天为止，几何学中的平行线理论是不完全的。从欧几里得时代以来，两千年徒劳无益的努力，使我怀疑在概念本身之

中，并未包含那样的真实情况。

罗巴切夫斯基的出发点也同鲍耶一样，首先否定第5公设，他公开宣称：

“过直线外一点，至少可作两条直线和同一平面上的已知直线不相交。”

以此为出发点研究了3年之后，他开始公开挑战了！1826年2月11日，34岁的数学教授在喀山大学学术委员会上宣读了自己研究的成果《几何原理概述及平行线定理的严格证明》，罗巴切夫斯基开门见山地说：

俄罗斯为纪念罗巴切夫斯基去世100周年出版的纪念邮票。

> 虽说我们在数学上取得了辉煌的成说，可是欧几里得几何学到现在仍然保留着它的原始的缺陷。实际上，任何数学都不应该从重复欧几里得的那些莫明其妙的东西开始，在任何地方都不能容许有这样不严密的缺点，不自然地把这些放在平行线理论里。……几何学中那些由于最初和一般的概念的不清晰，导致了虚假的结论。这一事实警告我们，要慎重对待我们想象中的客体概念。

说到这儿，罗巴切夫斯基提高了声音，铿锵有力地宣称：

“在这里我要表明，我打算怎样填补几何学中的这些空白！”

俄罗斯在欧洲极东端，这儿远离欧洲先进的国家，如英、法、德诸国，是一个落后、保守、专制的国度。喀山大学的教授们听了罗巴切夫斯基的话，似乎都被吓傻了一样，他们真不能想象这位当教授没多久的年轻人会干出什么蠢事。他们彼此不安地耸了耸肩，低声咕哝：“莫明其妙！”“荒谬绝伦！”“胆大妄为！”

罗巴切夫斯基不理会下面的叽叽喳喳，继续说：

> 只可能有两种情形：一是假设任何一个直线三角形三内角之和等于180°，这构成了通常的几何学；另一个是假设任何直线三角形中三内角之和小于180°，这构成了一种特殊几何学的基础，我称它为“抽象几何学”。



罗巴切夫斯基思想上是有准备的，他早料到他提出的新几何学将会经历一段艰难的历程，他将要与几千年来培养出的顽固成见作英勇的斗争，否则是不可能让他面前这些教授们接受新思想、新观念的。

果然，学术委员会出于“善意”，没有公开宣布2月21日罗巴切夫斯基的“纯系胡说八道”的报告，他们一致认为，如果让国外知道了这份报告，那喀山大学，不，俄罗斯科学界岂不斯文扫地、脸面丢尽？ 万万不可道与外人知！甚至到连他演讲的原稿也莫明其妙地被学术委员会“弄丢”了。

罗巴切夫斯基像勇敢的伊卡诺斯(Ikarus)一样：

> 我的双翅已经展开！
> 到那儿去！我得去！我得去！
> 我要向太阳飞去！[①]

他完全置反对者于不顾，继续独自研究、完善自己的“抽象几何学”，并且在1829年公布了他的研究成果：《几何学原理》。公布之后，罗巴切夫斯基立即遭到学者们的攻讦，说他的几何学是“荒唐透顶的伪科学”，他本人和他的几何学也成了人们茶余饭后的笑料，人们甚至以能讽刺上几句为光荣；更有甚者，不少人以此显示自己的聪明、非凡……连伟大的德国诗人歌德都出来凑兴，由此可知罗巴切夫斯基的抽象几何学遭遇何等悲惨！歌德

① 伊卡诺斯的父亲代达诺斯(Daidalos)为了飞出迷宫，用蜡在自己和儿子身上粘合羽翼，但伊卡诺斯不听父亲告诫，向太阳飞去，蜡翼被熔掉，遂坠海而死。故事见希腊神话。这儿的三句话，引自歌德的《浮士德》第二部第3幕。

在他的《浮士德》中写道：

> 有几何兮，名为非欧，
> 自己嘲笑，莫明其妙。

大约是1846年吧，高斯偶然发现了罗巴切夫斯基的《平行线理论的几何研究》德文版。于是，这位哥廷根的数学王子又遇上了一位勇于反对任何权威的勇者，而且高斯深知这位俄罗斯学者非同一般，他可不是像鲍耶、托里努斯一样向他请教的人，他直接向保守势力宣战，他用不着与谁商量，他有绝对的信心，相信自己最终一定会获胜。高斯深深感到他不能再视而不见，或随便吓唬一下就能了事的，他的优先权受到了巨大的威胁。为了看到罗巴切夫斯基所有的论文，高斯捡起了以前学过的俄文。看了罗巴切夫斯基的许多论文以后，高斯由心底佩服这位俄罗斯数学家。他在一封信中赞叹道：

> 不久前，我有幸读了罗巴切夫斯基的《平行线理论的几何研究》。书中包含有他的几何学的许多原理。这本书是值得出版的，它有严密的逻辑性，而欧几里得几何学在某些方面是不够的。施韦卡特把这种几何学称为'星空几何学'，罗巴切夫斯基则称它为"抽象几何学"。您一定知道，从1792年至今的54年里，我早就有相同的信念，后来还作了一些深入研究，不过这儿不打算谈这个问题。我要指出的是，对我来说，在罗巴切夫斯基的论文里并没有什么新东西；但他遵循的是另一条思路，这与我的思路是不同的。而且，罗巴切夫斯基在发展他的理论时，有真正的几何特性。我认为，您必须注意这本书，它肯定会使您得到非常美好的愉快体验。

高斯还写过几封类似上面的私人间的信，并且赞扬罗巴切夫斯基的睿智和成就，但他没有给罗巴切夫斯基写过一封信。这当然也不奇怪，罗巴切夫斯基也没有写信给高斯，没有请求他的认可和支持。

高斯是公认的数学王子，对罗巴切夫斯基的书不能视若不见。不，高斯不会这样，而且他还高姿态地建议推选罗巴切夫斯基为哥廷根皇家学院的通讯院士，高斯是这个学院的院长。但奇怪的是，无论是在会议的公开发言中，还是在给罗巴切夫斯基的证书中，高斯却闭口不提罗巴切夫斯基的抽象几何学。

罗巴切夫斯基这时是喀山大学校长，他倾全力将这所大学办得在欧洲小有名气。他收到高斯寄来的信和证书后，当然会对高斯的"遗漏"心领神会，也知道他的非欧几何学得到了高斯的肯定。在回信表示感谢时，罗巴切夫斯基似乎心照不宣地也闭口不提非欧几何学。

当然，以上所说也许只是一种猜测。但事实是明摆的，高斯在已经很有利的情形下，仍然没有走出决定性的一步，没有公开承认非欧几何学诞生的权利；仍然害怕在数学界引起骚乱、革命、动荡。这就导致罗巴切夫斯基仍然身陷粗野、无聊、令人恶心的攻讦之中。高斯不愿举起他那强有力的手，帮罗巴切夫斯基一把，把他拉出攻讦的陷阱。直到1868年，在罗巴切夫斯基逝世12年，高斯逝世13年，鲍耶逝世8年之后，由于意大利数学家贝尔特拉米（Eugenio Beiertelami，1835—1900）的努力，事情才有了彻底的转机。贝尔特拉米当时是比萨大学教授，他在1863年出版了《非欧几里得几何学的解释经验》一书。这本书解决了罗巴切夫斯基几何学逻辑无矛盾性问题，从此，罗巴切夫斯基几何学才得到普遍承认和迅速发展。

戈尔迪结终于解开。

## （五）

到底是谁挥起了亚历山大之剑呢？这是一个仁者见仁、智者见智的问题，有着各种不同的答案。读者有兴趣的话，不妨自己去钻研资料，得出自己的结论。我们这儿关心的是数学王子高斯在这场艰难的创建过程中，扮演了什么样的角色？给我们什么样的启示？

高斯的贡献，那是尽人皆知的，他不仅预见了19世纪的数学，而且为

19世纪的数学奠定了基础。他几乎对数学所有的领域都作出了贡献，而且是许多数学学科的开创人和奠基人。在物理学和天文学方面，他也有出色的研究。由于他的博学和睿智，人们恢谐地说高斯像一千零一夜故事中那个有魔法的容器，以至于使全世界科学家在几十年时间里，可以从他那儿取出无穷无尽的宝藏！我们也可以肯定地说，高斯年轻时是十分有勇气的，否则我们很难想象他会作出那么伟大贡献和得到数学王子的桂冠。

但是，到了他功成名就、地位显赫的时候，他变得胆怯了，变得前怕狼后怕虎地斤斤计较得与失了。以前那个伟大的高斯淡隐下去，出现在人们面前的是一位没有胆量冲破牢笼、飞向自由天空的决心的人；他像伊卡诺斯的父亲代达诺斯一样，只求安全飞出迷宫，而不敢飞向太阳，试一试羽翼能经受多强的阳光。就像《浮士德》里面，浮士德回忆欧福良那样：

欧福良：现在让我跳动，现在让我飞跃！
排空驭气，直上九重霄，
我不能抑制激荡的心潮！
浮士德：要克制！要克制！
切不可鲁莽从事！
万一你不幸坠落和伤损，
宝贝儿子，这会丢失我们的老命！

这时的浮士德倒颇似成名以后的高斯，而欧福良倒真像鲍耶一样。不过浮士德的台词应该改一下才更符合高斯的心态："切不可鲁莽从事！万一不幸坠落和伤损，这会丢失我的老命！"

高斯难道不知道思想的自由对他是多么不可缺少？我们记得法国的音乐鬼才柏辽兹（Hector Berlioz，1803—1869）曾经热情地呼唤过：

"心灵的自由！精神的自由！灵魂的自由！——所有一切的自由！真正的、绝对而无限的自由！"

任何从事创造的事业，无论是音乐和数学，都必须呼唤自由，否则谈什么创造！高斯，伟大的高斯身经百战，会不懂思想自由的绝对必要性吗？他当然懂得！但是，当科学成为一种职业，一种地位，一种荣誉的时候，它就会慢慢腐蚀科学家的心灵，让他们那曾经高贵的心灵变得怯懦、自私、苍白、无聊……这种事情无数次发生在伟大的科学家身上，能够逃出这种腐蚀、侵害的科学家，屈指可数。尤其是高斯所处的那个时代，更不得不使高斯前瞻后顾、首施两端。那时德国仍处于一种四分五裂的状态，全国有无数独立小国，它们各有各的制度，国王在各自的小国里主宰一切，民众对这些统治者只能俯首称臣，否则丢饭碗、掉脑袋可不是稀罕事。那时科学家、艺术家、作家都是国王的仆人，国王把这帮人只不过当做宫廷的装饰品，供他们炫耀和开心。在冈诺维尔斯基国王那儿的高斯已经地位显赫，生活舒适；他不愿、也不敢因意外影响而失去这好不容易到手的一切。

他深知，非欧几何一经正式由他提出或支持，一场激烈的混战将不可避免地蔓延开来。在这场混战中，他会落到什么结果，他实在无法预料，也不敢多想。因此，尽管他早就认识到非欧几何迟早会出现，但他本人决不当这个助产婆。我们从他给俄罗斯科学院院士伏斯（Н.И.Фусс，1755—1825）的一封信中，可以看出他的部分心态：

> ……可是我并不完全自由。我有责任，很大的责任——对于我的祖国，对于我的国君。他的乐善好施给我创造了令人满意的环境。在这样的环境里，我才能献身于我的爱好。……如果我拒不接受我的国君这样慷慨而又自愿给我的恩惠，那么，我就不能大大改善自己的处境……

从这封信里，我们不能不感到高斯所受到的屈辱和他的妥协。写到这儿，我们不由想到了高斯同时代的同胞歌德和贝多芬。每当歌德受到皇室赏识时，总会受宠若惊，现出一副卑躬屈膝的样子。对此，贝多芬极为不满。有一次他对歌德直言不讳地说：

> 您大可不必这样去敬重他们，您这样做是不妥的，您得干脆让他们知道您究竟有多大本事，或者让他们永远也捉摸不透；一位皇后欣赏《塔索》[①]，决不会比欣赏她脚上那双能满足她虚荣心的鞋子更久。——我对待她们就不一样，当我教赖纳公爵钢琴的时候，他让我在前厅等他，我可不买他的账；他问我为什么这样不耐烦，我说他浪费了我不少的时间，我等得不耐烦了。从此以后他就不再让我空等；我向他表明，他干的蠢事只表明他缺乏人性。我对他说……您可以造出一个大臣，一个枢密顾问官，但您决不能造出一个歌德，一个贝多芬；您既然做不到这点，做梦都做不到，那就要学会尊敬人，这会有大益处的。

贝多芬多么注重精神价值！他忧道不忧贫，不为五斗米折腰。他说：

“一个诗人只要能毕生和有害的偏见进行斗争，排斥狭隘的观点，启发人民的心智，使他们有纯洁的鉴赏力和高尚的思想情感，此外他还能做什么更好的事呢？还有比这更好的爱国行动吗？”

歌德没有这种精神力量，高斯也没有。有一次贝多分和歌德一起挽手散步时，迎面来了皇后和公爵们。贝多芬对歌德说：

“挽着我的手别松开，他们该给我们让路，不是我们给他们让路。”

但歌德十分尴尬，撇开了贝多芬的胳膊，站在路旁，帽子拿在手里；而贝多芬则反剪双臂，毫不在意地穿过皇室成员，当公爵们闪在一旁让路时，贝多芬轻轻掀动了一下帽子以示礼貌。皇室成员都向他致意。过去以后，他才站在路上等候歌德，歌德还在路边鞠躬如仪。难怪恩格斯曾说：

“歌德有时非常伟大，有时极为渺小；有时是叛逆的、爱嘲笑的、鄙视世界的天才，有时则是谨小慎微、事事知足、胸襟狭隘的庸人。”

这段话用来评论高斯，恐怕也有几分逼真呢！高斯后来胆小怕事，这

① 《塔索》是歌德的代表作之一。

且不说，而且胸襟狭小、斤斤计较于个人名利，也实在只有让人扼腕叹息的份了！他自己不敢捅马蜂窝，也罢，但别人捅了他不但不让人捅，还说自己早知其中奥秘。还不只这一件事令他的作为让人感到愤愤，在挪威数学家阿贝尔（Niels Henrik Abel，1802—1829）身上发生的事，也颇让一些数学家愤慨难平。当高斯得知阿贝尔的一项数学发明时，他连忙给一位法国朋友写信说：

挪威数学家尼尔斯·亨瑞克·阿贝尔

“阿贝尔先生完成了我的三分之一的成果，我只不过因为太忙，没时间将它们整理出来。他做的事，我从1789年就开始了。……他在他的工作中表现了这样大的天才和美，可以使我不必再加工我自己以前的著作了。”

这简直让人感到惊讶，堂堂数学王子，何以这么小家子气？什么都想往自己身上拉。难道他的荣誉还不够吗？要多大的桂冠才让他心满意足呢？真是欲壑难填、贪得无厌！

一位法国数学家愤慨地说：

“没有发明就不该把发明记在自己的账上；还说什么那些东西自己在几年前就发现了。但是，又不说明在哪儿发表过这些东西。这其实是无稽之谈，并且对真正的发明人是一种凌辱。”

“在数学中经常发生这样的现象，一个人所发现的问题早已为他人所发现，也早已为大家所知。类似的情况我也碰到过几次。但是，我从来不提起这些，我从来不把别人先我发表的东西命名为‘我的定理’。”

由以上所述可见，成名后的高斯由于他品格上某种程度的退化，他不仅扼杀了几位数学天才，而且推迟了数学发展的进程。一个人越是伟大，那么由于他的过失而对历史产生的负面影响就越大。

伟大的德国诗人海涅(1797—1856)曾对成名后的歌德作过一次评论,他说:

“菲吉在奥林斯山上给丘辟特塑了一座坐着的雕像。人们说,如果他突然站立起来,就会把神殿的拱顶穿个窟窿。歌德在魏玛的地位就是这样,如果他不想宁静地坐在那儿,突然伸直躯体,就会顶穿国家的屋顶,当然他也可能因此而碰破自己的头皮。德国的丘比特继续宁静地坐在那儿,并且心安理得让人崇拜自己,给自己烧香。”

一位叫托特的数学家借用海涅的话评论高斯说:

“数学中的丘比特也正是如此,宁愿安静地坐在椅子上,也不想冒碰破头皮的危险来破坏科学中的旧屋顶。”

一位科学家一旦心甘情愿地成了偶像,他的创造生涯就走到了尽头。

当然,也会有不同的评价。例如有一本评论数学思想的书就多少以赞赏的口气评论高斯对待非欧几何学的态度:

“他恪守的原则是:‘问题在思想上没有弄清之前决不动笔’,只有证明的严密性和文字叙述的简明性都达到无懈可击时才肯发表。高斯迟迟不肯发表自己关于非欧几何的重要成就,这是重要原因之一。”

但同一本书在两页之后又补充说:

“……由于非欧几何毕竟是超前发现,违反人们传统的认识,所以当罗巴切夫斯基的新见解发表以后,不可避免地引起当时人们的强烈反应:公开发表文章讽刺、嘲笑者有之,用匿名信谩骂、侮辱者有之,就是持最善良的宽容态度的人也认为他是一个有‘错误的怪人’,并为之‘惋惜’。高斯的谨慎与伽利略当年的‘悔过’一样,是科学家在受压抑的时代实行自我保护、坚持科学事业的一种方式,不能苛求于他们。”

我想,读者是有思想、爱思考的人(否则不会看这本书),应该如何评价高斯的这次失误,仁者见仁,智者见智。但是,这总是高斯的一次严重失误,恐怕读者总不会不同意吧?

# 希尔伯特越俎代庖不成 玻恩和海森伯后悔不迭

我们已经改造了数学，下一步是改造物理学，再往下就是化学。

希尔伯特

德国数学大师大卫·希尔伯特

在19世纪末、20世纪初，德国文化名城哥廷根有一位世界闻名的大数学家，他叫希尔伯特(David Hilbert，1862—1943)。希尔伯特到底有多伟大呢？有一本希尔伯特的传记上是这么说的：

“如果要问：‘谁是现代最伟大的物理学家？’有一定文化知识的人将脱口而出：‘爱因斯坦！’如果再问：‘谁是能同爱因斯坦地位相当的最伟大的数学家？’正确的回答应该是：‘希尔伯特！’”

由上面这一段话，我们就可以知道希尔伯特在20世纪数学界中的执牛耳的地位了。

如同德国其他数学大师一样，他继承了德国数学界的优良传统，在发展、推进数学理论的同时，还非常关心物理学的进展。希尔伯特的传记作者瑞德(Constance Reid)认为，希尔伯特在1912年(也就是他50岁的时候)，“成了一位物理学家”，那时他颇自负地说：

“物理学对于物理学家来说是太困难了。”

那言下之意是物理学得由他们数学家来干，否则物理学甭想前进了！因此他信心十足地说：

“我们已经改造了数学，下一步是改造物理学，再往下就是化学。”

据说化学更不在他眼中，认为它只不过是“女子中学里的烹调课程”！

但事过10年，即到了1922年，“希尔伯特不再是一个物理学家了”。为什么呢，因为他发觉物理学并不如他十年前想的那样简单，他只得叹气说：

“唉，物理学还得由物理学家来干。”

看来，越俎代庖总是会吃亏的。下面我们来看看这个越俎代庖的故事吧。

## （一）

正当希尔伯特在数学上天马行空、大展宏图的时候，物理学也正在发生翻天覆地般的巨大变化。1895 年德国慕尼黑大学教授伦琴（Wilhelm Conrad Röntgen，1845—1923，1901 年获得诺贝尔物理学奖）发现了X射线（希尔伯特认为现代物理学的新纪元就是从这儿开始的）；1896年法国物理学家贝克勒尔（Antoine Henri Becquerel，1852—1908，1903年获得诺贝尔物理学奖）发现放射性；1897年英国的汤姆逊（Joseph John Thomson，1856—1940，1906年获得诺贝尔物理学奖）发现电子……这一系列的发现，严重地冲击着经典物理学中传统的物理思想，物理学面临严重的危机，理论上也充满着混乱。到了20世纪降临人间之时，1900年德国的普朗克（Max Planck，1858—1947，1918年获得诺贝尔物理学奖）提出了量子理论，1905年爱因斯坦提出了狭义相对论。短短的10年里，伟大的物理学发现真是如雨后春笋一样，其数量之多让人目不暇给。希尔伯特曾欣喜若狂地说：

“这期间任何一项发现都是了不起的，同过去那些成就相比毫不逊色！”

希尔伯特不仅仅是惊叹狂喜，他还直接参与了物理学的革命进程之中。最让人惊叹的是他和爱因斯坦几乎同时到达了广义相对论的目的地。爱因斯坦于1915年11月11日和25日，向柏林科学院提交了两篇广义相对论的论文；而希尔伯特几乎同时在11月20日，向哥廷根皇家协会提交了他的“物理学基础”的第一份报告，也涉及广义相对论的许多内容。他们两人用的方法不同，爱因斯坦的数学知识欠缺，因而用的是一种迂回的、更能体现物理学家思路的方法；而希尔伯特则用完全不同的、更直接的也更能体现数学家思维特点的方法。当爱因斯坦对四维时空的数学感到别扭、力不从心的时候，希尔伯特曾洋洋得意地说：

“哥廷根马路上的每一个孩子，都比爱因斯坦更懂得四维几何，……当然，尽管如此，发明相对论的仍然是爱因斯坦。”

还有一次，在一次演讲中他诙谐地说：

“爱因斯坦能够提出当代关于空间与时间的最富有创造性和最深刻的观点，你们知道为什么吗？因为他没有学过任何关于空间和时间的哲学和数学！”

这虽说是一个玩笑，但也反映了希尔伯特思想深层的一些想法。他感到在各种发现风起云涌之时，物理学家似乎有些茫然不知所措；物理学里明显缺了一种秩序，不像数学那样让人赏心悦目。有这种看法的不只希尔伯特一人，例如还有一位数学家说：

“在理论物理讲演中，我们常常会遇到这样或那样未经证明的原则，以及由这些原则推出的各种命题和结论。每当这样的时候，我们数学家总是感到很不舒服。它常常迫使我们思考：这些互不相同的原则究竟是否相容？它们之间究竟有什么关系？”

正是基于这种原因，希尔伯特想像数学那样，用公理化方法来改造物理学。也就是说，先应该选出某些基本的物理现象作为“公理”（axiom），然后由这几个公理出发，通过严格的数学演绎，推导出全部观测事实；这就像欧几里得几何学一样，从5个公理出发，推演出全部几何定理一样。希尔伯特认为，实现这一宏伟计划的只能是数学家，而且就是他本人。物理学家不可能担此重任。

他不只这么想，而且立马开始干起来了。他经过研究和思考后，确定从气体运动论开始，因为他认为气体运动论与数学（概率论）结合得十分好，从这儿开始，一定会大有斩获。不过，在进行“改造”工程中，希尔伯特认为“不可能单靠数学的力量来解决物理学问题”，他需要有物理助手。他向慕尼黑大学的索末菲(Arnold Sommerfeld ,1868—1951)教授要助手。索末菲以前当过希尔伯特的学生,当时已是闻名世界的物理学家了。索末菲应希尔伯特的要求,先后把自己最满意的学生爱瓦尔德(Paul Ewald, 1888—1985)、兰德(Alfred Landé, 1888—1975)、德拜(Peter Debye, 1884—1966, 1936年获得诺贝尔化学奖)等人送到哥廷根。他们的任务是全面阅读最新物理学文献,然后再向希尔伯特和一些数学研究生报告。在这些物理学助手的帮助下,希尔伯特先后研究了分子运动论、热辐射和物质结构等物理学前沿中的问题。

## (二)

希尔伯特是位小事糊涂、大事不糊涂的人。他从小就让双亲担心,因为他记忆东西非常困难。他的一位亲戚曾经回忆说:

"全家都认为他的脑子有点怪,她的母亲要帮他写作文,可是他却能给他老师讲解数学问题。家里没有一个人真正了解他。"

当了教授后也是这样。有一次他认为他的助手赫克的工资太低,决定去柏林找文化部长交涉这件事。可是当他谈完其他事务后,却一时记不起来还有件什么事必须对部长说。于是把他那光光的脑袋伸到窗外,向在楼下等他的夫人喀娣喊叫:

"喀娣,喀娣!我必须要说的那件事是什么呀?"

"赫克,"喀娣抬头回应道,"大卫·赫克!"

部长见状,大吃一惊。也许这一惊,倒使部长爽快地同意给赫克工资涨一倍。希尔伯特高兴得光头大发红光。

还有一件事,也很能说明他的性格。1914年8月,德国悍然发动战争,占领了西边小国比利时。全世界知名知识界人士莫不表示愤慨。德国政府为了证明德国的政府的行动是正义的,让德国一批最著名的科学家、艺术家们发表了一个臭名昭著的《告文明世界书》,它开头的第一句话就是:

"说德国发动了这场战争,这不是事实。"

还说："德国侵犯了比利时的中立，这不是真实的。"

简直是欲盖弥彰，谎言连篇，真乃不知天下有羞耻之事！但奇怪的是，许多德国著名科学家、艺术家在上面签了字，其中包括普朗克、能斯脱（Walther Hermann Nernst，1864—1941，1920年获得诺贝尔化学奖）、伦琴、维恩（Wilhelm Wien，1864—1928，1911年获得诺贝尔物理学奖）、克莱茵（Felix Klein，1849—1925）等人。但爱因斯坦和希尔伯特没有签名。爱因斯坦因为同时是一位瑞士公民，问题还不严重，但希尔伯特却是道地的德国人！于是大家都鄙视他，称他为"卖国贼"，连许多学生都不听他的课，表示抗议。

但是不久之后，普朗克、克莱茵……都后悔不迭，觉得他们由于冒失，做了不可饶恕的错误事情……

德裔美国物理学家阿尔弗瑞德·兰德

好了，闲话似乎扯多了，还是言归正传，来讲希尔伯特"改造"物理学的壮举吧。在爱瓦尔德的帮助下，希尔伯特逐渐了解了物理学研究的热点。他决定研究辐射理论。我们知道，辐射理论是当时困扰物理学家的一个课题，普朗克、维恩和爱因斯坦等大师级物理学家都对它进行过深入研究，虽说普朗克提出了量子论，想用以摆脱困境，而且取得了可观的效果，但是却又引起了更大的混乱和疑惑。希尔伯特自然会关注这方面的研究，并认为这个问题有可能建立在人们能够接受的数学基础之上。1912年，他从若干物理概念出发，建立了几个积分方程，而且推导出了辐射理论的几个基本定理，并为这些定理奠定了公理化的基础。这些成绩无疑使希尔伯特感到高兴，认为他这是为物理学公理化统一提供了一个模式。

爱瓦尔德离开哥廷根以后，索末菲又推荐他的研究生兰德做希尔伯特的助手,这时希尔伯特开始瞩目于物质结构,如电子理论。希尔伯特这时想出了一个更好使用物理助手的绝招,他把一大沓最近发表的物理学论文让兰德去读,然后挑出有意义的东西向他本人报告。兰德开始真觉得苦不堪言,他曾在回忆中写道:

“各种各样的课题,固体物理,光谱学,流体力学,热学和电学,凡是他能拿到手的论文。我都要读,然后挑出我认为有意义的文章向他报告。”

不过,这样苦了一段时期以后,兰德觉得自己颇有长进,他高兴地感谢起希尔伯特的“苦苦相逼”,说:

“这确实是我的科学生涯的开端,要不是希尔伯特,我也许一辈子也不会阅读这么些论文,更不用说去消化吸收它们了。当你必须给别人讲解一个课题时,自己首先就应该真正理解这个课题,并能用自己的语言来表述。”

希尔伯特听了兰德的讲解以后,只老老实实往耳朵里装吗?那你才猜错了呢。希尔伯特这样聪明绝顶的数学家对“老师”来说,可绝对不是省灯的油,“老师”也绝不好受。果然如此。兰德回忆说:

> 他可不是一个好教的学生,在他理解一个问题以前,我必须重复好几遍。他喜欢复述我告诉他的东西,但却是用一种更系统、更清楚、更简单的方式。有时我们碰头以后,他马上安排一次讲演,内容就是我们刚讨论的课题。我记得我们常常肩并肩地从他的住地韦伯街,步行去讲演厅。在这步行的最后几分钟里,我还在向他解释有关的问题。然后,他就试着到课堂上去讲我对他讲的东西,当然用的是他的方式。这是一种数学家的方式,与物理学家的表达方式迥然不同。

希尔伯特雄心勃勃地向物理学进军,他要让物理学家开开眼界。尤其是当他成功地用数学家的方法得出几乎与爱因斯坦相同的广义相对论以后,他的雄心和洋洋得意,恐怕已经不仅仅深藏在内心,而是有些洋溢于表了。至少爱因斯坦已经感受到哥廷根数学家那份沾沾自喜的气息了。有一次，爱因斯坦略带讽刺地开玩笑说：

哥廷根的人，有时给我的印象很深，就好像他们不是想要帮助别人把某些事情解释清楚，而只是想证明他们比我们这些物理学家聪明得多。

当1915年颁发第三次鲍耶奖（Bolyai Prize）时，希尔伯特推荐爱因斯坦。你知道希尔伯特为什么要推荐爱因斯坦得这个数学奖吗？原来希尔伯特看中的不是爱因斯坦相对论中深刻的物理思想，而因为“他的一切成就中所体现的高度的数学精神”。

但希尔伯特改造物理的雄心壮志和他那份沾沾自喜并没有延续太久。到1922年，他叹了一口气，说物理学还得由物理学家来干，数学家干不了！

不过，这是希尔伯特这位伟大的学者说的，若论他对物理学的贡献，那也足以使他成为一个世界级物理大师了。而且，数学家越俎代庖固然不可取，但数学家深邃的数学思想，却往往对处在迷津中的物理学家有重要的指导和启发作用。狄拉克曾指出过：

数学是特别适合于处理任何种类的抽象概念的工具，在这个领域内，它的力量是没有限制的。正因为这个缘故，关于新物理学的书如果不是纯粹描述实验工作的，就必须基本上是数学的。

狄拉克说的话太对了！希尔伯特越俎代庖虽未成功，但有一次却着实让他开心地大笑起来。这次大笑正好印证了狄拉克的这句话。

好，请读者看下面希尔伯特为什么开心大笑，以及玻恩、海森伯后悔不迭的故事。不过这已经不是希尔伯特失误的事，而是玻恩和海森伯失误的故事了。不过放在一起讲比较顺畅合适。

## （三）

1925年到1926年，在物理学中出现了一件“怪事”，使几乎所有的物理学家都困惑起来。一件什么样的怪事呢？原来，当时世界上最顶尖的物理学家都在集中精力思考电子到底如何运动。他们都发现，想利用经典物理学的办法去克服探索中的困难，无异于像唐·吉诃德用他那支破矛去攻击坚实的磨坊一样，是注定会落个头破血流、遍体鳞伤的。一批年轻的物理学家如玻恩、海森伯（Werner Heisenberg，1901—1976，1932 年获得诺贝尔物理学奖）、泡利（Wolfgang Pauli，1900—1958，1945 年获得诺贝尔物理学奖）等人，都越来越倾向于相信物理学的基础必须根本改变，应该建立起一种新的力学，即“量子力学”。这个新的名词是玻恩在 1924 年发表于德国《物理杂志》上一篇文章中首次提出的。但量子力学到底是什么样的呢？当时谁也不清楚。

为了新力学的延生，物量学家们真可谓废寝忘食、呕心沥血。1925 年春天，两位对量子力学将作出重大贡献的物理学家都病倒了。一位是海森伯，另一位是薛定谔。海森伯被枯草热折磨得无法工作，他的导师玻恩破例给他放了假，还建议他到地处北海的赫尔果兰岛上去休息，那儿怪石嶙峋，大约不会有什么花粉折磨他。恰好这时薛定谔也因肺病而上了山，在阿尔卑斯山上宁静的阿罗扎木村休养。一个在岛上，一个在山上，都想远离喧嚣的城市，让自己的头脑清醒一下，以便再次投入紧张的思考。美国作家梭罗说得好：

> 太阳，风雨，夏天，冬天，……大自然的不可描写的纯洁和恩惠，它们永远提供这么多的健康，这么多的欢乐！

宁静而清新的北海！宁静而清新的阿尔卑斯山！它们不仅为两位物理学家带来了健康、欢乐，而且还奇异地诱发了他们的灵感，是他们的思想得到了升华！于是，“奇迹”降临了。我们说是奇迹，实在并不夸张，因为他们两人几乎从完全对立的概念出发，得到了各自伟大的发现，他们两人的发现在表观上完全对立，但又都能自洽地解释微观粒子的运动！天下还有比这更奇迹的奇迹吗？

德国物理学家海森伯

海森伯认为,量子的不连续性是最本质的现实,以这一思想为基点,他认为描述微观粒子运动的力学,应该像爱因斯坦建立相对论那样,以"可观测量"作为基点,不可观测的量如轨迹等,不予考虑。但是,牛顿力学一直是以考虑连续量为己任,用的是微积分;现在考虑的对象是不连续的量,那么该使用什么样的数学工具才行呢?海森伯当时只有24岁,真可谓"明知山有虎,偏向虎山行","落在鬼手里,不怕见阎王"!他决定自己去闯出一条路,寻找适当的数学形式和方法来描述微观粒子运动。他的数学老师玻恩曾惊叹地说:

"这个外行虽然不知道适合他的用途的数学分支,可是一旦需要,他就能给自己创建适用的数学方法。这个外行该有多大的天才啊!"

有一天晚上,他用他发明的方法计算到凌晨3点钟。奇迹出现了!他终于发现自己很可能取得了突破性的进展。他后来回忆这天凌晨的激动情形时说:

一天晚上,我就要确定能量表中的各项,也就是我们今天所说的能量矩阵,用的是现在人们会认为是很笨拙的计算方法。计算出来的第一项与能量守恒原理相当吻合。我十分兴奋,而后犯一些错误。但后来在凌晨3点钟的时候,计算的结果都能满足能量守恒原理,于是,我不再怀疑我所计算的那种量子力学具有数学上的连贯性与一致性了。我感到极度惊讶,我已经透过原子现象的外表,看到了异常美丽的内部结构。当我想到大自然如此慷慨地将珍贵的数学结构展现在我眼前时,我几乎陶醉了。我太兴奋了,以致不能入睡。天刚蒙蒙亮,我就走到了这个岛的南端,以前我一直向往着在这里爬上一块突出于大海之中的岩石。我现在没有任何困难就攀登上去了,并等待着太阳的升起。

但是海森伯心中有一个没有解开的疑团,让他"非常不安"。这是因为在他的数学方案中,将两个可观测量(如频率、强度……)$A$ 和 $B$ 相乘时,$A$、$B$ 不能交换,即 $AB \neq BA$。这显然与我们熟知的乘法交换律不符(如 $2\times3=3\times2$),这点"异常"几乎使海森伯丧失了信心。他没有料到,正是 $AB \neq BA$ 中,潜藏着微观世界中极为重要的一个规律。

幸亏后来玻恩知道了,并告诉海森伯,他用的数学方法在数学中叫"矩阵代数"。于是在玻恩的帮助下,海森伯终于建立起微观世界的力学——矩阵力学。

德国物理学家玻恩

正在这时,又出了一件怪事。在阿尔卑斯山上恢复了健康和清醒了头脑的薛定谔,在强调微观粒子波动性(波动性强调的连续性!)的基础上,提出了鼎鼎大名的"薛定谔方程"。这是一个描述波动的微分方程,借助于它薛定谔也成功地描述了微观粒子的运动。由于波动方程是物理学家十分熟悉的数学工具,而且薛定谔方程强调的是连续性思想,这使得绝大部分物理学家感到欣慰、振奋,甚至认为物理学终于得救,从此不再需要那些不连续性的劳什子了!薛定谔的波动力学万岁!

1926 年春天,海森伯得知薛定谔的波动力学以后,极度震惊、困惑。为什么两人对同一事物的看法会如此不同呢?打个比方说,面对同一景色,在海森伯看来是险峰峭壁(量子跃迁);而薛定谔看到的却是起伏平缓的丘陵地（物质波）。其实这并不奇怪，正如中国著名诗人苏轼在一首诗中所说：

横看成岭侧成峰，
远近高低各不同。
不识庐山真面目，
只缘身在此山中。

可惜海森伯、玻恩以及薛定谔都未能参悟这种天机，却各执一端，相互攻击对方的理论。海森伯写信给薛定谔说：

“我越是思考你那理论的物理意义，我越感到对你的理论不满，甚至感到厌恶。”

薛定谔毫不留情地回敬说：

“我要是对你的理论不感到厌恶，至少会感到沮丧。”

当物理学界都感到莫衷一是、极度迷惘时，当薛定谔和海森堡两人相互指责、争论不休时，在哥廷根的希尔伯特却颇有几分自得地哈哈大笑起来，并且调侃地说：

“你们这些物理学家呀，谁让你们不听我的话？早听了我的活，岂不省却了如今这场麻烦吗？”

玻恩和海森伯听了这句话，不由倒抽几口凉气，而且后悔不迭；但其他人听了却莫明其妙，还以为希尔伯特又在装神弄鬼，故作惊人之语。因为希尔伯特有这种业余的小爱好，说些没来由的话让人摸不到东南西北。

为什么玻恩和海森伯两人后悔不迭呢？原来当矩阵力学刚刚由海森伯提出来的时候，他们两人曾专门向希尔伯特请教过有关矩阵代数运算方面的问题。希尔伯特是大数学家，曾对矩阵代数有过专门研究。他说：

根据我的经验，每当我在计算中遇到矩阵时，它们多半是作为波动微分方程的特征值出现的。因此，你们那个矩阵也应该对应一个波动方程，你们如果找到了那个波动方程，矩阵也许就很容易对付了。

遗憾的是，这两位物理学家都犯了一个致命的错误，那就是他们没有认真听取希尔伯特的劝告，去找出“那个波动方程”，还以为希尔伯特根本不懂量子力学，在那儿胡说八道。结果，薛定谔找到了这个波动方程，还得了诺贝尔物理学奖。如果他们两人虚心一点，认真向希尔伯特深入讨教一下，详细了解一下希尔伯特的数学思想，那么，在物理学中薛定谔方程就可能不会出现，出现的将是“玻恩-海森伯方程”了！而且还会早半年出现！这就难怪希尔伯特看见物理学们那副吃惊而窘迫的模样时，不由得开心地哈哈大笑起来！

中国有句成语说：

“愚者千虑必有一得。”

希尔伯特是智者，他的意见连海森伯都不去重视，那么玻恩和海森伯由于自己缺心眼而失去这一宝贵发现的机会，也真个是后悔不迭了！

# 彭加勒与爱因斯坦的相对论

L. 英费尔德：“在我看来，即使没有您建立狭义相对论，它的出现也不会很久。因为彭加勒已经很接近构成狭义相对论的那些东西了。

爱因斯坦：“是的，你说得对……”

彭加勒在1909年的哥廷根的演讲中为什么不提及爱因斯坦？为什么彭加勒从来不把爱因斯坦与相对论联系起来？……是坏脾气或职业的妒忌吗？我不这样认为，因为……

A. 派斯

稍懂相对论历史的人都知道，在狭义相对论建立之前，法国数学家彭加勒(Jules Henri Poincaré, 1854—1912)对于物理学的理解已经非常接近狭义相对论了。我们甚至可以说他的前脚已经跨进了相对论的门槛，后脚正待提起以完成这一跨越动作。可惜他的后脚被门外的泥浆粘住了，直到他去世，也没有把那只后脚拔起来踏进门内。

法国数学大师彭加勒

1898年，即爱因斯坦建立狭义相对论的前7年，彭加勒在一篇非常杰出的文章中对“同时性的客观意义”提出了疑问。这篇文章的题目是《时间的测量》(*La Mesure Du Temps*)。在文中彭加勒写道：

> 我们没有两个时间间隔相等的直觉。相信自己具有这种直觉的人是受到了幻觉的欺骗。……把同时性的定性问题和时间测量的定量问题分离开来是很困难的；无论是利用什时器，或是考虑光速那样的传播速度，情况都如此，因为不测量时间，就无法测量出这种速度。
>
> ……两个事件同时，或者它们相继的次序、两个相等的时间间隔，是这样来定义的，以使自然定律的叙述尽可能简单。换句话说，所有这些规则、定义，都只不过是无意识的机会主义的产物。

在1902年出版的《科学与假设》一书中，彭加勒进一步指出：“物体在任何时刻的状态和它们的相互距离，仅取决于这些同样的物体的状态和它们在初始时刻的相互距离，但是完全不依赖该系统的绝对初始位置和绝对初始取向。简而言之，这就是我所命名的相对性定律。”

对于牛顿采用的绝对空间，他明确指出它“并没有客观存在性”，因而他本人“完全不能采纳这一观点”。

到 1904 年，彭加勒在美国圣路易斯召开的国际艺术和科学大会的发言中，他根据大量实验事实，正式提出了“相对性原理”这个名称。他指出：

“根据这个原理，无论对于固定观察者还是对于做匀速运动的观察者，物理定律应该是相同的。因此，没有任何实验方法用来识别我们自身是否处于匀速运动之中。”

更令人惊诧的是，他已经预见到新力学的大致图像：

> 也许我们将要建造一种全新的力学，我们已经成功地瞥见到它了。在这个全新的力学里，惯性随速度而增加，光速变为不可逾越的界限。原来的比较简单的力学依然保持为一级近似，因为它对不太大的速度还是正确的，以致在新力学中还能够发现旧力学。

1905 年，彭加勒在《电子的动力学》一文中，除了将 1904 年演讲中提出的思想具体化、精确化以外，还首次提出了洛伦兹变换和洛伦兹变换群，他从数学上对洛伦兹变换形成一个群作了论证，甚至含蓄地使用了（闵可夫斯基在 1907 年才使用的）四维时空表达式。

但非常令人困惑的是，一个如此接近最终发现相对论的卓越科学家，却始终对爱因斯坦的狭义相对论保持缄默。这一个问题，是每一个研究相对论历史的人，都回避不了的一个难题。正如英国科学史家戈德堡（S. Goldberg）所说：

“H. 彭加勒从未对爱因斯坦的狭义相对论作出任何公开反应，这是有案可查的。因此，他对爱因斯坦工作的态度和对整个事态的缄默，就变成某种神秘的东西。但有一点是可以肯定的，那就是彭加勒知道爱因斯坦的相对论的著作。”

戈德堡还指出：“在彭加勒公开发表的文献中，唯一涉及到爱因斯坦工作的，是对爱因斯坦的一篇论光电效应理论文章的评论，而且这个评论相当没有理由。”

那么，彭加勒到底是出于一种什么样的原因，对爱因斯坦的相对论是好是坏连一句话呢都不说呢？这其中一定有深刻的原因。

## （一）

朱尔斯·亨利·彭加勒是法国著名数学家，他在数学上所取得的成就，使他可以与德国的"数学王子"高斯相媲美。英国数学家希尔维斯特(James Joseph Sylvester，1814—1897)曾这样谈到彭加勒：

"我最近访问过彭加勒。在他那非凡的、喷涌而出的智力面前，我的舌头一开始竟不听使唤了。直到过了约两三分钟以后，当我能够看清他那飞扬着青春活力的面容时，我才找到了说话的机会。"

像许多伟大的数学家一样，彭加勒不仅在数学上有卓越的贡献，而且在天文、物理和科学哲学等方面都有了不起的成就。从前面所讲的内容可知，在相对论的创建中，除了爱因斯坦，恐怕彭加勒是最接近这一伟大理论的科学家了。正因为彭加勒如此多才多艺，而且作出了如此广泛的贡献，所以G·达尔文(Charles Galton Darwin，1887—1962，进化论创立者达尔文的孙子)说：

"彭加勒是一位起统帅作用的天才人物；或者可以说他是科学的守护神。"

彭加勒于1854年4月29日出生在法国的南锡(Nancy)。他的父亲是南锡医科大学的教授，是一位一流的生理学家兼医生。彭加勒有一个堂弟叫雷蒙·彭加勒(Raymond Poincare)，曾出任过法国总理，1913年当选为法兰西共和国总统。

有一件轶闻与这对堂兄弟有关。在第一次世界大战期间，一群英国军官问他们国家的大数学家、哲学家罗素(B. A. W. Russell，1872—1970；1950年诺贝尔文学奖获得者)：

"谁是当代法国最伟大的人？"

罗素不假思索地说："彭加勒！"

这些军官以为是雷蒙·彭加勒，于是高呼：

“啊，是法国总统！”

“不，我指的不是雷蒙·彭加勒，而是他堂兄亨利·彭加勒！”

亨利·彭加勒虽然家庭很富裕，而且不乏书香之气，但他的童年却因为疾病不断折磨，使他处于十分不幸的境地。他的运动神经共济官能不协调，因此手指不大听使唤；喉头由于白候后遗症留下喉头麻痹症。也许正是由于身体上的缺陷，使他后来只能从事理论研究。

彭加勒从小就热爱学习，常常因为学习而忘记吃饭，人们常用“心不在焉”来形容他的生活作风，但他过人的记忆力和才智，着实让许多人不仅吃惊，而且大开眼界。有一次学校举行数学竞赛，同学们知道彭加勒是有名的“心不在焉”的人，于是把他骗到高年级教室去参加竞赛，想开个大玩笑。但出乎意料的是，他很快做完试卷上的题目，然后扬长而去。同学们直纳闷：

“他究竟是怎么解出这么难的题目呢？”

有意思的是，在彭加勒一生中，几乎总有人为这种事纳闷，因为他总是能把别人解不开的难题迅速解出来，而且几乎总是不费吹灰之力一样。

1871年底，彭加勒进入高等工业学校，1875年毕业。后来他又进入高等矿业学校学习，本想将来当一名工程师，但到1879年，他却获得了数学博士学位。从此，彭加勒一生的时间、精力都贡献给了数学和物理学。由于他惊人的研究成果，1887年当他才33岁时就当选为巴黎科学院院士。这么年轻就成为院士，可谓空前的奇迹。

不久，由于他在天体力学方面的工作及对“三体问题”的研究成果，使他于1889年荣获瑞典国王奥斯卡二世奖金；他在潮汐及转动的流体球等方面的理论研究，支持了天文学家G.H.达尔文（George Howard Darwin，1845—1912，C. R. 达尔文的次子）的潮汐假说。

除了数学、物理学研究以外，他对科学哲学也很有兴趣，写出了《科学的价值》、《科学与方法》、《科学与假设》以及《最后的沉思》一系列科学哲学著作。对科学哲学的发展起了重大作用。爱因斯坦曾说：

“彭加勒是敏锐深刻的思想家。”

更令人惊讶的是，由于他的文学才华，他还获得过“法国散文大师”的称号，这可是每个法国作家梦寐以求的荣誉啊！

到了50岁以后，彭加勒多病的身体开始出现麻烦。1912年6月26日，是他临终前3周，他还抱病在法国道德教育联盟成立大会上作演讲。在会上他说：

彭加勒哲学著作《科学的价值》(其中还包含《科学与方法》、《科学与假设》)。中译本封面。

> 人生就是持续的斗争。如果我们偶尔享受到相对的宁静，那正是我们先辈顽强地进行了斗争。如果我们松懈我们的精力、警惕，我们将会失去先辈们为我们赢得的斗争成果。
>
> ……强求一律就是死亡，因为它对一切进步都是一扇紧闭的大门；而且所有的强制都是毫无成果的和令人憎恶的。

彭加勒的一生，就是独立思考、坚持奋斗的一生。正如他的一位传记作者达布(G. Darboux)所说：

“他一旦达到绝顶，便不走回头路。他乐于迎击困难，而把更容易到达终点的工作留给他人。”

## (二)

中国战国时代有一则哲学寓言故事《画蛇添足》，故事云：

“楚有祠者，赐其舍人卮(zhī，古盛酒器皿)酒。舍人相谓曰：‘数人饮之不足，一人饮之有余。请画地为蛇，先成者饮酒。’一人蛇先成，引酒且饮之，乃左手持卮，右手画蛇曰：‘吾能为之足！’未成，一人之蛇成，夺其卮曰：‘蛇固无足，子安能为之足？’遂饮其酒。为蛇足者，终亡其酒。”

引用这段寓意深刻的故事，是想说明彭加勒本来已经具备了几乎建立相对论的所有知识，但却由于“画蛇添足”，失去了饮胜利之酒的机会，眼巴巴地看着爱因斯坦在几乎相同的知识背景下，发动了一场轰动全世界的科学革命。

前面我们已经说过，在1904年9月圣路易斯召开的国际艺术与科学大会上，彭加勒正式提出了普遍的相对性原理，他说：

> 根据这个原理，无论是对于固定的观察者还是对于做匀速运动的观察者，物理定律应该是相同的。因此没有任何实验方法用来识别我们自身是否处在匀速运动之中。

他还预见了新的力学，在新力学里，光速是不可逾越的极限，等等，这一切迹象都说明，彭加勒正向狭义相对论走去，但是，他突然犹豫不前了，因为他接着指出：

> 遗憾的是（这个推论）还不够充分，还需要辅助假说；人们应该假设：运动的物体在它们的运动方向上受到均匀的收缩。

我们知道，在爱因斯坦的狭义相对论里，运动着的物体在运动方向上的收缩，是爱因斯坦两个基本假设的自然结果，是一种运动学中的“测量效应”，而不是一种有实质性的动力学效应。由此可知，彭加勒到1904年并没有真的懂得相对论。到1909年4月，此时爱因斯坦的狭义相对论已提出有5个年头了，可彭加勒在哥廷根的演讲中仍然坚持说，在“新力学”中需要3个假设作其理论基础。前两个与爱因斯坦的“相对性原理”和“真空中光速恒定”是一样的，但他仍然强调指出：

> 我们仍然需要建立第三个假设，它更令人吃惊，更难于接受，这个假设对于我们目前已习惯的东西来说是很大的阻碍。作平移运动的物体在其位移方向上变形……不论它对我们来说多么奇怪，但我们必须承认，已完全证明了这第三个假设。

这充分说明，彭加勒直到他去世前3年还不懂得狭义相对论的基本精神，即，他不明白物体长度在位移方向上的收缩，是前两个基本假设的结果。这其中的原因，大约是由于彭加勒只注重或强调动力学，而不大相信诸如棒的收缩这类效应只不过是一种"运动学的效应"。这从彭加勒1906年和1908年的两篇文章中可以看出这一点。在这两篇文章里，彭加勒对洛伦兹变换作了有意义的讨论，但他并没有看出这些变换本身就意味着棒的收缩。他与洛伦兹有共同之点，都认为这种收缩是动力学上的原因，他们都强调动力学。正由于彭加勒从根本上没有理解狭义的相对论，所以他才犯了一个"画蛇添足"的、令人不免唏嘘的错误。

不过话说回来，在那个时代彭加勒不相信收缩是一种运动学中的相对论效应，也不是什么不可理解的怪事，有一件发生在爱因斯坦自身的趣事可以说明这点。1925年10月，当荷兰物理学家乌伦贝克（George Eugene Uhlenbeck，1900—1974）和高斯密特（Samuel Abraham Goudsmit，1902—1978）在提出电子自旋理论时，因为其理论结果与实验结果相比较少了一个因子2，这是使当时包括泡利、海森伯、玻尔和爱因斯坦等人在内的物理学家都大感棘手的一个困难，泡利还因此在相当长的时期内不承认电子有什么自旋。当后来英国年轻的物理学家托马斯（Llewellyn Hilleth Thomas，1903—1992）指出，这个因子2是由于忽略了一个"相对论效应"而引起的时候，连发现相对论的爱因斯坦都吃了一惊！乌伦贝克曾回忆说：

"我记得当我第一次知道托马斯的想法时，我几乎不相信一个相对论效应会产生一个因子2，而不是v/c这样一个数量级。这一点在这儿不作解释，我只需要指出，即使对相对论效应十分熟悉的人（包括爱因斯坦！），都对此感到十分惊异。"

## （三）

当然，如果从动力学观点观之，彭加勒的想象力不能说不惊人。但是，历史是无情的，彭加勒充其量只能说他"非常接近"相对论，或者说相对论与他失之交臂、擦肩而过。

要分析其原因，那也是仁者智者，各有各的见解。本文只着重从时空观进行一些分析，但这绝不意味不能从哲学、方法论的角度进行分析。

荷兰著名物理学家洛伦兹，1902 年获得诺贝尔物理学奖。

彭加勒重视的动力学分析是洛伦兹（Hendrik Antoon Lorentz，1853—1928，荷兰物理学家，1902 年获诺贝尔物理学奖）的动力学，即以太是他们设想中的“电子论”的物质组成部分，而电子与以太的相互作用是导致伦兹收缩的（动力学）原因。事实上，彭加勒正是试图把整个物理学大厦建立在包括以太在内的电子论基础之上。1904 年以后，彭加勒已经开始对这一理论感到满意了。1908 年，他在《科学与方法》一书中放心地指出，由于迈克尔逊否定的结果，使得物理学家需要寻求一个“完善理论”。彭加勒宣称：“该理论由洛伦兹-斐兹杰惹假设完成了。”由这种肯定的答复我们可以看出，在彭加勒的观念中，以太仍然是不可缺少的。事实上他在同一本书中就曾明确指出：



“无论如何，人们不可能逃脱下述印象：相对性原理是普遍的自然定律，人们用任何想象的方法永远只能证明相对速度，所谓相对速度，我不仅意指物体对于以太的速度，而且也意指物体彼此相关的速度。”

无论怎样精心改造以太，但只要保留以太实际上就意味着保留了牛顿留下来的“绝对空间”的概念。戈德堡的评论是有道理的，他说：

“彭加勒在他的著作中还保留着绝对空间的概念，不管这种空间是否可以观察得到。虽然他承认，不同参照系的观察者会测出相同的光速，但对他来说，这种一致、这种不变性是测量的结果。在彭加勒的思想中有一个优越的参照系，在这个参照系中光速才实际上是一个常数。”

对于同时性的客观意义，彭加勒虽然提出过有价值的疑问，但他没有考虑到同时性的相对性问题，因而对“时间的绝对性”问题没有提出质疑。

正是由于在时空观上彭加勒还没有完成革命性的突破，所以他不可能像爱因斯坦那样，把两个原理提到普遍公设的高度来对待，更不可能想到要把两个原理结合起来创立新的时空观。事实上，彭加勒把相对性原理看作是一个“事实”，认为它还需要实验的证实。1905 年前后，当德国著名实验物理学家考夫曼（Walter Kaufmann，1871—1947）公布他的高速电子质量-速度关系实验报告时，由于该实验结果不利于洛伦兹和爱因斯坦理论，结果它竟然“压垮了”洛伦兹，也使彭加勒以多少有些谨慎的态度来表达他对相对论原理的支持。

洛伦兹 1906 年 3 月 8 日给彭加勒的信中悲观地写道：

“非常不幸的是，我的电子可以变扁平的假说与考夫曼的结果相矛盾，我必须放弃它。”

洛伦兹的这种悲观情绪，颇有点令人惊讶、不解，那么多年精心探索有成果，就因为一个单独的实验报告就心甘情愿地放弃了！

彭加勒比较镇定，但考夫曼实验也给了他强烈影响。1906 年，他在一篇文章中写道：“实验给阿伯拉罕[①]的理论提供了证据，相对性原理可能根本就不具有人们所认为的那样有重大的价值。”

同年，彭加勒在他的“巴勒摩论文”中再次表示，由于考夫曼的实验结果，“全部（相对论）理论，将受到威胁。”但他同时又认为，在作出肯定结论

① 马克斯·阿伯拉罕（Max Abraham，1857—1922），德国物理学家，他根据他的理论也得到一个电子质量公式，这个公式不同于彭加勒的，也不同于爱因斯坦的。——本书作者注。

之前，需要慎重，因为这是一个十分重要的问题，他希望有更多的实验物理学家来做这类实验。

对他们两人的不同反应，美国物理学家米勒(A. Miller)作了一个简单而又颇为中肯的分析，他在《爱因斯坦的狭义相对论》一书中写道："对洛伦兹来讲，考夫曼的实验威胁一个理论；而对彭加勒来说，危及的是一种哲学观，这种哲学观强调相对运动原理。"

而爱因斯坦直到1907年才第一次明确对考夫曼实验表态。爱因斯坦在题为《关于相对性原理和由此得出的结论》的文章中写道：

> 这种系统的偏差，究竟是由于没有考察的误差，还是由于相对论的基础与事实不符合，这个问题只有在有了多方面的观测资料后，才能足够可靠地解决。

接着，爱因斯坦从认识论的高度，拒绝让这些"事实"来决定他的理论的命运。

后来，爱因斯坦的预言果然被他言中，这就难怪后来的物理学家、哲学家们对爱因斯坦的科学哲学观极感兴趣和由衷的赞赏了。

通过本节所述的种种事实，我们可以确信，彭加勒虽然朦胧地预见了新力学的诞生和它的大致轮廓，但是由于他完全没有理解其中时空观的根本变革，因而他没有发现相对论力学，是不奇怪的。

## (四)

如果说彭加勒没有发现狭义相对论是不奇怪的，那么他一直对爱因斯坦和狭义相对论保持缄默，倒十分令人奇怪了。

我们都知道，1909年4月，彭加勒在哥廷根连续作了6次演讲，最后一次演讲的题目是"新力学"，专门讨论与相对论有关的问题。但是，彭加勒在他的演讲中闭口不提爱因斯坦和爱因斯坦的狭义相对论。这时的狭义相对论，已不同于1905年的情形，已有许多知名物理学家和数学家为相对论的诞生欢呼，如普朗克、索末菲、埃伦菲斯特(Paul Ehrenfest，1880—1944)、劳厄(Max von Laue，1879—1960，1914年获诺贝尔物理学奖)、拉登堡(Rudolf W. Ladenburg，1882—1952)和闵可夫斯基(Hermann Minkowski，1864—1909)等等。人虽然不是太多，但阵容已经不弱了，尤其是数学家闵可夫斯基在1908年于科伦(Cologng)作了题为《空间和时间》的热情洋溢的报告后，引起了许多听众“极大的激动”，尤其是他的结束语，那真是令人心潮澎湃。他说：

“相对论原理绝对是正确的，我喜欢思索这个由洛伦兹发现、并被爱因斯坦进一步揭示的世界电磁图景的真正核心，现在它将大放光彩。”

从1908年起，爱因斯坦的名声已经在科学界迅速增大。但彭加勒在1909年作报告专门谈相对论时，却三缄其口，完全不提及爱因斯坦的工作。这儿还必须提到一件事情，在爱因斯坦关于相对论的论文中，也只有一次提到过彭加勒的名字，那是1921年1月27日在普鲁士科学院作题为《几何学与经验》的报告时。他在报告中提到：

“那位敏锐的、深刻的思想家H. 彭加勒……”

但爱因斯坦作这报告时，彭加勒已经死去9年了。

1911年10月在第一届索尔维会议上，爱因斯坦第一次（也是最后一次）见到了彭加勒。事后爱因斯坦对他的好友赞格尔（Heinrich Zangger，1874—1957)说：

“彭加勒对相对论简直有一种天生的厌恶，尽管他聪明而又有才智，但他对狭义相对论的确一点也不理解。”

1920年12月，《纽约时报》记者在问及相对论起源时，爱因斯坦没有提到彭加勒的贡献，他只提到洛伦兹。令人费解的是，直到1953年，爱因斯坦才在一封信中第一次提到了彭加勒对相对论所起的作用，他这样写道：

“我希望我们这时也应注意给洛伦兹和彭加勒的功绩以适当的荣誉。”

但这种评价仍然令人失望——似乎还不够公平。

不过，爱因斯坦在他去世前两个月，终于对彭加勒作出了公正的和最

后的评价。他在给一位爱因斯坦传记作者希利格(Carl Seelig,1894—1962)的信中写道:

"洛伦兹已经认识到,以他名字命名的变换,实质上是对麦克斯韦方程的分析,而彭加勒的洞察力使其更加深入……"

上帝保佑!如果爱因斯坦也像彭加勒那样至死缄默其事,那留给后世的谜未免太多了!现在总算有一个开了口,没有把秘密带到坟墓里去。但即使如此,现在人们对于彭加勒的缄默,仍然没有说出令人信服的原因。许多研究者(如A.派斯、S.戈德堡等人)认为,彭加勒从根本上说是不懂相对论的,他很可能认为相对论只是他自己理论大厦中的一个小的部分,根本用不着费心思提到它。他们认为,如果将忌妒作为原因,似乎与彭加勒一生诚实正直、宽以待人、谦虚谨慎、不关心优先权等大家公认的高贵品格不相容。因而普遍的意见是彭加勒只是在时空观上陷入了误区;道德观上他不会陷入误区。

但这样能说清楚吗?可能只是半通不通。彭加勒是科学家,是功勋卓越的科学家,如果他对他不能满意的狭义相对论批评几句,难道有人就因此怀疑他的诚实正直、宽以待人等优秀品德独了吗?他批评过不少人的理论,为什么独独不能或不愿批评爱因斯坦的理论呢?戈德堡从认识论、方法论上分析了他们对待理论态度的差异,这也许是很合理的,但这种分析无助于说明彭加勒的缄默和爱因斯坦迟迟不公正评价彭加勒的功劳。

如果我们没理解错的话,派斯似乎在这个方向上迈出了一小步。派斯在爱因斯坦传记中说,他感谢莎拉(Sara Pais)

哈诺德·布鲁姆著《影响的焦虑》一书的原文封面

让他读一读布卢姆(Harold Bloom,1930—)的一本名为《影响的忧虑》(*The Anxiety of Influence*)的书,以解开彭加勒与爱因斯坦之间不和谐的关系之谜。布卢姆的几句话给派斯印象颇深,似乎是“芝麻开门”的那把钥匙。

布卢姆说:“强有力的诗人靠误解彼此间的思想去创造历史,因为这样他们才会有属于自己的想象的空间。”

布卢姆还说:“强有力的诗人之所以成为强有力的重要人物,就在于他们坚持与强有力的前辈们拼搏,甚至拼搏到死。”

派斯读了布卢姆的书后,思想受到启发。他写道:“我认为,强有力的诗人与其他在任何领域有创造力的强人没有差别。彭加勒对黎曼的反应和爱因斯坦对希尔伯特的反应,在这点上可能都属于这种情况。”

好!这儿可能是研究的突破口。科学研究的心理学是一门绝不应忽视的学科。

# 化 学 家

## 不承认自己"女儿"的"现代化学之父"

普利斯特列是"现代化学之父亲",但是他始终不承认自己的"女儿"。

乔治·居维叶

18世纪最后20年提供了一个科学史上最惊人的证明,即那些真理就在他的鼻子底下,而且又有解决问题的一切条件的有才能的人——那些、实际地作出了战略发现的能人,由于燃素理论而不能使他们认识他们自己工作的意义。

H. 巴特菲尔德



1789年7月14日,巴黎人民举行武装起义,攻克巴士底狱,法国资产阶级大革命由此开始。正当法国革命勇士沉浸在攻克巴士底狱的狂欢之中时,在英国伯明翰一个鲜为人知的小小实验室里,有一位50多岁的学者正以好奇的、饥渴的目光注视着他面前试管中的化学变化,探索着自然界中最常见但又极令人费解的奥秘。这位学者就是被尊称为"现代化学之父"的、发现氧气的英国化学家普利斯特列(Joseph Priestley,1733—1804)。

## （一）

1733年3月13日，普利斯特列出生在英格兰约克郡利兹市附近的一个名叫菲尔德海德的农庄里。这是一个信奉正统基督教加尔文派的家庭。

英国化学家普利斯特列的画像

幼年时，普利斯特列就期望自己长大后能当上一个牧师。22岁那年，他的期望果真实现了，他被委任为萨尔费克一个小教堂的牧师，年薪30英镑。这点薪水实在是太微薄了。为了额外多弄到一点薪水以解决家庭经济的困难，他不得不在上午7点到下午4点到一所学校教法语、德语、意大利语、阿拉伯语，有时还教古巴比伦的迦勒底语；下午4点到晚上7点，他又当家庭教师。其他时间，尤其是礼拜天和种种节日，他便履行牧师的职责，或者专心写一些有关英语语法的书。

1761年，他迁到瓦林顿市，担任该市神学院教师。他先讲授了一段时间化学元素的课程，后来讲过生理学课程；课余就作一些研究。

1767年9月，普利斯特列到利兹市（Leeds）当传教士。在利兹市，他的住宅旁有一家酿酒厂，正是这家酒厂，使他后来走上了化学研究之路，并成了著名的化学家。

在这个小小的酒厂里，普利斯特列注意到，在酿造啤酒的过程中，有气泡不断地从巨大的酿酒槽中冒出来。这使他很好奇，于是在教堂工作之余，常常来到酒厂研究这些发出“咕噜咕噜”响声的气体。

化学史告诉我们，化学家们只有在对空气（和水）的理解上找到一个令人满意的结论时，化学才能建立起真正的基础。近代化学之所以姗姗来迟，其原因虽然众说纷纭，但大多数人都同意，千百年来正是因为一层浓密的“哲学之雾”笼罩在空气、水和火这三种物质形态(或变化)中，使科学家无法将化学向前推进，形成一个巨大的障碍。因此，普利斯特列选中了气体作为他的研究课题，实在是三生有幸。

我们这儿恐怕还要提醒一下读者，在1750年以前，化学家们完全没有想到空气实际上是各种不同气体的混合物。虽然他们也讨厌空气中的一些臭气，但他们认为这是其他物质腐败变质的结果。1750年以后，虽然有人猜测空气中可能有几种气体，但都没有明确提出这种思想。我们如果不了解这一前提，就不容易理解普利斯特列工作的艰难和价值。

普利斯特列在观察中发现，当气泡从发酵的啤酒槽里咕咕往外冒时，他将点燃的木屑放到气泡旁，仔细观察可能发生一些什么现象。当时正是夏季，酒厂的工人看见普利斯特列弯腰伏在酿酒槽上，都不以为然地摇头：

“对一位神父来说，这样爱酒未免不成体统！”

其实这位“醉翁”的醉意可真不在酒上！他非常专心，因此也完全没有注意到人们的疑惑、不满和嘲笑。他注意到，啤酒槽里冒出的气泡能使燃烧着的木屑熄灭。这使他十分惊讶。他猜想，这可能是酒槽中有一种与“固定空气”(即现在人们熟知的二氧化碳$CO_2$)相同性质的气体。

5年前，一位葡萄商的儿子布莱克(Joseph Black，1728—1799)，曾用加热石灰石的方式得到一种所谓“固定空气”，(那时科学家们把一切气体统称为空气，而且有很多种空气)。后来，一位叫斯蒂芬的医生用这种“固定空气”治疗痛风，名噪一时。

普利斯特列决心弄清楚，他在酒槽中收集的气体是不是“固定空气”？为了大量收集这种气体，他果断地决定在家中制造这种气体。很快他就确信这种气体正是布莱克所说的“固定空气”。接着，他想了解这种气体是否溶解于水，结果他发现它只能部分溶解于水中。当他将这种气体(即$CO_2$)注入水中2～8分钟后，他制得了“与矿泉水简直相差无几的、滋味异常爽口的饮料”。其实这种“异常爽口的饮料”就是现今人们十分熟悉的苏打水，一种低酸度的、其中溶解了部分$CO_2$气体的饮料。

当时，这一发现不啻是一个奇迹，因此普利斯特列向英国皇家学会报告了他的发现。这一发现引起了皇家学会极大的兴趣，于是该会邀请他向皇家学会员们讲述和表演他做的实验。普利斯特列得知这一邀请后，非常兴奋，因为这说明他的研究很有价值。果然，当皇家学会的会员们亲眼看见他的表演后，都大吃一惊，并热情赞扬了这一发现。后来，这种特殊的饮料被推荐给英国皇家海军大臣，作为远航士兵、军官的饮料，以防治坏血病的发生。普利斯特列也因为这一发现，获得了皇家学会最高奖——科普莱(Copley)金质奖章。

## (二)

首次成功使普利斯特列大为振奋，于是决心用更多的时间进行化学研究。他接着做了许多不同种类气体的实验，这使他在气体实验中的技能、设备和方法有了很大的改进。现在化学实验中收集气体的许多方法就是由他发明的。

1774年8月的第一个星期天，他利用一个直径为1尺有大凸透镜产生的高温，加热氧化汞。他把红色氧化汞(当时称“汞灰”)放在水银面上一个玻璃皿上，整个水银又都放在玻璃钟罩里；当透镜把阳光聚集在玻璃钟罩里的氧化汞上时，氧化汞受热分解后放出一种气体，由于罩内气压增加，一部分水银从玻璃钟罩里被排挤出去。利用这种方法，他收集到被加热氧化汞所分解出来的气体，这种气体就是今天人人熟知的“氧气”，但当时普利斯特列称它为“脱燃素空气”。为什么取这么一个古怪的名字，下面自会有交代。为了简便，我们就直接称为氧气。

我们现在知道，氧的发现是普利斯特列最伟大的一项发现，但在当时并没有引起人们的广泛注意。这是因为在他之前，其他一些人也曾用加热固体的方法获得过同样的气体。例如：1678年英国科学家玻义耳(Robert Boyle，1627—1691)用透镜加热硝石，获得了与普利斯特列类似的结果；英国生理学家黑尔斯(Stephen Hales，1677—1761)也曾用加热的方法收集到一种“受到熏染的气体”；甚至在13世纪时，一位德国的炼金术士埃克，也完成了与普利斯特列相同的实验。但在普利斯特列之前的这些科学家，都没有进一步研究这种气体与空气之间的关系。

普利斯特列的卓越贡献，就在于他发现了这种气体之后，立即做了许多让人刮目相看的实验。

他将点燃的蜡烛放入盛有氧气的玻璃瓶里，与以前许多这类的实验相反，蜡烛不但没有熄灭，反而燃得比以前更剧烈，光芒耀眼。普利斯特列异常兴奋，但他无法解释这一现象。他又将一段烧红的铁丝插入盛有氧气的瓶中，烧红的铁丝立即发出耀眼的白光，并很快被烧得卷曲起来。

普利斯特列当时只是惊讶、兴奋，他完全没有料到他的这些实验发现，竟促使一次化学革命降临！许多年以后，当他谈到这个值得纪念的实验时，他说：

> 由于时间太久远，我无法回忆起在做这次实验时，我的指导思想究竟是什么，而且，当时我也没有期待它的实际结局是什么。如果我不曾碰巧拿到一支在我面前点燃的蜡烛，我也许根本不可能去做这个实验，当然也就不可能产生进一步研究这种气体的运气。因此我认为，在科学研究中，一次偶然的机会，比任何预先设计好的理论和计划更为重要。

那时，普利斯特列对燃烧还没有正确的认识，因此对氧气在燃烧中起的作用也就不能有正确的认识。他对燃烧的认识还停留在德国化学家柏克尔（Johann Becher，1635—1682）提出的“燃素说”的水平上。1669年，柏克尔提出“燃素说”（The Phlogiston Theory）来解释燃烧现象。“燃素说”认为，当一种物质燃烧时，它所含有的“燃素”便以火焰的形成释放出来；所谓易燃物质就是因为这种物质含有大量的燃素，相反，如果某物含的燃素很少，则某物为不易燃物质。根据燃素论，气体只不过是燃素、土质和硝酸组成的某种奇异的化合物，因此在柏克尔看来气体并非简单的元素。柏克尔的理论十分混乱，普利斯特列虽然常常被其中的矛盾、混乱弄得迷迷糊糊，有如雾里看花，但他却坚信“燃素说”是绝对正确的燃烧理论。现在看来，不免让人感到惊诧。

普利斯特列做有关氧气的实验的设备。

1775年3月，普利斯特列把两只老鼠分别放进两个玻璃钟罩里，一只钟罩充满的是空气，另一个钟罩里充满的是氧气。做完了这些准备工作之后，他就坐在旁边的椅子上，静观两只老鼠的表现。究竟多少时间才能观察到有趣的现象，他事先并不清楚。

突然，他发现那只放在普通空气罩子里的老鼠，开始出现不安和动作僵滞的征兆，再过一些时就失去了知觉。他看一下时钟：15分钟！他迅速把老鼠拉出罩外，但已经迟了，老鼠再也没有活过来。他转而注视装有氧气的钟罩，里面的老鼠仍然活蹦乱跳、新鲜活泼！又过了10多分钟，它才开始不安，普利斯特列立即把老鼠取出来，放到暖和、通风的地方。几分钟后，这只老鼠又变得和以前一样富有活力。

普利斯特列真感到有些难以置信：放在氧气罩里的老鼠在里面待了30分钟，而且幸存了下来；而放在普通空气罩里的老鼠，只待了15分钟就死了！如何解释这一现象呢？难道是由于氧气比普通空气更“纯净”吗？或者是由于普通空气中含有一些威胁生命的成份？当天晚上，他彻底未眠，苦苦思索着这个问题。

最终，普利斯特列断定：氧气有益于健康。由此他受到启示，何以不自己亲自享用这种“气态营养食物”呢？于是，他用一根玻璃管吸入了一些自己制取的氧气。他发现，与普通空气相比较，吸入氧气后呼吸似乎变得更加轻快、舒畅，简直是一种奇妙的享受。他在实验记录中记下了这个有趣的实验，他写道：

我把老鼠放在脱燃素空气里，发现它们过得非常舒服后，我自己受了好奇心的驱使，又亲自加以试验，我想读者对此一定不会感到惊异的。我自己试验时，是用玻璃管从放满这种气体的大瓶里吸取的。当时我的肺部所得到的感觉，和平时吸入普通空气一样；但过后不久，我身心一直觉得轻快舒畅。有谁能说这种气体将来不会变成时髦的奢侈品呢？不过，现在只有两只老鼠和我，才有享受呼吸这种气体的权利呢。

普利斯特列的预言，如今已成现实，大城市出现的“氧吧”不就证实了氧气“变成时髦的奢侈品”吗？除此以外，他还迅速预见到氧气在许多方面的应用。他指出：

当人的肺部呈现病态时，氧气可以起到独特的治疗作用，而普通空气却未必能如此彻底、迅速地将肺里的废物带出体外。

现在人们早已利用氧气治疗心脏衰弱的病人、肺炎病人或被浓烟窒息的人；对于登山运动员和高空飞行的飞行员，氧气都成了不可缺少的救生用品。

普利斯特列还想到，用氧气代替普通空气鼓风时，火力会成倍地加强。在他的一位名叫马格兰的朋友帮助下，他先将氧气装进一个气囊，然后通过一根玻璃管，将氧气吹到正在燃烧的木块上，微弱的火苗立即燃烧得非常旺。这便是当今广泛应用的吹氧焊接装置最初的雏形。

## （三）

普利斯特列完成许多实验，显示出他卓越的才智，因而受到了科学界高度的评价和重视。1772 年，他当选为法国科学院名誉院士。同年 12 月，英国最著名的政治家舍尔伯恩勋爵认识了普利斯特列。这位博学的政治活动家立即决定向普利斯特列提供 250 英镑的年薪，作为对其实验的资助；并请普利斯特列以私人图书管理员和学术鉴赏人的身份与他住在一起。

此后的8年里，普利斯特列一直住在舍尔伯恩勋爵的家里。在这优越舒适的条件下，普利斯特列完成了许多有价值的实验。

1774年，普利斯特列随着勋爵到欧洲大陆旅行时，他在巴黎认识了法国著名化学家拉瓦锡(Antoine Lavoisier,1743—1794)。在拉瓦锡的实验室里，普利斯特列对当地一些自然科学家，讲解和演示了他的那些实验。这些实验使法国科学家大为惊讶。法国同行们不断向他提出种种问题，他则有问必答，将自己的工作成果毫无保留地和盘托出。他万万没有料到的是，正是他的这些演讲实验演示，惊动了拉瓦锡，并促使拉瓦锡拉开了"化学革命"的大幕。正如普利斯特列所说：

"那时，我并没有意识到我的这种作法会导致什么结果。"

惊动拉瓦锡的是普利斯特列那些与燃烧有关的实验，即在有氧气时燃烧更加激烈的一些实验。这些实验使拉瓦锡对所谓"燃素说"作出了彻底的、毁灭性的批判，并提出了燃烧的"氧化学说"。

燃烧现象虽然是人们见得最多、利用最广的一种化学反应，但它却使化学家糊涂了几千年，直到拉瓦锡揭示出燃烧本质时为止。"燃素说"的历史渊源应该说极为久远，但到17世纪它才成为一个威重一时的"伟大理论"。这与德国化学家斯塔尔(Georg E. Stahl,1660—1734)的努力有关。斯塔尔总结前人的理论与实验，指出燃素并非亚里士多德的火元素，而是一种"没有重量、难以觉察、细微的气态物质"，斯塔尔为它正名，取名"燃素"。

斯塔尔认为，燃素存在于可燃物(动植物与金属等物质)中，燃烧时燃素从这些物体中逸出，形成一股旋风般的运动，同空气结合就形成火。可燃物燃烧时释放出的燃素，被周围空气吸收；而且据斯塔尔说，这些被空气吸收了的燃素从此再也无法与空气分离。但植物可以从空气中吸取燃素，动物机体中的燃素又是从植物中吸收的。燃烧过程不能离开空气，是因为空气可吸收燃素；否则，燃素不能离开可燃物体，而可燃物体如不能释放燃素，燃烧过程就无法发生、进行。如果空气吸收的燃素太多以至饱和，燃烧就会衰减以至熄灭。

法国伟大的化学家拉瓦锡

燃素说本来是一个漏洞百出的假说，与实验结果经常发生矛盾，而且人们寻找燃素的努力一再失败，但在拉瓦锡之前，它却是一个许多杰出科学家笃信的学说、理论。普利斯特列这位卓越的实验大师，却不知为什么坚持认为燃素说是颠扑不破的真理，至死捍卫它。发现了氧气有帮助燃烧的特殊本领后，他立即用燃素说理论来解释氧气的这一特性，他称氧气为“脱燃素气体”就是基于燃素理论。他认为，正因为他发现的气体（即氧气）中不含有燃素（“脱燃素”），所以物质在氧气中燃烧就会非常迅猛而欢快。

拉瓦锡从1772年就开始研究空气组成和燃烧过程，看了普利斯特列的实验以后，立即意识到，普利斯特列虽然有了重大的实验发现，却因为固执地承认燃素假说，而失去了建立一种新燃烧理论的机会。拉瓦锡立即通过精密测量证实，普利斯特列所谓“脱燃素空气”实际上是一种新的气体元素，它除了能助燃、改善呼吸以外，还能与许多非金属物质结合生成各种酸，也正因为这一原因，拉瓦锡把这种新的气态元素称之为“氧”（Oxygen，在希腊文里，氧的意思是“酸素”）。他还用实验证明，空气本身不是元素，而是一种主要由氧和氮组成的混合物。

1778年，拉瓦锡彻底地否定了燃素说，证实了任何燃烧过程都是可燃物与氧化合的过程，可燃物在燃烧过程中吸收了氧；而所谓“燃素”是根本不存在的。从此，燃烧的氧化学说迅速代替了燃素说，它不仅统一地解释了许多重要的化学反应，而且更重要的是它拉开了化学革命的大幕，为现代化学的发展奠定了基础。由于拉瓦锡理论的辉煌成就，科学家们先后都抛弃了燃素说，接受了拉瓦锡的氧化学说。但是，发现了氧气的普利斯特列却至死也不承认氧化学说，坚持燃素说。甚至当他后来衰弱得无法再做实验时，他仍然坚持着写了最后一篇论文，以维护燃素说。他还给朋友贝托莱(Claude Louis Berthollet，1748—1822)写信说：

作为一个虚弱的朋友，我已经付出了极大的努力，以便给予燃素说一点支持。……燃素说并不是没有困难，其困难在于我们至今还不能确定燃素的重量。



唉！普利斯特列由于对燃素说盲目的信仰，使他忽视了自己发现氧气的伟大价值，所以人们说他是不承认自己"女儿"的"现代化学之父"。研究科学史的专家们，每当研究到普利斯特列这段历史的时候，都不免感到遗憾、惊诧，为普利斯特列的失误惋惜。日本化学家山冈望在《化学史传》中写道：

普利斯特列和舍勒[①]两人手中，都掌握着解释燃烧的奥秘的宝贵钥匙，然而却眼睁睁地失去获得荣誉的机会。其原因十分明显，那就是因为他们对燃素说的笃信过深，未能摆脱它的迷惑和束缚。

……对于普利斯特列来说，使人感到奇怪的是，他本是一个具有强烈自由思想的人。不论是对于基督教的教义，还是政治上的主张，他总有着与众不同的新思想。但是为什么在化学理论上却要甘当保守的信徒，确有些难以理解。他作为一个宗教上和政治上的自由主义者，甚至在晚年还酿成了悲剧。当时正值法国革命时期，当一些自由主义者在1791年7月14日……

我们不引用山冈望的文章了，还是在最后一小节里简单描述一下政治上的"悲剧"。只有这样，我们才能深刻理解山冈望上面一段话中表示的惊讶和无奈……

① 舍勒(Carl Wilhelm Scheele，1742—1786)，瑞典著名化学家，氧气的发现人之一。

## （四）

法国大革命爆发后，由于普利斯特列对这场革命采取赞赏、歌颂的态度，他受到英国贵族阶层的仇视。统治阶级的代表人物，包括教会、科学界的头面人物，都开始恶毒地攻击普利斯特列。他们诬蔑他是一位无耻的剽窃者，声称他对科学没做过任何贡献，只不过善于玩弄权术，窃取了一些本不属于他的荣誉……

普利斯特列没有屈服，他不断地发表各种文章和演说，号召人们起来反对贩卖黑奴的罪恶行径，它使成千上万的黑人过着非人类忍受得了的凌辱和饥饿的生活。为了向科学界某些头面人物的无耻攻击表示严重的抗议，普利斯特列宣布退出皇家学会。

1791 年除夕，普利斯特列在他的传教辞里，还向教友们谈到新社会的理想——自由、平等、博爱。这年，拥护法国革命的英国人逐渐增多，还成立了“宪章协会”，公开号召在英国实行改革。这一举动引起了统治阶级的强烈仇恨，于是反对宪章协会的力量组成了集团，与协会对抗。他们公开宣布普利斯特列是异教徒，是“魔鬼的朋友”；诬蔑立宪主义者“要把英国推向毁灭和贫困的深渊”。

1791 年 14 日，宪章协会的会员们决定隆重庆祝巴士底狱攻克两周年。就在这天晚上，普利斯特列在伯明翰的实验室，被王室煽动的暴徒们烧毁了。这就是科学史上有名的“7.14 事件”。在暴徒们冲进他的实验室前半个小时，普利斯特列才在儿子的强力迫求下离开。半小时后，暴徒们用石块彻底捣毁了普利斯特列的实验室和住

**1791 年 7 月 14 日，普利斯特列在伯明翰的实验室，被王室煽动的暴徒们烧毁了。**

家。这位伟大科学家一生惨淡经营的实验室瞬间成了一堆碎片！被宗教毒害得疯狂、失去理智的暴徒们，连普利斯特列的图书室也没有放过，一把大火将他收集一生的珍贵图书和手稿，烧得个干干净净。这是人类文明史上又一次耻辱的记录。人类不止一次犯下这种天理难容的罪恶，到了20世纪，仍然一再重新上演！

普利斯特列一直躲在朋友家里，饱尝有家不能归的痛苦。直到秋天，他才到哈尼克任神甫。

"7.14事件"激起了全世界科学家的愤怒，各国著名的科学家都纷纷表示支持普利斯特列、抗议英国的镇压民主和自由的可耻行动。1792年9月，法国议会推举普利斯特列为法国荣誉公民；还有许多人汇钱给他，以帮助他在英国重建实验室和图书馆。后来不久，在国内外许多知名人士的支持下，普利斯特列依法提出上诉，要求赔偿价值4000英镑的损失。英国国王乔治三世也不得不在给大臣邓迪(Dundee)的一封信中写道：

"虽然我为普利斯特列及其同党受异教的毒害如此之深而深感遗憾，但是我并不赞成以如此残暴的方式来表达对普利斯特列等人的轻蔑。"

上诉后，普利斯特列胜诉，这使他可以重返科学界，但一想起人们对他曾经做过的事，他感到不寒而栗。他决心远走异国他乡。他的三个儿子约瑟夫、威廉和亨利于1793年8月先离开英国，远渡大西洋到美国求发展。大半年之后的(1794年)4月7日，普利斯特列与妻子在圣凯姆港登上了远洋轮船，在刚过花甲之年，从此离开了既给他带来成功、荣誉，又给他带来无法消除伤害的祖国，向美利坚合众国奔去。这正是：

吊影分为千里雁，
辞根散作九秋蓬。
共看明月应垂泪，
一夜乡心五处同。

与英国中伤这位伟大科学老人形成鲜明对照的是，当普利斯特列到达纽约港时，美国人民像迎接战场上归来的英雄一样迎接了他。纽约坦慕尼协会（隶属美国民主党）专门派一位委员前去码头，向普利斯特列致欢迎辞：

"尊贵的长老，从您踏上我们国家国土之日起，您便逃离了专制的火焰，逃离了权势的魔掌，逃离了偏执的枷锁。您将呼吸到自由的空气，找到宁静的避难所。"

美国人民以极大热情迎接这位纤弱而又充满内在活力的英国人，全美基督教堂的牧师们集体为他祈祷。宾夕法尼亚大学立即聘他为化学教授；全美各地的著名大学、学术团体纷纷请他去讲演，他接受了其中几项邀请。

后来，他决定在清静、温暖、开阔的诺森伯兰镇隐居下来。他在这儿盖了住所和实验室，并立即忙于写作和做实验。在这儿居住期间，美国伟大的政治家杰弗逊（Thomas Jefferson，1743—1826，1801—1809 任美国第 3 任总统），常常光顾他家，向他请教有关自然科学的新发现。当杰弗逊后来当上总统时，他曾对普利斯特列说：

"您的生命是人类所珍视的不多的几个生命之一。"

普利斯特列也偶尔短暂地离开诺森伯兰镇，参加在费城召开的全美哲学研讨会。会前，他或者读一些与会议有关的论文，或者与美国第一任总统乔治·华盛顿（George Washington，1732—1799，1789—1797 任美国第一任总统）一起喝茶。华盛顿对普利斯特列说：

"您可以随时来见我，不须拘于任何礼节。"

1798 年即将降临之际，普利斯特列的实验室完工了。正是在这一时期，他在美国又一次完成了具有重要意义的化学实验。他在燃烧的木炭中收集到一种气体，现在称它为一氧化碳（CO）。这种无色气体的发现，对摇曳扑烁的炉火为什么闪着蓝光，首次作出了科学的解释。现代家庭生活中，一些以气体为燃料的灶具，其设计构思都可追溯到普利斯特列在 1799 年前后所作的发现。

普利斯特列移居美国之后，仍然与英国的学术组织"圆月学社"保持经常的联系。他常把刚得到的科学发现告诉国内的好友们，而好友们也没有忘记漂泊他乡的普利斯特列。1801年，英国发明家瓦特（James Watt，1736—1819）和他的合作者博尔顿（Matthew Boulton，1728—1809），还托人给普利斯特列带去一些可产生大量气体的装置。

普利斯特列70岁以后，精神世界仍十分活跃，但他的身体却日见衰弱。他告诉朋友说：

> 我已经过着人们谓之另一世界的生活。不过，我相信几乎没有人享受过我所拥有的这种幸福。请转告杰弗逊先生，在他出色的管理下，我过得很好，并且期望在这儿养老送终。我相信，面朝地球躺下去死无疑是最好的，然而，我却希望站着死，以便看到更出色的蒸馏器问世。

1804年2月6日清晨8点，这是星期一的清晨，普利斯特列安静地躺在床上，陷入了弥留时刻。他仍然清醒，叫人拿来了一本小册子，其中记录了他最近做的研究。一辈子勤于写作的他，这时只能仔细地、清晰地口述着几种化学反应。他原打算在正式出版近期发现时，先把口述的几个实验做了来。

他再三要秘书复述他的叮嘱。秘书耐心地回答说：

"我记牢了，您就放心吧。"

普利斯特列仍然不断喃喃自语，重复着说了多次的话，……那神情，好像享有莫大的满足。突然，他高声说道：

"那是对的！我现在做完了。"

半小时后，那双闪烁着智慧与期望的眼，终于闭上了，再没有睁开。

普利斯特列死后，他在诺森伯兰镇的旧居，被完整地保留下来。现在，这所建筑物已翻修成具有防火设备的宽敞的博物馆，陈列着普利斯特列用过的心爱仪器：曲颈瓶、烧瓶、喷气木桶、天秤、坩锅、水银槽、排气管……在宾夕法尼亚大学和卡里斯兰的狄金森学院，还收藏着按普利斯特列的方法制成的仪器样品。这一切都标志着：约瑟夫·普利斯特列的名字将永垂史册！

1874年8月1日，在普利斯特列的出生地利兹市的市中心。为普利斯特列建造了一尊雕像，以纪念他发现氧气100周年。同一天，美国化学家们也在普利斯特列墓地聚会，一则表示对普利斯特列的纪念；二则宣告美国化学学会正式成立。新成立的美国化学学会还给英国皇家学会发了电报，宣告普利斯特列被光荣地接收为该会的荣誉会员，而且他对科学事业所作出的杰出贡献，将载入美国的史册。

普利斯特列出生地利兹市市中心竖立的普利斯特列雕像。

# 化学原子论的缔造者——道尔顿

蒙蒙晓雾初开，

皓皓旭日方升……

但丁:《神曲·炼狱》

测定原子量，这恐怕是自古以来人类要实现的一个最勇敢的创举。

山冈望:《化学史传》

1822年，英国化学家约翰·道尔顿（John Dalton，1766—1844）被选为英国皇家学会的会员。不久，他就动身到当时世界的科学中心法国去访问。巴黎科学界接待道尔顿的热情程度和规格之高，简直让道尔顿本人都感到受宠若惊，也让整个英国感到意外。当他被引入法国科学院会议厅时，院长和院士们全体起立向他鞠躬致敬。如果我们知道，当年伟大的拿破仑也没有享受过这种荣誉，我们就会充分了解，法国科学界给了道尔顿多么大的荣誉。

在巴黎，无论他走到什么地方，人们都把他看成是象征英国的雄狮。法国最有名的科学家都以能和道尔顿交谈为荣。73岁的拉普拉斯与他讨论星云假说；74岁的贝托莱与他手挽手地边走边谈；比较解剖学的奠基人居维叶与道尔顿交谈时，两眼熠熠闪光，而且他的独生女儿克莱门汀小姐一直陪伴着道尔顿的巴黎之行；正在巴黎大学任教的化学家盖-吕萨克(Joseph Louis Gay-Lussac，1778—1850)请道尔顿参观了他的实验室，还一起详细讨论了化学原子论。

道尔顿这位出身英国贫民阶层的科学家，为什么会受到法国科学界如此隆重盛情的接待呢？原因很简单，因为道尔顿是现代化学原子论的缔造者；而化学原子论，则正如1954年诺贝尔化学奖得主鲍林(Linus Carl Pauling，1901—1994)所说，是"所有化学理论中最重要的理论。"

好，下面我们就来介绍道尔顿在建立原子论过程中的成功和失误、欢欣和困顿。

## (一)

1766年9月6日，道尔顿出生在英格兰北部一个穷乡僻壤伊格斯菲尔德。他的父亲和普利斯特列的父亲一样，是一个穷苦的织布工人。那时的英格兰正如诗人雪莱在他的诗中所说：

> 人民，
> 
> 在废耕的田野忍受饥馑……

道尔顿的母亲生下的6个孩子，竟有3个因生活贫困而夭折。

尽管家中一贫如洗，但他父母仍然设法让孩子们受到教育，这是摆脱贫困唯一的办法。道尔顿 6 岁时开始在村里教会办的小学上学。他的老师弗莱彻很快发现，小小的道尔顿有一股犟劲，不弄懂所学的内容就决不罢休，他常常对人夸奖道尔顿说：

“在所有孩子中，谁也比不上道尔顿。”

到 11 岁时，由于家庭实在无法支持他继续读书，他只得停学。1778 年，12 岁的道尔顿由于聪慧过人，而且又读了几年书，因此被聘为一所小学的教师，这对于道尔顿来说真是十分理想，因为教书既可以赚一点薪水帮助困难的家庭，又可以满足道尔顿对自学的渴望。不过，这么小的年龄当老师，常常会受到个头和年龄比他大的学生的刁难，但是想不到的是这些刁难，倒使道尔顿对科学发生了强烈兴趣。

三年以后，道尔顿的学识已大有长进，狭小的农村已满足不了道尔顿不断高涨的好奇心。后来由人推荐，他到肯德尔镇一所寄宿中学当助理教师。在肯德尔，道尔顿在工作之余，发奋读书，无论是自然科学的或者是哲学、文学的书，他都非常认真地研读。他后来回忆说，在肯德尔 12 年中他所读的书，比此后 50 年读的书还要多。除了自己自学以外，他还虚心向镇上一位盲人学者豪夫学习外语和数学。正是在豪夫的帮助下，道尔顿开始了对自然奥秘进行顽强而深入的思考。

1793 年，27 岁的道尔顿在豪夫的推荐下，来到了曼彻斯特，在一所新开办的学院里担任数学和物理讲师。后来他还自学了化学，并讲授化学课程。一个农村穷乡僻壤的穷孩子，终于靠自己顽强的拼搏和虚心求教，成了一位学者，走上了大学的讲台。



## （二）

还是在乡村教小学时，道尔顿就在一位叫鲁滨逊的业余自然科学爱好者的帮助下，开始气象观测。从那时开始直到他去世的一天，他从没有中断每日的气象观测。1844 年 7 月 26 日，他去世前的一天晚上，他还用他那连笔都几乎握不住的手，记录下他一生最后一次气象观测记录：“微雨”。

正是由于气象观测，使他去研究空气的组成，打开了通向化学原子理论的思路。他在回忆中曾经提到他的思考过程，他说：

由于长期做气象记录，思考大气组成成分的性质，使我常常感到奇怪：为什么在复合的大气中，两种或更多种弹性流体（指气体或蒸汽——作者注）的混合物，竟能在外观上构成一种均匀的气体，并在所有力学关系上都与简单的大气一样。

于是，道尔顿开始从事气体和气体混合物的研究。空气的组成很自然成为他首先关注的对象。当时科学界一般认为，空气由4种气体（氧气、氮气、二氧化碳和水蒸气）组成，但是它们是怎样结合在一起的呢？它们是一种化学上的化合物，还仅仅是像沙和泥土那样混合在一起的混合物呢？道尔顿倾向于相信空气是几种气体的混合物。那么，这种混合物是怎么混在一起的？有哪些特殊性质？

为了弄清这个问题，他设计了一个实验，想确定混合气体各个组成部分的气体压力。结果，他发现了著名的"道尔顿分压定律"。这个定律表明："在一定的温度下，混合气体中每种组成部分的气体所产生的压力，同这种气体单独占有同一容器时所产生的压力相同。"

有了这一新发现的定律，道尔顿又发现，如果把气体看成是由一些微小粒子组成的物质，那就很容易解释分压定律。因为一种气体的粒子均匀分布在另一种气体粒子之间，这将使得这种气体粒子表现出来的行为，如同另一种气体粒子根本不存在于容器中一样。道尔顿由此得出了一个结论：

物质的微粒结构（即终极质点）的存在是不容怀疑的。这些微粒可能太小，即使用改进了的显微镜也未必能看见它。

这时，他很自然地想起了古希腊哲学家提出的原子假说，于是他选择了"原子"（atom，意即"不可再分开的物质"）这个词，来称呼他心目中的微粒。道尔顿把原子同元素（element）的概念联系起来，认为元素是由原子构成的，有多少种元素就有多少种原子，同种元素的原子其大小重量都相等。这样，道尔顿的原子论与古代原子论相比，有本质上的不同。古代原子论认为：所有的原子本质都相同，只不过大小、形状不同罢了；而道尔顿的原子论则相反，认为不同元素的原子在本质上是完全不同的；其中，道尔顿特别强调原子的重量，即不同的原子其重量彼此不同。他还大胆假定，每种元素的原子重量是恒定不变的。更令人钦佩和赞叹的是，道尔顿还果敢地着手进行各种原子量的测定。这一勇敢无畏的行动，使日本的化学山冈望先生大为赞叹，说：

"测定原子量，这恐怕是自古以来人类要实现的一个勇敢的创举。"

利用道尔顿的原子论，不仅可以方便地解释气体分压定律，而且还可以完满地解释化学反应中的物质守恒定律及组成定律。而且，更加妙不可言的是，道尔顿根据他的原子论，得出了另一个著名的定律——倍比定律。

倍比定律是说：当两种元素化合组成几种化合物时，则与同一重量A元素化合的B元素，其重量成"简单的整数比"。例如，同一重量的碳（A元素）与氧（B元素）化合，可以生成一氧化碳（$CO$）和二氧化碳（$CO_2$），当碳含量一定的话，氧在这两种化合物中的重量比为1∶2。再例如乙烯（$CH_2=CH_2$，又称油气）和甲烷（$CH_4$，又称沼气）都由碳氢两种元素组成，当碳的含量一定的时候，乙烯和甲烷的氢含量之比也是1∶2。

倍比定律的发现，可以说是道尔顿原子学说的一个伟大胜利，因为道尔顿首先从理论（或预言）出发导出这一定律，而后才由实验证实。这确实很了不起，因为当时化学界的潮流是忽视理论思维，片面强调"由实验决定一切"。这种唯经验论当时严重地束缚着化学家的思想。道尔顿能打破这种有害的传统，大胆利用和发挥理论思维的威力，可以说是一件壮举！而且，有了倍比定律，道尔顿就可以比较顺利地进行他对原子量的测定工作。当然，这儿说的原子（重）量，是指原子的"相对重量"，下面我们就不再一一指出。

1803年9月6日，道尔顿制订出了第一张原子重量表。1803年10月

21日，在曼彻斯特文学哲学学会上，道尔顿在报告中第一次详细地阐述了他的科学原子论，并宣读了他的第一张原子量表。

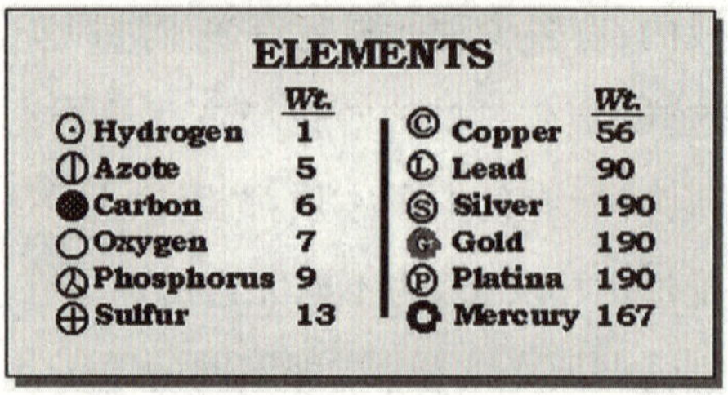


道尔顿的原子量表。英文 ELEMENTS 为元素，Wt 为原子量。其他原子英语从上到下、从左到右为：氢、氮、碳、氧、磷、硫、铜、铅、银、金、铂和水银。

由于道尔顿的原子理论比以前任何理论都更深入地探讨了化学变化的本质，比较完满地说明了一些化学定律的内在联系，因此它成为说明化学现象的统一理论，并且使化学从此真正走上了定量发展的层次，因而开辟了化学发展的新时期。不仅如此，道尔顿的原子论还为整个自然科学的发展提供了一个重要的基础；此后，人们对物质结构的认识才有可能取得迅猛进展。英国皇家学会长戴维当时就说过：

> 原子论是当代最伟大的科学成就，道尔顿在这方面的功绩可与开普勒在天文学方面的功绩媲美……可以预料：我们的后代一定会根据他的许多发现而肯定这一点，人们将把他作为榜样去追求有用的知识和真正的荣誉。

戴维的话，至当不易，可谓真知灼见矣！

## （三）

道尔顿的原子理论一经提出以后，并没有立即得到科学界的一致支持；事实上，反对他的理论的人还多一些，曾一度占了上风。例如上面提到的戴维就不同意道尔顿关于原子多样性的假定，而认为不同的元素应该有一个统一、单一的基石，这才符合自然统一性观念。戴维在逝世前不久写的一篇文章中还说：

“依我看来，道尔顿先生的确更像是一位原子哲学家，为了使原子本身按照他提出的假设进行排列，他常常使自己沉迷于徒然的推测之中，他……

的理论中,本质上与任何关于物质或元素的根本性的观点无关。"

还有些化学家则说得更明白。例如法国化学家杜马(Jean Baptiste Dumas,1800—1884)说:

"如果由我做主的话,我会把原子一词从科学中删除。"

法国著名化学家贝托莱提出一个此后著名的反诘,以表达他的不信任原子论的态度,他反诘道:

"谁曾见到一个气体的原子?"

已经是后一辈的德国化学家凯库勒(Friedrich A. Kekule,1829—1896)说:

"原子是否存在的问题,从化学观点来说是没有什么意义的,它的讨论倒像是形而上学……"

这种反对道尔顿原子论的声音,直到1860年以后才逐渐消失。道尔顿原子论在19世纪引起争议的原因很多,本书只从科学家自身失误进行分析。从道尔顿个人来看,我们不能不承认他的原子论本身就有许多缺陷。一个新的理论有缺陷这并不奇怪,甚至是必然的,但十分令人遗憾的是道尔顿本人的保守态度和故步自封,满足于自己的实验而不认真听取别人的批评和建议,这不仅严重阻碍了原子论的正常进展,也使原子论自身的缺陷在运用中造成的混乱,长期得不到解决。我们从这种失误中,可以汲取很多的教训。

1803年前后,正当道尔顿锐意建构他的原子论时,巴黎的盖-吕萨克提出了一个假说,这个假说受到了道尔顿的极力反对,因为他认为盖-吕萨克的假说违背了他的原子理论。

道尔顿大约万万没有料到,由于他的反对,在化学界竟然引起了巨大的混乱,人们甚至因此而怀疑他的原子论到底有没有存在的价值。这场争论由于道尔顿固执的反对,竟延续了50年!

盖·吕萨克是法国著名的科学家,他的著名的"盖-吕萨克(气体)定理"是每个中学生都十分熟悉的。这是他1802年提出来的,定理指出:"在相同条件下,各种气体在温度升高时,都以相同的数量膨胀。"

1804年以后，盖-吕萨克开始研究各种气体在化学反应过程中，其体积变化的规律。早在1784年，英国科学家卡文迪什（Henry Cavendish，1731—1810）在研究氢和氧化合生成水时，他就发现氧和氢的体积比是209∶423，化简后约为100∶202。这一结果有点像1∶2这么一个简单的整数比，因此引起了盖-吕萨克的注意。1805年，他和德国科学家洪堡（Friedrich Wilhelm Heinrich Alexander von Humboldt，1769—1859）又重复了卡文迪什的实验，还做了许多其他气体反应的实验。结果他惊异地发现，气体在化学反应时，其体积都呈现出一种简单的整数比关系。例如：

| | |
|---|---|
| 氧与氢化合 | 体积比为1∶2 |
| 氨与氯化合 | 体积比为1∶1 |
| 亚硫酸气与氧化合 | 体积比为2∶1 |
| 氮与氢化合 | 体积比为1∶3 |

1808年，盖-吕萨克综合了大量实验结果后，提出了“气体化合体积定理”，即：“所有气体在参加化学反应时，反应前后气体体积成简单的比例关系。”

这是一个十分重要的化学定理，它不仅对道尔顿的原子理论是一个强有力的证据，而且利用这个定理可以更方便和更准确地测定原子量。盖·吕萨克本人也由于这一卓有成效的成就，于1806年被推选为法国科学院院士。这种气体体积简单的整数比关系，使盖-吕萨克联想起道尔顿的原子论，尤其是倍比定律。于是他认为自己的发现是对道尔顿原子论的又一支持，而且他还根据这两个定律顺情合理地提出了一个新的假说：

在同温同压下，相同体积的不同气体含有相同数目的原子。

有了这一推论，就很容易用原子论来解释道尔顿的倍比定律和他自己发现的气体体积定律。他自以为他的假说一定会受到道尔顿的支持，事实上也的确受到许多化学家的赞赏，例如那位曾经坚定支持道尔顿原子论的

英国化学家托马斯·汤姆森(Thomas Thomson,1773—1852)就曾写信给道尔顿说:

“盖-吕萨克(气体体积)定律与原子假说完全吻合。”

但大大出乎盖-吕萨克意料之外的是,第一个反对他的假说的竟然的道尔顿!道尔顿在知道了盖-吕萨克的假说后,立即在他的《化学哲学新体系》上卷第二册付印时,加上了一个附录表明了自己的反对意见,他在附录中写道:

> 盖-吕萨克不会没有看到类似的假说我曾提出过,但又被我抛弃,因为它是不可靠的。但是既然他又将这个假说复活起来,我就不能不提几点意见。……我认为,真理将表明:气体在任何情况下都不以等体积相化合。如果它表现得似乎是这样,那一定是由于测量不精确所导致。

道尔顿不仅一口否定了盖-吕萨克的假说,而且连他的气体体积定律也表示严重的怀疑。但是,盖-吕萨克的气体体积定律是由实验事实总结出来的,已经得到化学家的普遍承认;现在道尔顿却由屋及乌,连实验事实都想推翻,这当然是盖-吕萨克不能接受的。于是从1810年起,两人就此展开了一场争论。这场争论对道尔顿的原子论的进展十分不利,不仅阻碍了原子论的进一步深化,而且加深了化学家对原子论的不信任感。原来有几位深信原子论的科学家(包括盖-吕萨克本人),放弃了对原子论的支持。究其原因,主要是由于道尔顿用原子论来反对实验已经承认了的气体体积定律。连最先支持道尔顿的

**道尔顿著作《化学哲学新体系》一书中译本封面**

托马斯·汤姆森都对原子论表示怀疑了。

（四）

为什么道尔顿要反对盖-吕萨克的假说，甚至怀疑他的气体体积定律呢？道尔顿并不是没有丝毫根据的。我们下面就简短地分析一下道尔顿反对的理由。

如果盖-吕萨克的假说是对的，即“同温同压下，相同体积的不同气体含有相同数目的原子”，那么，在

氧（1体积）+氢（2体积）= 水（2体积水蒸气）

这一反应中，我们可以假定1体积只有1个原子，那么按盖·吕萨克假说，则2体积有2个原子。于是，1个氧原子和2个氢原子可生成2个水汽这种“复杂原子”。这样，1个水的“复杂原子”就必然由1个氢原子和半个氧原子所构成。半个氧原子？ 1个原子能够分裂成两个半个？这显然与道尔顿的原子不能分割的定论相违背！

事实上，造成上述“违背”原子论的化学反应，显然不只氢氧生水这一个反应，只要1个体积的气体元素能够生成2个（或更多）体积气体产物时，这种矛盾就肯定会一再出现。再如在下述反应中

氮（1体积）+氢（3体积）=氨（2体积）

1个复杂原子氨中将有半个氮原子和1个半氢原子。

道尔顿在建立原子论的过程中，也曾提出过与盖-吕萨克假说相同的假说，但在发现上述矛盾后，他立即放弃了这个假说。我们可以想象，当时在道尔顿面前本有两条选择：一是否定气体体定律，因为气体体积定律如果千真万确是对的，那原子论就要出大问题；二是承认气体体积定律绝对可靠，并认可这一假说，这样原子论就得进行大幅度修正。

道尔顿当时就是正好处于这种两难的境地之中。按道理说，气体体积定律是可以用实验严格检验、证实的，而原子论只是一个理论上的假说，即使它在大方向不容置疑，但在细节上或根本构思上应该是可以修正的。但

道尔顿这时犯了一个重大错误，他毫不犹豫地作出了第一种选择，不考虑对原子论作某种修正，而对实验已经证实的定律采取怀疑和否定的态度。正由于这一失误，原子论就处于更不利地位，加重了人们对它的怀疑，并阻碍了分子—原子论的进步达半世纪之久！

这一失误，本可以避免，但是很遗憾的是没有。

1811年，即道尔顿和盖-吕萨克开始争论后的一年，意大利化学家阿伏伽德罗（Ameldeo Avogadro，1776—1856）注意到他们两人的争论，经过一番思考，于当年提出了分子—原子假说。按照阿伏伽德罗的假说，只需把盖·吕萨克假说中改一个字就行了：把“原子”改成“分子”，就顺顺当当地解决了所有的矛盾。阿伏伽德罗明白了这一奥妙，因此他的假说是：

在同温同压下，相同体积的不同气体含有相同数目的分子。[①]

这样就可以避免原子被分割成一半的矛盾；而“分子”是原子的复合体，当然可以分解成原子。例如：

1个体积的氧气有1个分子的氧，2个体积的氢气有2个分子的氢，反应后生成2个体积的水汽，即2个分子的水。这样，1个分子的水就含有1个分子的氢，半个分子的氧。半个分子的氧就不必担心了，我们可以把1个分子的氧看成是2个原子构成的复合原子就行了。这样，1个水分子中含有的是1个氧原子。

有了阿伏伽德罗假说，道尔顿的原子论几乎可以不变，而盖-吕萨克气体体积定律也用不着怀疑和否定，一切矛盾都迎刃而解！多美妙啊！还有更妙的是有了这一假说，道尔顿测定的原子量就会更加准确。例如氧的原子量，由实验知道，1克氢和8克氧化合而水。道尔顿根据他的原子论认为

① 要说明的是，当时阿伏伽德罗还把分子称为“复合原子”（integral atom），但它与今日的分子有完全相同的意义，而与道尔顿的“复杂原子”（compound atom）完全不同。——作者注。

这些重量就分别是它们“1 个原子”的重量。如果氢的原子量定为 1，那么氧的原子量就是 8（实际上道尔顿测的是 7，这是因为实验误差所致，我们这儿略去）。现在按照阿伏伽德罗的假说知道，1 克和 8 克分别相当于 2 个氢原子和 1 个氧原子构成的重量；所以，如果仍以氢的原子量为 1，则氧的原子量将为 16。

大家可以看到，有了阿伏伽德罗的假说，道尔顿原子论里原有的谬误，就会一个接一个冰消瓦解。而且阿伏伽德罗假说与道尔顿原子理论前后相继问世，真可以说是：

春风忽怒起，
意乃媚行者。
飞花扑人来，
揽之欲盈把。

在英国为道尔顿建立的雕像。

然而不幸的是，阿伏伽德罗的假说由于种种原因，竟没有被当时的科学界接受。这就使物质结构的理论，也可以认为是化学的基础理论，停滞于不完整的时期达半个世纪！真个是

当年不肯嫁春风，
无端却被秋风误。

造成这种不幸的局面的原因很多，但道尔顿抱残守缺，对自己的假说过于偏爱，也应该是原因之一。道尔顿总想用实验确证自己偏爱的假说，而不能持开放的态度改进自己的假说；为了维护自己的假说，连不利于他的实验也宁肯否认，而不愿审视假说中不足之处。难怪瑞典化学家贝采里乌斯（Jöns Jacob Berzelius，1779—1848）说：

道尔顿犯下了任何有能力的化学家本可以避免的荒唐错误。

## 门捷列夫晚年的失误

> 永远受到赞美并以崇敬之情来充实、丰富精神的东西，到现在为止还只有两个：一是布满繁星的天，二是载有道义的地。这是哲学家康德所说的。现在看来还应当再加上一条，这就是贯穿于包罗万象物质世界中的这种统一。
>
> 门捷列夫

1869年从俄国传来了令欧洲科学界极为惊讶的消息：出生于西伯利亚的俄国化学家门捷列夫（Д.И.Менделев，1834—1907）宣称，他用他制定的周期表可以预言还没有发现的化学元素和它的性质。他说：

俄国化学家门捷列夫

> 有一种元素还没有发现，我给它取名为“类铝”，这是因为它的性质与金属铝很相似。人们可以去证实它、寻找它，它一定会被找到的。

这个预言让人们哗然。还有令人惊诧的呢！这位西伯利亚的预言家还预言了两个元素，一个他称为“类硼”，是一个性质类似于硼的元素，门捷列夫还大胆地预言了它的原子量；另一个元素的物理、化学性质都由他作出了详细的描述。人们奇怪，这个名不见经传的门捷列夫，怎么能够预言这些从来没有人看见过、也没有人制出过的元素呢？

化学史上也确有人预言过新的元素，如洛克耶(Sir Joseph Norman Lockyer，1836—1920)和弗兰克兰(Edward Frankland，1825—1899)，曾预言“氦”(Helium，即太阳之意)元素在存在。但他们是通过实验的结果作出预言的，而门捷列夫像是一个巫师对着神灯默默念着咒语那样，完全靠自己的大脑作出这些预言的！

门捷列夫可真是一位令人不可思议的人啊！

## (一)

门捷列夫出身于一个勇敢的拓荒者家庭。在他出生前100多年，俄国伟大的君主彼得大帝(1672—1725)就决心使俄国强盛起来。在靠近西方边界的一块沼泽地上，他建立了一个现代化大城市，那就是今日的圣彼得堡，它成了通往西方的窗口。除了向西欧学习以外，彼得大帝还努力将俄罗斯文化向它的东部传播。到了1787年，门捷列夫的祖父在西伯利亚的图波尔斯克创办了第一家报纸。

1834年2月7日，门捷列夫诞生了，他是家中14个小孩中最小的那个。他的父亲毕业于圣彼得堡大学附属师范学院，因具有自由思想和同情十二月革命党人。因此又把他贬回西伯利亚，在图波尔斯克一所中学当校长。不幸的是门捷列夫出生后不久，父亲就因眼疾而双目失明，不得不辞去校长的职务。一个原本十分幸福的家庭遭到了第一次严重的打击。

由于父亲微薄的退休金无论如何也养不活这个大家庭，于是母亲玛丽娅·柯尼洛夫只好把家迁到她的娘家所住的城镇，经营起一座她的祖辈遗留下来的破落的玻璃厂。这是西伯利亚第一家玻璃厂。靠着母亲的坚韧和勤劳，玻璃厂经营得还十分顺利。

当时，西伯利亚的一些城镇，多是政治犯的流放地。门捷列夫的姐姐与一个十二月革命党人相好，门捷列夫正是从这位未来的姐夫那儿，学到了最初的基础科学知识,培养出对自然科学的兴趣。

1849年,门捷列夫刚从高中毕业,更大的不幸向他们家庭袭来:一是他父亲因传染病去世,二是他母亲的玻璃厂被一场大火烧毁了。生活的艰难考验着他们一家,尤其是年岁已老的母亲!

由于门捷列夫从小聪明过人,所以母亲决心要让他受到完整、良好的教育。她常常对孩子们说:

“只为了担心自己的身体而白活一辈子,那真是毫无意义;一天里哪怕有一点点自由支配的时间用在学习上,那就是十分幸福的。”

现在玻璃厂也毁了,丈夫也去世了,门捷列夫的母亲决心抛弃不值几文钱的家庭,领着门捷列夫和一个比他稍大的姐姐,毅然到遥远的莫斯科,期望最小的儿子能在那里上大学。

经过冰天雪地的极艰难的长途跋涉,他们终于来到莫斯科。但由于成绩不够理想,门捷列夫没有考上大学。望着极度失望的母亲,门捷列夫追悔莫及,这是对他在中学不努力学习严厉的惩罚。他此后从没有忘记母亲失望的眼神,每当他稍有懈怠,这眼神就向他逼来,使他奋起。

坚强的母亲没有放弃希望,她又带领孩子再次长途跋涉来到圣彼得堡。她决心已定:圣彼得堡不行,就去柏林,再不行,去巴黎。不管天涯海角,一定要让小儿子上大学!

总算幸运的是,在圣彼得堡大学附属师范学院遇见了门捷列夫父亲的好友,他现在是院长。在他的帮助之下,门捷列夫以官费生的待遇进了该院理学部。坚强、温柔的母亲宽慰地笑了:她完成了她的夙愿。但她的精力也枯竭了,1850年9月,门捷列夫成了大学生,他的敬爱的母亲却撒手西归!

> 哀哀父母,生我劬劳!……哀哀父母,生我劳瘁。……拊我育我,长我育我,顾我复我,出入腹我。欲报之德,昊天罔极!

门捷列夫的心碎了!他几乎失去活下去的勇气。但一想到母亲在莫斯科那失望的眼神,他奋起拼搏,决心以最优秀的成绩回报母恩!后来他在一篇纪念母亲的短文中写道：

> 我的这项研究是为了怀念母亲和献给母亲而作的。我的母亲作为一位妇女来经营工厂，用她的汗水抚育幼子，以身示范熏陶我，以真诚之爱鼓励我。为了能让儿子献身于科学事业，从遥远的西伯利亚长途跋涉来到这里，耗尽了她的全部物力和精力。临终之前还告诫我："不要依靠幻想，不能依靠空谈，应该依靠实际行动，应该追求自然之神的智慧、真理的智慧，并要经久不倦地追求它。"……母亲的这些遗训将永志不忘，铭刻在心。
>
> ——Д.И.门捷列夫，1887 年 10 月。

1855 年，门捷列夫以全班第 5 名的成绩大学毕业。由于在大学学习期间用心过度，加之丧母之哀不时袭上心头，所以在毕业时身体十分糟糕，不时咳血。医生建议他毕业后到气候温暖的地方工作。这样，门捷列夫就选择到俄国南方的克里米亚一所中学任教。

## （二）

1856 年，门捷列夫又回到彼得堡，成为彼得堡大学的编外讲师；不久又被聘为副教授。这样，在 1857 年初，他就正式登上了彼得堡大学的讲台。1859 年到 1862 年门捷列夫获准留学法国和德国。在留学期间他有幸参加了 1860 年在德国西南部城市卡尔斯鲁厄（Karlsruhe）召开的第一次国际化学会议。

这次会议是由德国著名化学家凯库勒（Friedrich A. Kekule，1829—1896）建议召开的，当时化学界正处于一片混乱之中，由于分子论没有建立，化合物的原子构造式五花八门，严重阻碍了国际化学界的交流和推进。HO 既可以代表水，又可以代表过氧化氢；$CH_2$ 可以代表甲烷，又可以代表乙烯；连一个简单的有机物醋酸 $CH_3COOH$ 竟有 19 种不同的化学式！凯库勒和化学界普遍希望能在这次国际化学会议上解决这种混乱局面。

会议上争论是十分激烈，几乎无法统一，各国化学家各执一说，相互不肯让步。幸亏到快散会时，一位不出名的意大利化学家康尼查罗（Stanislao Cannizzaro，1826—1910）向参加会议的各国的化学家指出：

“只要我们把分子和原子区别开来，那么，阿伏伽德罗的分子论就和已知事实毫无矛盾。”

由于康尼查罗的热情和有力的宣传，新时代的化学终于有了坚实的基础，澄清了错误，统一了分歧意见。这次大会除了取得了这些重大成就以外，它还促使一位名不见经传的新手为化学的发展，作出了卓越贡献。这位新手就是当时正在德国留学的门捷列夫。门捷列夫后来曾经说过：

> 周期律的思想出现的决定时刻在1860年，那年我参加了卡尔斯鲁厄会议。在会上我聆听了意大利化学家康尼查罗的演讲，他强调的原子量给我很大的启示。当时，一种元素的性质随原子量递增而呈现周期性变化的基本思想，冲击了我。

我们似乎可以说，正是出席了这次会议，门捷列夫才有了明确的研究方向和奋斗目标，才正式走进了巍峨的科学殿堂。

意大利化学家康尼查罗

1862年，门捷列夫回到了彼得堡大学，在教学之余，他从事科学著述。在60天时间里，他编写出500页的有机化学教科书，为此他获得托米多夫奖金。1863年，他当选为技术学院的教授，完成题为《论酒精与水的化合作用》的博士论文。彼得堡大学这时发现，门捷列夫不仅是一位多才多艺的天才教师，而且还是一位化学哲学家和技术精湛的实验专家，于是彼得堡大学在1866年聘他为该大学化学系教授，1867年又提升为化学教研室主任。

接着，划时代的1869年来到了。门捷列夫在此之前，尽力从各种可能的渠道收集有关元素的资料，并利用这些资料，用表格形式反复排列这些元素，希望揭开其中隐藏的规律。有时，他不得不花很多时间来查找遗漏的资料，以完善他的表格。

门捷列夫把已搜集到的63种元素的全部资料，包括已经知道但还没有分离出来的氟，进行了仔细分析后，把它们按元素的原子量从1（氢）到238（铀）排列起来。它们的性质各不相同，有些是气体、液体，有些是固体；有的是金属，有的是非金属；金属中有的很硬，有的又很软；有的金属很重，例如锇比水重22.5倍，有的又很轻，如锂可以浮在水面；金属在一般情形下大都是固体，但汞却是液体……这真是一个五光十色、变化万千的迷宫啊！多少优秀化学家进入了这座迷宫后，都被弄得晕头转向，只好望洋兴叹。

现在门捷列夫也走到了这座迷宫前面，他也思考着几乎是同样的问题：在这几十种元素中，能够找到某种秩序、某种规律吗？门捷列夫是一位科学家，也是一位哲学家，他不相信这些元素真会杂乱无章，毫无秩序，他坚信其中必然存在某种内在的规律。

也许，按原子量的大小把元素排列起来，会有什么规律呈现出来？

门捷列夫知道，英国化学家纽兰兹（John Alexander Reina Newlands，1837—1898）在3年前，曾在英国皇家学院的会议上宣读过关于元素按原子量大小排列的论文。纽兰兹把元素排列与钢琴上的八音键相比较，结果他发现：按排列顺序往下数，每第八个元素的性质与第一个元素的性质十分近似，这使他大吃一惊。因此，他把他制作的元素排列表称为"八音律"。

英国化学家们听了纽兰兹的论文后，许多人都嘲笑他。著名化学家福斯特（Sir Michael Foster，1836—1907）教授毫不留情面地质问纽兰兹：

"您为什么不按元素的第一个字母的排列顺序去研究元素呢？真是异想天开，竟然想到化学元素与钢琴的键相比较！"

人们也都觉得纽兰兹的"八音律"纯属无稽之谈。经过这次打击，纽兰兹放弃了化学研究，从事制糖工业。他的八音律也逐渐被人们遗忘。

机敏的门捷列夫没有陷进同样的泥坑。他用63张卡片写下所有已知元素的名称和最重要的性质，把它们钉在实验室的墙上。然后，他小心地反复核对这些卡片，找出性质类似的元素，再把它们归到一排钉到墙上……久而久之，一种引人注目的规律逐渐清晰地呈现在门捷列夫眼前。

门捷列夫把63种元素排成7组，用锂（原子量为7）开头，接着是铍（9）、硼（11）、碳（12）、氮（14）、氧（16）和氟（19）；下一组开头是钠（23），这个元素的物理和化学性质都非常接近于锂，所以他把钠排在锂下面。接着他又依序排下了5个元素，在这一组最后排下的是氯，在氟的下面，而氯的性质又正好与氟很相似。按照类似的方法，他把其他元素一一排列下去时，他注意到有一种奇妙的秩序出现了：每个元素在这张表上似乎都有它们自己"恰当"的位置。例如：非常活泼金属锂、钠、钾、铷、铯都归到了一个组里；而极其活泼的非金属氟、氯、溴、碘又都出现在第七组里。看来，元素的性质"是它们原子量的周期性函数"，即：按原子量大小顺序排列所知道的元素，元素的化学性质呈周期性变化，每7个元素重复一次。

啊，这是一个多么美妙而又简单的规律啊！

## （三）

1869年3月6日，在圣彼得堡大学召开的俄国化学会议上，门捷列夫宣读了题为《元素属性和原子量之间的关系》的论文，阐述了他划时代的元素周期律。

俄国和全世界科学界因此而沸腾了起来。

一个好的（或能够被人承认的）理论，除了它能概括、统一许多在此之前看来杂乱无章的现象之外，它还应该预言许多新的现象。一旦这些预言得以证实，这个新的理论就会被人们承认是一个成功的理论。纽兰兹的八音律之所以迅速被人抛弃，并不是因为它完全不合理，而是它没有作出任何预言。而门捷列夫却根据他的周期律作出了令人叹绝的预言。

当门捷列夫按元素原子量大小顺序排列63种元素时，他发现一个令他忧心忡忡的问题。按原子量，元素碘（当时测出的原子量为127）应该放在元素碲（128）之前，但按照元素性质的周期变化，碘却应该放到碲的后面。为什么颠倒了呢？难道元素周期律纯属子虚乌有？难道他的发现又是竹篮打水一场空？

门捷列夫思考再三，确信他发现的周期律不会错。于是，他大胆预言碲的原子量被它的发现者弄错了，碲的原子量绝不可能是128，应该是在123~126之间。这一预言一经公布，立即遭到许多著名化学家的嘲笑和反对，但门捷列夫没有胆怯，更没有退缩，他还是果断地把碲放到碘之前，虽然他暂时只能用错误的碲原子量。数年以后，他的预言被证实了，碲的原子量的确小于碘的。这真可以说是化学元素发现史上最富有戏剧性的事件。

还有一个相同的例子。金的公认的原子量当时是196.2，铂的是196.7，但按元素性质的周期律，铂应在金在前面。那些不相信元素周期律的人，又开始嘲笑起门捷列夫的发现了。但门捷列夫再次断定，问题决不出在他的周期律上，而是金或铂的原子量测得不精确。他劝嘲笑者们不要急于做傻事，事实将会证明他是正确的。结果，还是门捷列夫对了！人们开始认为，这个俄国人的周期律，几乎是不可思议地精确。

另外还有一类预言，不仅令人叹服门捷列夫周期律的正确，而且让人惊讶人的理论思维威力之伟大！当时化学家们（包括门捷列夫本人）只知道63种元素，并不知道元素多达92种。因此在排列元素时，他肯定会碰到“空位”，即在元素周期表上有些未知元素的位置暂时空缺。现在我们当然可以轻松地说：

“啊，他碰上了空位呀！”

可是当时这些“空位”几乎可置门捷列夫周期律于死地！如果不假定周期表上有些暂时空缺的位置，死板地把63种元素一个接一个地排下去，那就根本显示不出什么“周期”的规律了，伟大的“和谐”也根本不存在，一切又将显得毫无秩序。门捷列夫“火眼金睛”，预见到了这一巨大的危险，预言周期表上一定有空位。例如，在第3组的钙和钛之间，门捷列夫预言有一个空位。他说：

“这里应该有一缺位元素，在以后发现它时，它的原子量比钛小，排在钛之前。”

因为空位出现在硼的下面，所以这个暂时没有发现的元素，其性质一定类似于硼；门捷列夫据此把预言中的元素取名为“类硼”。与此类似，门捷列夫还预言了“类铝”和“类硅”。他一共预言了3个尚未发现的元素，留给他同时代的化学家去寻找、去证实。

门捷列夫在宣读他的周期律时，没有忘记前人的功劳，他特别强调：

> 我综合了1860年到1870年许多同时代化学家所得到的知识，这个规律正是这种综合的直接结果。

说得很对。事实上，法国的赞科托伊斯，德国的斯特瑞切尔，英国的纽兰兹，还有美国的库克，都曾注意到元素有某种规律的类似性。更令人注意的是，德国化学家迈耶(Julius Lothar Meyer，1830—1895)，他几乎与门捷列夫同时得到周期律。这说明发现这个伟大的定律的时机已经成熟了：发现了足够多的元素；原子量的精确的测定；原子性质的深入研究……正是有了这些研究成果，才有可能使得元素性质周期规律显示出来。门捷列夫早出生一代，尽管他异常聪慧，也是不可能发现周期律的；如果他迟出生十年，那么发现这个规律的荣誉恐怕就归迈耶得去。

1875年，元素周期律发现后的第6年，法国化学家布瓦博德朗（Paul Lecoq de Boishaudran，1838—1912）在分析比利牛斯山的闪锌矿时，发现了“类铝”（学名为镓）。更有意思的是，当门捷列夫看了布瓦博德朗的文章以后，立即写信告诉布瓦博德朗，指出他的测定一定有误。根据门捷列夫的推算，镓的比重应该在5.9～6.0之间，而不会是布瓦博德朗测定的4.7。布瓦博德朗大为惊奇，因为他知道他本人是唯一据有镓的人，但门捷列夫却似乎比他更清楚镓的性质。开始布瓦博德朗不相信门捷列夫的指正，但重新提纯了镓之后，测得它的比重果然如门捷列夫所预料的那样，是5.94。他感慨万分地说：

“我认为没必要再来说明门捷列夫这一理论的巨大意义了。”

但是，仍然有许多人不相信门捷列夫的预言，他们争辩说：

“这纯粹是学识浅薄的人的一种异想天开式的幻想，只有笨蛋才相信人们竟然能够如此精确地预言一种新元素！”

怀疑者还不厌其烦地引用“近代化学之父”拉瓦锡说过的话，来证明自己的怀疑和反对是有道理的，因为拉瓦锡曾说过：

“对元素的性质和数目的认识，我们只能被限制在形而上学的范围内，而它能给我们提供的只是一些不确定的问题。”

但是，到1886年又爆出了新消息：德国的温克勒(Clemens Winkler，1838—1904)发现了一种新元素，它与门捷列夫预言的“类硅”相吻合。寻找一种新元素一直是化学家最热衷的研究课题。但是如何寻找新元素呢？以前由于没有正确的科学理论指导，因而在寻找时带有极大的盲目性，许许多多科学家耗费终生精力而一无所获。温克勒这次却十分幸运，因为他知道并相信门捷列夫的周期律。门捷列夫预言，有一个空位元素“类硅”，它的原子量大约是72，密度为5.5，它可以与酸作用……温克勒正是沿着这条线索开始寻找“类硅”。他从银矿中分离出一种原子量为72.2，密度为5.5的银白色物质，它在空气中加热后形成的氧化物与预计的一样；它的沸点也正好与门捷列夫预言的一致。毫无疑问，门捷列夫的第二个预言又实现了。

两年以后，瑞典化学家尼尔逊(Lars Nilson，1840—1899)分离出了门捷列夫预言的“类硼”。

美国科学家博尔顿赞叹说：

> 元素周期律使化学有了预见功能，而以前人们一直认为只有天文学才有这种特殊的荣誉！

博尔顿道出了人们心中对门捷列夫周期律的赞美之情。

## （四）

爱因斯坦曾经说过："科学史只写某某人取得成功，……这不公平。"在我们中国，似乎特别喜欢为某些人（如上级、名人……）设立一些忌讳，对这些人只歌功颂德，而不愿触及他的错误、失败……这的确"不公平"。而且也无益于读者。

正当门捷列夫经受了种种嘲弄、反对的考验后，赞美的言辞以及他科学思想的局限性，又使他犯下了种种错误，甚至在某种程度上还成为科学进步的障碍。这段历史想必对读者也会大有教益。

门捷列夫根据归纳法和大胆的想象，总结出优美和谐的元素周期律，这的确赋予了化学以崭新的面貌，成为化学史上继道尔顿原子论之后的又一个光辉的里程碑。但门捷列夫并不清楚，为什么元素的性质会随原子量的递增而呈现周期性变化；归纳法不可能告诉他更深层的本质原因。在这种情形下，门捷列夫过分看重和强调原子量变化对元素性质的影响，而且错误地把原子量的变化视为元素周期律的不可动摇的、唯一的基础。前面提到的几次辉煌胜利，更使门捷列夫的思想凝固在这个地方了。于是，错误发生了……

我们在现代的元素周期表上可以看出，氩的原子量为39.94，而在它后面的钾的原子量是39.098；钴为58.9332，而它后面的镍是58.70；碲是127.6，它后面的碘是126.9045。为什么这三对元素在周期表中的排列不按原子量递增的顺序？这个问题难不住现在的高中学生，因为我们知道元素的性质是由核外电子的数量来决定的。但当时门捷列夫和他同时代的化学家们还不知道原子还有结构，他们的信仰是原子是不可分的。所以在遇到上述违犯周期律的3对元素以后，他立即以不可置疑的信心说：

"氩和钾，钴和镍，碲和碘这三对元素的原子量测定有错误。"

事实上，门捷列夫直到去世以前，一直认为这3对元素的原子量测量有误。在后来稀土元素再次出现类似情形时，他仍然不惜改变一些元素的原子量以满足他的元素周期律。

元素周期律是伟大的，这是人所公认的事实，但如果因此就认为元素周期表是尽善尽美，老虎的屁股摸不得，那恐怕就过分了。事实上门捷列夫就因此犯下了另一个错误。那是1894年，英国科学家拉姆赛（Sir William Ramsay，1852—1916，1904年获得诺贝尔化学奖）和瑞利（Lord Rayleigh，1842—1919，1904年获得诺贝尔物理学奖）发现了惰性气体氩。氩的发现似乎对门捷列夫的元素周期表构成了威胁，因为周期表上没有给这种元素留下空位，如果硬塞进去，又会引起巨大的混乱。所以氩的发现引起了化学界巨大的反响，人们似乎觉得已经建立起的化学宫殿将可能倒塌、毁灭。但拉姆塞却看出，这正是扩建宫殿的大好时机。1894年5月24日，拉姆塞给瑞利的信中写道：

英国化学家拉姆赛

英国物理学家瑞利。以上两人发现惰性元素。

“您可曾想到，在周期表第一行最末的地方，还有空位留给气体元素这一事实吗？”

这年8月，英国科学协会在牛津开会，拉姆塞和瑞利向科学界宣布了第一种惰性气体的发现；会议主席马丹（H. G. Madan）建议，把这第一个惰性气体取名为Argon（氩），意即“懒惰”。

世界科学界知道了瑞利和拉姆赛的重大发现之后，都十分惊骇。门捷列夫这时也似乎不够冷静，他唯恐新发现会破坏了他的周期律，因而在1895年俄国化学会议上宣称：氩的原子量是40，这显然不适合周期律，因为后面的钾是39，氩只能排在钾后；但这样排列又造成周期表更大的混乱。据此，门捷列夫说氩不是一种新元素，而“密集的氮”$N_3$。但后来光谱实验证实氩的的确确是一种新的元素。拉姆赛和瑞利并将氩列入“零族”。以后，零族元素氦、氖、氪、氙和氡果然先后被发现了，周期律不但没有被破坏，反而更加完善和美妙。可惜门捷列夫由于严重的作茧自缚的心理，阻塞了自己的思路，丧失了继续探索的勇气，在惰性气体的发现历程中，不但没有起促进作用，反而阻碍了它的前进。

除了上述心理上的误区以外，门捷列夫科学思想上的局限性也曾阻碍他接受新发现。他的周期律是对道尔顿原子论的一个绝佳的证实，这是明显的事实。门捷列夫本人也的确是一位原子论的捍卫者，但他也同时接受了“原子是不可分”的这样一个颇有局限性的科学思想，并把它奉为圭臬和不能改变的金科玉律。因此，当J.J.汤姆逊声称他发现了比原子更小的粒子——电子的时候，门捷列夫立即表示反对。他说：

> 承认原子可以分解成电子……只会使事情复杂化，丝毫也不能把事情变得更清楚。……元素不能转化的观念特别重要，它是整个世界观的基础。

门捷列夫不仅自己不相信原子还有结构，而且还极力鼓励他的学生们反对电子理论。我们也许会记得，当年汤姆逊在公布电子的发现时，他曾经开心地说：

“有不少人认为我声称发现了电子，纯粹是在糊弄人。”

看来，门捷列夫正是这“不少人”中的一个，而且恐怕是其中很重要的“一个”！

# 戴维为什么与法拉第反目

切莫忌恨别人的伟大。不然你会因为妒忌而使自己劣上加劣，与别人的差距越拉越大。

乔·赫伯特

情操要高尚！成为我们真正荣誉的，是我们自己的心，而不是他人的议论。

席勒

有一位化学家曾经说过：

“戴维是英国值得骄傲的化学家，是科学家中最受人尊敬的一位科学家。戴维之所以能够取得这样崇高的威望和荣誉不是偶然的。他作为化学家贡献卓著，在普及化学思想方面尤令人感激。”

英国化学家戴维

除了这些贡献令人赞叹以外，戴维更令人尊敬的是他全心全意为社会和人类造福的精神。安全灯的发明有一段佳话，在科学史中久传不衰。那是1815年的事。

当时英国的纽卡斯尔和卡尔迪弗煤矿接连发生了几起可怕的矿井爆炸，造成数千矿工惨死于矿井中的悲剧。英国举国服丧志哀。戴维闻讯后，立即同意为矿井试制安全灯。经过一番紧张的努力，戴维制出至今仍在矿井中使用的“安全灯”（又称“戴维灯”）。这项发明大大减少了煤矿作业的危险。显然，戴维如果就这项发明申请专利，他将获得巨额的收入，事实上他的不少朋友都劝他赶快申请专利。戴维不为所动，并说了一段让人们永远不会忘却的话：

> 申请专利的确能为我带来巨大的收益，那样一来，我一定能够成为一个乘坐四匹马车在大街上兜风的人物。但是人们会讽刺我说，戴维坐上四匹马的马车抖威风了！这像什么话？我怎么能要专利？那项发明实在并不困难，就作为我赠送给我的同胞们的一件礼物吧！

谁听了这段话，都肯定会感到由衷的敬佩。

但是，同一个戴维却在名声显赫以后，做了几桩很掉价的事，又不免让人唏嘘不止。

## （一）

戴维的青年时期，可以说是所有有志青年的楷模，我们可以从他的奋斗史中学习到许多许多。他1778年12月17日生于英国昆沃尔的彭赞斯。在他出生前仅11天，法国的上维埃纳省的圣莱昂纳德，也诞生了一位日后成为伟大化学家的盖-吕萨克；而在他出生后8个月，瑞典又诞生了一位贝采里乌斯，他后来成了瑞典最伟大的化学家，现在化学里使用的元素拉丁名称，就是他创立的。在前后差不多只有8个月的时间里，世界上接连诞生三位一流的化学家，真可说是人类的幸运。

戴维的父亲是一位从事木器雕刻的手艺工人，靠这种手艺为生是十分艰难的。后来，他父亲继承了一处农庄，于是他们家搬到了农村。在农村生活似乎要容易一点。俗话说："一根青草一滴露水。"生下的孩子总会想办法糊住口的。如果只图有一口吃的，日子好歹总能打发过去。但是，出现了意料不到的问题：戴维十分聪明，不让他读书太可惜。有一次戴维的老师施密特专程找戴维的父亲，说：

"您的儿子很有才干，瞧，他才11岁，就能像演员一样朗诵任何作家的作品。不可思议！”

父亲本不想让大儿子读书，只想让他再长大一点帮他在农田里干活。他也本不应该接老师的话说什么，免得脱不了手；但老师夸儿子聪明这让他大为高兴，于是洋洋得意地说：

“是吗？我告诉您听，他在5岁时就能流利地朗读啦！这小崽子真让人吃惊呢！”

“戴维先生，您能知道这一点太好啦。我想，您应该把您的大儿子送到彭赞斯[①]去读书，因为我们这儿已经满足不了他的求知欲了。”

父亲已经夸了儿子，不好拒绝老师的建议，于是戴维真的到彭赞斯去读书了。当然，这和妈妈的坚持有很大关系。但不幸降临到了他的家：父亲在他16岁时突然去世了，而且留下了130镑的债务。他妈妈要养活更小的4个孩子，这实在是太困难了，因此实在无法供戴维继续读书。妈妈当机立断，卖掉农庄，把家搬到彭赞斯来，她与人合开了一个女帽制作小作坊。这样虽然可以勉强养活5口人，但戴维得找工作帮助妈妈。经人介绍，他到一位叫博莱斯的老板开的药房工作。这个工作很让戴维高兴，因为在药房可以学到许多科学知识。

幸运的是，一位叫格里高里·瓦特的大学生这时因躲避战乱，来到彭赞斯。格里高里是发明蒸汽机的著名工程师瓦特的儿子。他认识了年轻的戴维后，常常帮助戴维学习，使戴维对科学的学习有了极大的兴趣。于是，戴维成了图书馆的常客，他读了拉瓦锡的著作，又学习着做了许多化学实验。接着，博莱斯药房附近的居民都知道药房里有一个奇怪的年轻人，他常常让他们听到爆炸声和闻到一些奇异的气味。夜晚别人都进入梦乡时，戴维还在努力阅读、写作。他不同意拉瓦锡的燃素论，写了一篇批评的

---

① 彭赞斯(Penzance)属于英格兰西南部的康沃尔郡，距离伦敦约490千米，离普利茅斯约125千米。彭赞斯本义是“神圣的海角”，是英国铁路向西延伸的终点，是英国大陆和大西洋之间最后一座较具规模的城镇。

文章，他把它寄给在布里斯托尔的英国物理学家贝多斯（T. Beddoes，1760—1808）。贝多斯读了戴维的文章十分高兴，因为他正准备成立一个气体研究所，缺少一个化学家。他觉得戴维正合他的需要，于是亲自到彭赞斯找戴维，请戴维到布里斯托尔就任气体研究所主任。

20 岁的戴维十分珍视这次机会，欣然答应了贝多斯的盛情邀请。戴维果然没有辜负贝多斯的期望，上任不久就发现一氧化二氮（$N_2O$）不仅对人无害，而且可以用作麻醉剂。一氧化二氮又称为“笑气”，因为闻了这种气体之后，人会感到通体舒泰而禁不住欣然发笑。

发现笑气之后，戴维的名声开始传到伦敦。1801 年，在伦福德伯爵（Count Rumford，1753—1814）的推荐下，到伦敦皇家研究所担任助理讲师，任务是向大众传播科普知识，同时还要做一些科学研究。开始伦福德伯爵对戴维的能力持怀疑态度，但他很快知道戴维是一位不可多得的人才。戴维不仅有研究的才能，而且非常善于作科学演讲。他讲了几次之后，名声大振，成了伦敦风靡一时的人物。每次只要是他演讲，演讲厅就爆满，连一些化学 ABC 都不懂的美丽女郎，也赶来一睹戴维的风采。英国著名诗人柯勒律治（Samuel Taylor Coleridge，1772—1834）也称赞说：

> 戴维的语言永远鲜明而新颖，我去听这位科学家讲课，目的不仅在于扩大自己的科学知识，而且要丰富作为一个诗人所必需的词汇。

1802 年，戴维晋升为研究所教授。1803 年，不到 25 岁的戴维被选为皇家学会会员。一颗科学明星正冉冉上升在英伦之岛的上空……5 年之后，他果断地开展电化学研究，利用伽伐尼电池，他成功地用电解法分离出金属钾、钠、钙、锶、钡、镁。戴维成为世界一流的化学家了。他的知名度可以由下面两件事就可以想见了。

一是他有一次病了，那大约是 1807 年底的事。这事轰动伦敦，前往他住处探视的人多得无法走动，后来不得不在皇家学院大门口公布“戴维教授病情公报”，就像国家君王病重时一样。

另一件事是由于他在电学上的贡献，使当时正在与英国作战的法国皇帝拿破仑都十分钦佩，竟下令授予“敌国”科学家戴维以奖章和奖金。

正在戴维功成名就之时，法拉第（Michael Faraday，1791—1867）走进了他的生活。法拉第的出身比他更加苦寒，而且几乎没有接受什么正规教育，但法拉第却以令戴维十分感动的顽强精神和对科学至高无上的热爱，向科学圣殿挺进。戴维一定是从法拉第身上看到了自己过去的身影，他慷慨地接纳了法拉第，让法拉第成为他的实验助手，而且帮助法拉第攀登科学高峰。

法拉第完全靠着自己的勤奋和意志，当然也幸亏戴维的帮助、鼓励，逐渐取得了一个又一个成就。按道理说，戴维有“青出于蓝而胜于蓝”的好学生，他该感到骄傲，感到高兴，但是，一场不该发生的悲剧发生了……

## （二）

1820年丹麦物理学家奥斯特（Hans Christian Oersted，1777—1851）发现了电流的磁效应以后，很多物理学家立即以高度的兴趣涌入了这个新领域。其中法国物理学家安培（André-Marie Ampère，1775—1836）迅即扩大和加深了这方面的研究，在短短几个月内，使法国落后了的电学研究，又一度领先。当法国迅速在电学研究中行动时，而英国的几位非常著名的电学专家，如戴维，却迟迟没有反应。直到奥斯特的发现近大半年之后，英国才开始对电磁现象展开了实质性的研究。

1821年4月，英国著名物理学家、化学家沃拉斯顿（William Hyde Wollaston，1766—1828）深入考虑了奥斯特的电流效应之后，产生了一个非常可贵而又大胆的想法。他认为，既然在通电导线四周，可以使磁针转动，那么反过来，一个通电导线，如果让它可以在上下金属槽中间绕自身轴线转动，那么，当一块大磁铁接近这根通电导线时，导线应该会绕自身轴线转动。通电导线可以让磁针动，反过来，磁铁当然也应该让通电导线运动，这是多么合情合理的推断！

沃拉斯顿越想越高兴，他立即去戴维的实验室把这一想法告诉了戴维，请他帮助完成这个实验。在戴维的帮助下，他们试验了好几次，但导线就是不转！他们只好暂时作罢，把仪器收拾好，然后坐下来开始讨论不转的原因。

正在他们讨论的时候，法拉第进来了。他仔细倾听了这两人位科学大师的讨论。法拉第本来就对电学非常喜爱，但自从到皇家科学院当了戴维的助手之后，他整天忙于化学试验，对电学研究反倒没时间顾及。现在一听到大师们的讨论，他那深藏于内心的兴趣，突然以异常的力量爆发了，那不可遏止的兴趣和追求，使他决心要把沃拉斯顿失败的原因搞清楚。

英国物理学家、化学家法拉第

法拉第也是从沃拉斯顿提出的作用和反作用关系出发进行考虑的，但他却能另辟蹊径。他想，既然许多磁针在通电导线四周形成一个圆圈，就说明磁针力图绕导线“转”；那么，由作用和反作用，那导线也应该想法子绕磁铁转。这就与沃拉斯顿的设计完全不同，沃拉斯顿的设计是通电导线绕自己的轴转，而法拉第则是通电导线绕磁铁的极转。这是一个重要的、具有突破性的想法。

在这种思想指导下，法拉第设计了一种实验装置：在盆里放进水银，一根磁铁立在当中，它的一个磁极露在水银的外面；另将一软木塞上插一根导线浮在水银上，导线的另一端经过电池、开关后插入水银中，如图所示。法拉第将实验装置安好以后，于 1821 年 9 月 3 日开始了实验。当他将开关 K 合上时，导线通了电，这时软木塞晃了一下，然后像一只小帆船，绕着磁铁慢慢转动起来了！法拉第犹如当年阿基米德在澡盆里发现称量金质皇冠的方法时高呼“知道了！知道了！”一样，也高呼起来：“它转了！它转了！”

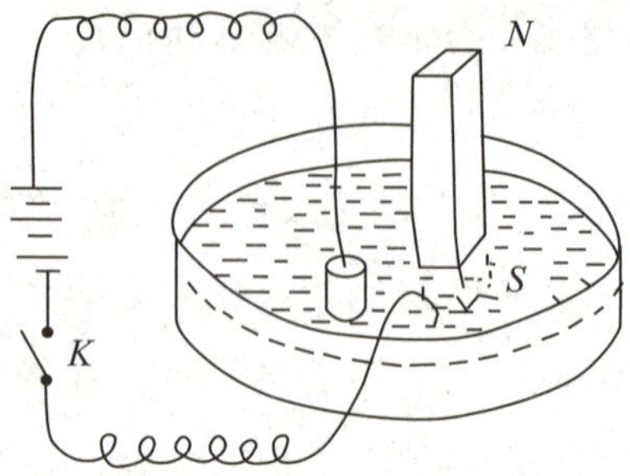

法拉第的通电导线绕磁铁转动示意图。

人类的第一个电动机就这样诞生了！法拉第高兴的心情，想必每个人都可以体会到。当天，他在实验日记里写道：

“……结果十分令人满意，但是还需要做出更灵敏的仪器。”

法拉第急忙将自己的发现写成报告，寄给了《科学季刊》，然后与妻子一同去度假，度假期间，法拉第与妻子一起庆贺了30岁生日。

度完假已是10月，他们回到伦敦。法拉第想，尽管他已满30岁才作出这项发现，但他预感这是一项划时代的发现；他满以为当他回到伦敦时，人们会对他给予重视和称赞。但出乎意料的是，伦敦却用冷嘲、热讽、鄙视迎接了他。开始，法拉第是丈二和尚——摸不着头脑。过了几天，法拉第才弄清楚，原来是他的恩师戴维散布了谣言，说法拉第剽窃了沃拉斯顿的思想。

这一下，法拉第更是莫名其妙：戴维不是将他从一个装书匠提拔为在皇家科学院工作的化学家吗？他不是一直对戴维报以极大的尊敬吗？戴维不是一向很重视、提拔他的吗？……这是怎么回事呢？

应该说，戴维是很清楚法拉第的设计无论在技巧或理论解释上，都与沃拉斯顿迥然不同的，那么，为什么他不为法拉第的成就而感到高兴呢？原来，这是一种嫉妒和虚荣心在作怪。当戴维听到欧洲各国赞誉法拉第的发现时，他妒火中烧，散布了种种不实之词，说沃拉斯顿已经是功亏一篑，而法拉第却连招呼都不打一声，就把别人的成果窃为己有，等等。

当然，法拉第也有失检点之处，他在论文中应该提到沃拉斯顿的工作，但由于并非故意的疏忽，他没有做到这一点，但这无论如何也谈不上剽窃啊！法拉第开始还以为是误会，并写信向沃拉斯顿解释。沃拉斯顿为人温和，通情达理，收到法拉第的信后，他劝法拉第不必为此伤脑筋，并建议一起谈谈。他们交谈之后，沃拉斯顿也认为法拉第的设计，根本谈不上什么剽窃，而且自此之后，他非常器重法拉第。这时，法拉第才逐渐明白，是恩师戴维在暗中算计他。后来，人们终于将真相弄明白了。

但是，正如一位文学家所说：嫉妒和虚荣心是一种可怕的、几乎无法治愈的慢性疾病，最后会致病人于死地。戴维见法拉第不但没有受到损害，反而声誉更加提高，于是他更是妒火中烧，恣行无忌。他不仅又将法拉第发现"液化氯气"的功劳据为己有，连沃拉斯顿等29位皇家学会会员联合提名选法拉第为皇家学会会员候选人，他也坚决反对！

这是多么令人不愉快的事情啊！曾具有高尚道德情操的伟大科学家戴维，他曾拒绝将其发明的矿用安全灯专利作为谋取财富的手段，现在竟然变得如此地丧失理性，简直不可思议！戴维直到病危时，才平息了自己的妒火。当人们问到他一生中最大的发现是什么时，他终于说出了令人肃然起敬的一句话：

"我最伟大的发现是发现了法拉第！"

而法拉第呢？当他十分衰老时，还经常指着墙上戴维的画像颤抖地说："这是一位伟大的人呀！"

## （三）

在科学史上，科学家们为了争夺发现（或发明）的优先权，常常爆发令人吃惊的争吵，其激烈的程度，以及互相攻击使用的尖刻乃至狠毒的语言，与这些科学家平时虚怀若谷、温文尔雅的形象，简直判若两人。这种事情，常常使科学史研究者们感到惊讶、无法理解，似乎也很难为这种反常的行为找到合适的解释。特别应该注意的是，为优先权引起的争论，不仅有时非常激烈，而且其时代之悠远，波及人数之广都让人惊讶莫名。上面我们谈到的戴维和法拉第之间这场争论，就是物理学史中一场非常激烈的优先权之争。它之所以特别令人瞩目，主要原因是争论的双方都不缺乏高尚的情操。

优先权,这真是一个怪物,竟然使伟大的、谦逊的科学家失去平衡和理性。难怪德国物理学家劳厄曾经说:

"优先权的问题在一切科学史中都构成了不幸的一章。"

对于法拉第来说,还碰到一次使他难堪的优先权之争,那是在1831年底。那时,法拉第刚刚完成他一生中最伟大的发现——电磁感应现象。当安培知道法拉第的发现后,还来不及了解详情,为了优先权就迫不及待地、不谨慎地发表了一篇论文,说他与瑞士物理学家德拉里夫(A.de la Rive,1801—1873)在1822年就发现了法拉第的电磁感应现象。但他弄巧成拙,他的论文的解释完全不同于法拉第的解释。幸好,这场相互指责没有持续很久,安培就平静下来,向法拉第道歉,承认自己的"发现"是失败的。

大约经受了两次优先权之争以后,法拉第谨慎了。1832年,法拉第将自己在实验中得到的一个崭新的但尚不成熟的看法,用一封密封的信交给皇家学会档案馆,信封面上写着:

"现在应当收藏在皇家学会的档案馆里的一些新的观点。"

这封信直到1938年才被人们启封,信里写道:

> 我得到了结论:磁作用的传播需要时间,即当一个磁铁作用于另一个远处的磁铁或者一块铁时,产生作用的原因(我以为可以称之为磁)是逐渐地从磁体传播开去的;这种传播需要一定时间,而这时间显然是非常短的。
>
> 我还认为,电感应也是这样传播的……我打算把振动理论应用于磁现象,就像声音是一种振动一样,而且这也是光现象最可能的解释。

可见,法拉第早就预言了磁和电感应的传播,暗示了电磁振荡以及光也是一种电磁波的可能性。

法拉第写这封信,说明他对优先权之争是心有余悸的。关于这一点,请注意法拉第在信尾中的几句话:

> 我在把这封信递交给皇家学会收藏时，要以一个确定的日期来为自己保留这个发现。这样，当从实验上得到证实时，我就有权宣布这个发现的日期。就我所知，现在除我而外，科学家中还没有人持类似的观点。

很显然，法拉第写这封一百年之后才能启封的信，是为了优先权而采取的一种行动。

有些社会学家过分强调优先权之争，与科学家个人品德有关，这种观点是颇为可疑的。我们再举两个例子。

我们知道，当达尔文（Charles Robert Darwin，1809—1882）发现了进化论但尚未公之于世的时候，赖尔（Sir Charles Lyell，1797—1875）曾劝告达尔文，应尽早将自己的发现公布于世。1856 年，达尔文回信给赖尔说：

> 我非常厌恶为了优先权而写作的思想，虽然如果任何人要在我之前发表了我的理论的话，我一定感到非常烦恼。

达尔文对优先权具有一种矛盾的心理，既想获得优先权，又觉得那样的行为不够高尚。

到 1858 年 6 月，不幸的事情发生了。他的同胞华莱士（Alfred Russel Wallace，1823—1913）写信告知达尔文，他（独立地）发现了进化论。这一打击，简直使达尔文发愣了，他几乎不知道该如何处理这件意外的事件。他痛苦地给赖尔写了一封信：

> 你的话报应地变成了事实——我应该被别人抢在前面……所以，所有我的独创性，无论它会达到什么水平，都将被粉碎。

达尔文处于极度矛盾的痛苦心情之中。正如美国社会学家默顿（Robert K. Merton，1910—2003）所说：

“谦逊和不谋私利促使达尔文放弃他对优先权的要求，而希望独创性得到承认，则促使他相信还不一定会失去一切。”

他想放弃优先权，但他又痛苦地说：“我不能说服我自己我这样做是高尚的。”

当他把这些话告诉给赖尔以后，他又懊悔自己太“浅薄”等等。最后他实在无法忍受这种痛苦的思想斗争，又向赖尔倾诉道：

“我似乎难于忍受失去我经过多年才确立起来的优先权，但我完全不能确信这样做就改变了这件事的公正性。”

幸好达尔文和华莱士的优先权问题，被赖尔和其他科学家妥善解决了。科学界宣布，他们两人同时各自独立得出了进化论的理论学说。总算是皆大欢喜。但这件事可以深刻反映出科学家们对优先权的矛盾心理。

我们还可以举出一个使很多人迷惑不解的例子，即关于水的组成成分发现的优先权问题，曾经引起两位科学家卡文迪许(Henry Cavendish, 1731—1810)和瓦特之间发生的激烈争执。事实上，卡文迪许是一位讨厌名利的人，“他毫无野心，平易近人，要花很大的气力才能说服他提出他的主要发现，而且他害怕名声在外。”那么，这场争执的原因在什么地方呢？一位传记作者曾说：

“这是一个令人困惑不解的难题，两个非同寻常地谦逊、没有野心的人，他们的正直受到普遍的尊敬，他们的发现和发明使他们名扬四海，但突然之间，他们互相处在敌对的位置上……”

由以上的例子，大约可以得到一个初步结论：优先权问题是科学史中一个值得重视和研究的问题，处理得好可以加速科学的发展，例如达尔文、华莱士之争，安培、法拉第之争；处理得不好，就会阻碍科学的发展，例如牛顿与莱布尼兹为微积分发现的优先权之争，就大大阻碍了微积分在英国的推广。这是一个社会学问题，不能简单地以个人品德来对待。个人品德会使优先权之争复杂化，但不是引起它的根本原因。在评论科学史上优先权之争时，只有从社会学角度来分析，才可能得出有益的结论。此外，在作这种分析时应当注意到，西方道德观念与我国传统的道德观念是颇有不同的。按照我国的传统观念，"温良恭俭让"被视为美德；而在西方，则崇尚尊重事实、当仁不让。相对而言，我们恐怕要欣赏后者为好。

## 奥斯特瓦尔德为什么反对原子论

奥斯特瓦尔德教授像堂吉诃德一样，骑着一匹瘦马，手持一把长矛，在向物理学家不再坚持的观点挑战。

玻耳兹曼

世界上的一切现象仅仅是由处于空间和时间中的能量变化构成的，因此这三个量可以看做是最普遍的基本概念，一切可能计量观察的事物都能归结为这些概念。

奥斯特瓦尔德

德国著名化学家奥斯特瓦尔德(Friedrich Wilhelm Ostwald，1853—1932)"因为催化作用、化学平衡条件和化学反应速率的研究成果"，获得1909年诺贝尔化学奖。

奥斯特瓦尔德一生对于化学的发展，作出了巨大贡献，尤其是在使物理学和化学这两门学科结合起来，形成一门交叉科学"物理化学"这方面，他可以说是奠基人之一。

在科学史上，物理学和化学在很长一段时期里成了两门互不搭界的学科，走着不同的道路。到了本生(Robert Wilhelm Bunsen，1811—1899)以后，物理学的实验方法才开始应用到化学研究上去，而把物理学的原理用来解释化现象，则是从荷兰物理化学家范霍夫(Jacobus Hendricus Van't Hoff，1852—1911，1901年获得诺贝尔化学奖)开始。但如果想要确定物理化学创建的年代，恐怕以1887年最为合适。因为这一年创办了专业刊物《物理化学杂志》，还出版了一本物理化学方面的经典教科书；而这两者都与奥斯特瓦尔德有密切关系。《物理化学杂志》是他在1887年创办的,那本“经典教科书”是他写的《普通化学教程》(3卷本)。在《普通化学教程》里,奥斯特瓦尔德指出了物理化学的研究方法和范围,以及将来的发展方向。

但是,这么一位闻名于世的科学大师却在1895年的一次会议上,遭到许多著名科学家激烈的批评,以至于他自己都说:

> 在讨论中,我发现我自己与众人处于敌对状态,我唯一的支持者和战友是G.赫尔姆。……但是他从我这儿离去了,因为他对能量的实在性概念反感。……我个人是第一次发现我遇到这样一大帮明显的敌手。

一直到1909年以后,奥斯特瓦尔德才承认自己错了,并公开在书中坦陈自己的错误。读者也许会有点迷惘了,这么伟大的一位科学家,怎么会弄得个众叛亲离,成了可怜的孤家寡人呢?他到底怎么啦?

## (一)

奥斯特瓦尔德于1853年9月2日出生于拉脱维亚的首府里加(Riga)。里加是波罗的海的一个滨海城市,当时属于沙皇的俄国。这儿有许多从德国来的移民,奥斯特瓦尔德的双亲也都是德国移民的后裔。他的父亲原来是一个长期在俄国流浪的手艺人,后来成了家就定居在里加市,专门从事木桶的制造。他的母亲是一位面包师傅的女儿,她的祖先是从德国中西部黑森州(Hessen)来的移民。母亲一生酷爱艺术,父亲十分尊重她的这一爱好,虽说家里的经济并不宽裕,但只要周转得开,他就会为她在剧院里预订座位。而且,她还喜欢看书,虽然要为10来人做饭(经常有工匠或学徒若干人),但她却总能挤出时间看书看报。这种对精神生活的重视,肯定会影响到儿童时期的奥斯特瓦尔德。而父亲大约一生流浪受过不少苦楚,见过不少世面,明白了许多根本的道理,因此他下定决心,宁可自己作出最大牺牲,也一定要让孩子们受到良好的教育。

奥斯特瓦尔德是很幸运的,因为他拥有如此爱护他的双亲。

大约是11岁吧,他像许多科学大师的儿童时期一样,读了一本让他入迷、惊喜的科普书籍,不过不是那种偏重介绍科学理论的书,如爱因斯坦12岁读的《通俗科学丛书》那类,而是一本制作烟花的书。烟花他见过,在夜空中那彩色的雨向四面八方洒下来时,曾让他付出过多少激动之情啊!如今他也许可以按图索骥,自己动手制作出来。这是多么激动人心的事情!更让他高兴的是,双亲知道他的想法以后,立即大力支持,父亲还在地下室腾出一块地方让他当工作间。烟花是爆炸物,一般说,大人会严格禁止小孩去接触这些"危险"的东西的。但他的双亲却不但不训斥和反对他的想法,反而帮助他。没有钱,奥斯特瓦尔德自己找地方打工,挣点钱买必备物品;弄不懂,就找各种书来看……后来,他硬是靠自己的钻研和勤奋,把烟花送上了天。当五彩缤纷的彩雨下落时,他笑了,他的双亲也骄傲地笑了。

从这次制作烟花开始,奥斯特瓦尔德开始对化学有了非同一般的兴趣。接着,他对照相又有了兴趣,在一番努力之后,他竟然利用一些雪茄烟空匣子……制成了一架照相机,还洗出了照片。这件事让他的化学老师大吃一惊,由此知道这个孩子前途不可限量,于是经常帮他学习化学知识。后来奥斯特瓦尔德曾对年轻人回忆这一段往日旧事时说:

> 在困难面前,我发现有一个原则很有用,那就是当你想做某件事情时,而又发现没有成功的把握时,你会发现,最好的帮助是大声鼓励自己:"我在某某时候一定会完成它!"这样,你会责成自己正规地、持续地去干这件工作,因为逼上了梁山,没有退路可走了。而且,你也将十分乐于去干。……我于是全力以赴地去干,终于按时洗出了照片。

具有这种个性的人,多半会取得成功。在学习上虽然他因为爱好太广泛而影响过考试成绩,但他终究会在关键时刻赶上同学们,顺利完成学业。

1872年1月,他成了爱沙尼亚塔图大学(University of Tartu, Estonian)化

学系的学生。父亲原来希望儿子读化工专业，将来可以从事收入高的技术工作；但奥斯特瓦尔德自己却更愿意从事纯化学研究，探索大自然的奥秘。他不在乎将来收入的多少。双亲尊重了他本人的选择。

1875年1月，奥斯特瓦尔德大学毕业。

## （二）

有一位日本化学家田中实在一篇名为《奥斯特瓦尔德的原子假说》的文章中，提出过一个很有意思的问题。他写道：

> 这位伟大的化学家在19世纪末的时候，怎么会成为一个强烈主张原子假说无用论的人呢？……尤其是，奥斯特瓦尔德和阿伦尼乌斯、范霍夫（这两个人的功绩是使19世纪的化学原子论接近现代阶段）密切合作，确立了物理化学这一新兴领域，所以我们似乎有理由说当他正处于化学研究高峰时期，他理应是一位自觉的原子论者。

这个问题恐怕不只是田中实感兴趣，广大读者同样也会感到惊讶。为了把问题说得更透彻，我们这一小节就专门讲述奥斯特瓦尔德、阿伦尼乌斯（Svante August Arrhenius，1859—1927，1903年获得诺贝尔化学奖）和范霍夫这三个人的一段传奇般的合作研究。

奥斯特瓦尔德年与范霍夫在实验室工作。

19世纪后半期，科学界有一个百思不得其解的难题，那就是：电流不能通过蒸馏水，也不能通过固体的盐块；但是，把盐块放进蒸馏水中溶成盐水时，电流却一下子畅通起来，而且在盐水中的两个电极板上会出现新的物质。这真是奇怪极了，许多著名科学家如戴维、法拉第都对这一奇怪现象束手无策、百思不得其解。1884年，一位瑞典的博士生阿伦尼乌斯向这个难题提出了一个让科学界惊诧的解释。他指出：

“只有离子才参加了溶液中的化学反应。也正是离子的运动使盐水可以通过电流。”

也许我们应该解释一下什么是“离子”（ion）。我们以盐水为例。纯净的固体食盐放入蒸馏水中以后，盐在水中发生了人眼看不到的变化。食盐（NaCl）是由两种元素氯（Cl）和钠（Na）组成，所以食盐的化学名称是“氯化钠”。它在水中溶解以后，氯化钠就分解成氯和钠两种带电的离子$Na^+$和$Cl^-$。这种带电的微小粒子就叫做“离子”。$Na^+$正电，称钠离子；$Cl^-$负电，称氯离子。“离子”这个名称还是几年前由法拉第取的。

法拉第认为：“离子是由于电流的作用才产生的。”

阿伦尼乌斯不同意这种观点，他的看法恰好与法拉第相反。他认为盐一溶于水，离子就自动产生了，并存在于溶液之中；而且正是由于有了这些离子，盐水才导电。

阿伦尼乌斯的“离子理论”一提出来以后，立即遭到瑞典许多知名化学家的嘲笑和坚决反对。他们问：

“氯是一种绿黄色有毒气体，如果盐水中有氯离子，为什么盐水是白色的，而且没有毒？而且，钠一遇到水就会发生强烈反应，水将沸腾起来，如果盐水中有钠离子，为什么一点儿反应也没有？”

阿伦尼乌斯当然知道这些难于解释的问题。但他却大胆地假定：“离子带的电荷，改变了原子的性质。”氯离子带有负电荷，因此它的性质就不同于氯原子；同样，钠离子带有正电荷，因此性质就不同于钠原子。

这在当时是一个非常大胆的假设，因为当时人们还不清楚原子的构造，不知道电子、质子、中子，在这种情形下作出这样大胆的假设，真可谓“胆大包天”，需要何等丰富的想象力和胆量啊！但可惜、可叹、可悲的是，瑞典竟没有一位学者敢于支持阿伦尼乌斯的离子假说，连斯德哥尔摩的瑞典科学院都不予理睬。

在万般无奈之下，他只好求助于国外的知名学者。他将自己的论文《关于电解的伽伐尼电导率的研究》寄给德国的克劳修斯（Rudolf Julius Emanuel Clausius，1822—1888）、迈耶以及奥斯特瓦尔德……当时奥斯特瓦尔德在里加工学院任化学教授。

奥斯特瓦尔德于1884年6月的某一天收到阿伦尼乌斯寄来的论文。后来他在《自传》中还特地记下了这一天，因为这天除了收到阿伦尼乌斯的论文以外，还有两件事：一是他的牙疼得难以忍受；二是妻子为他生了一个宝贵女儿。

他读了阿伦尼乌斯的论文以后，立即认识到一门新的化学——离子化学就要诞生了！他为这门新化学的诞生和巨大价值，激动得几夜不能入眠。（当然，牙疼恐怕也不利于入眠。）奥斯特瓦尔德真是慧眼识人才，而且当机立断，不顾牙疼和妻子临产不久需人照顾，也不在乎旅途遥远，立即动身前往瑞典。他要尽快帮助这位年轻人，也需要与他进一步讨论许多有关离子中的问题。

1884年8月，这两位志同道合的学者在斯德哥尔摩市见了面。他们在一起度过了许多令人愉快的日子。在美丽的马拉尔湖边草地散步时，他们总是谈论那群看不见、摸不着的离子，一直谈到离子像天上的星星那样真实，才肯罢休。

奥斯特瓦尔德为阿伦尼乌斯弄到一份奖学金，使他可以到里加和欧洲各国留学。在5年留学的日子里，他们又认识了荷兰的化学家范霍夫。范霍夫在1874年前后创建了一个全新的化学分支——立体化学；到1882年又发表论文，认为溶液中的溶解物质应遵守气体运动的一些规律。范霍夫的这一思想，对改善阿伦尼乌斯的离子理论大有益处，于是他们两人在阿姆斯特丹一起讨论溶液、离子、气体定律……离子理论更趋完善和成熟。他们这种真诚无私的合作，在科学史上是罕见的，一直被传为佳话。

1887年，奥斯特瓦德到莱比锡大学任化学教授，这时他已经是欧洲很有名气的化学家了。到了莱比锡以后，在奥斯特瓦尔德的主持下，他们三人决定主动向保守的化学界挑战，尽快让科学界肯定、接受阿伦尼乌斯的离子理论。他决定创办《物理化学杂志》，他们要在这份杂志上，全面、主动报道电离理论的新进展，新发现！他们三人激动地宣称：

"胜利一定属于我们！"

果然，离子理论很快被欧洲化学界接受了，人们也十分钦佩他们的胆量和合作，并戏称他们三人为"离子理论中的三剑客"。1903 年，阿伦尼乌斯"因为发现电解质溶液电离理论"而荣获诺贝尔化学奖，比奥斯特瓦尔德还早 6 年。奥斯特瓦尔德这种无私助人的精神，这种勇于创建新理论的勇气，实在值得后辈学习。

讲述段往事，除了使我们能进一步了解奥斯特瓦尔德这位伟大的化学家以外，也会使我们从奥斯特瓦尔德支持阿伦尼乌斯、范霍夫的事迹中看出，他应该是一位坚定支持原子论的科学家，否则，连原子都不承认的人，会去支持"带电微粒"的离子吗？还有，范霍夫的立体化学，更是在原子论的基础上建立起来的，奥斯特瓦尔德能不知道吗？

但奇怪的事还真是发生了：从 1892 年起，奥斯特瓦尔德开始反对原子论，并成了美国著名科普作家艾萨克·阿西摩夫(Isaac Asimov, 1920—1992)所说的：反对原子论的"死顽固"之一。

这事可真有点让人满头雾水呀！

## （三）

1887 年，奥斯特瓦尔德到莱比锡大学任教。11 月 23 日他发表就职演说，演说题目是《能量及其转化》。他在演说中强调了能量的实在性和实体性，反对把能量仅仅看做是一种数学符号。有不少人认为，这是他发展"唯能论"(energetics)观点的一个公开信号。

此后，他日夜思索这一问题。逐渐地，他认为分子、原子和离子只不过是一些数学虚构，并没有提供任何物质本性的东西，只不过是为了方便地进行能量运算而已。接着他进一步认为，自然界变化万千的现象，倒不如用“能量的变换”这个术语来解释更方便。和所有科学家突然获得顿悟和灵感一样，奥斯特瓦尔德在紧张思考之余，也突然在“天才的闪光”照耀下，“圣灵下凡”——得到灵感了！他在自传中用颇具文学色彩的语言，生动地描述了灵感降临的过程。

那是1890年初夏，他为写作上的问题到柏林会见物理学家布德（E. Budde）。在与布德一夜深谈之后，奥斯特瓦尔德突然兴奋得不能入眠，于是在天还没亮的时候就起床到住处附近动物园去散步。不知不觉中，晨曦射进花丛中，小鸟开始在树丛中啼鸣……他突然感到浑身上下充溢着想向外飞散的活力，他感到自己在向外扩张，与万物宇宙融为了一体。就在这时，“灵感下凡”，他脑子里“金光一闪”：一切豁然开朗。他终于明确地体识到：能量是描述万物运动的最佳概念，而且他不再怀疑能量的“实在性”了。

接着，他公开在著作中宣布了自己的观点。1892年他声称：质量、空间和时间的单位制应该用能量、空间和时间的单位制来代替；1893年他指出，世界上的一切现象，仅仅是由处于空间和时间中的能量变化构成的。因此，一切可以测量、观察的事物，都应该归结到这三个概念上。奥斯特瓦尔德否定了原子、分子的存在，认为物质这个概念是虚幻的，应该用能量这个具有“实体性”的概念代替。他原本是相信原子论的，也在它的基础上推进了化学的发展，现在，他却公开举起了反对原子论的旗帜，用“唯能论”的大旗取而代之。

1895年9月20日，在德国吕贝克市（Lübeck）召开第67届德国自然科学家和医生大会。在这次会上，奥斯特瓦尔德发表了题为《克服科学中的唯物论》，公开向原子论提出挑战。他说：所谓不断运动的实物粒子（如分子、原子）都是一种幻象，所谓“物质”只不过是一个方便的术语；能量才是更普遍的概念，它与原子是否存在无关，而且不受前沿任何变化的影响。他声称：

“新理论必须把质量还原为能量。”

奥斯特瓦尔德的发言，立即受到许多科学家如玻耳兹曼（Ludwig Boltzmann，1844—1906）、普朗克、能斯特、菲利克斯·克莱因、索末菲……的强烈反对，他们还对“唯能论”进行了严厉的批判。其中尤以玻耳兹曼的批评、反驳最为激烈。当时还很年轻的索末菲在1944年回忆道：

奥地利物理学家玻尔兹曼

> 玻耳兹曼和奥斯特瓦尔德之间的斗争，无论从哪一方面看都颇似公牛和灵巧斗牛士的搏斗。但是，这一次不管奥斯特瓦尔德这位斗牛士的剑术如何高超，却被玻耳兹曼这头公牛击败了。玻耳兹曼获胜，我们都站在玻耳兹曼的一边。

奥斯特瓦尔德本人也多少感到一些沮丧，不由叹息地说，“我发现我自己与众人处于敌对状态”，还说“第一次发现我遇到这样一大帮明显的敌手”。但他并没有立即认识到自己已经陷入了误区，仍然毫不妥协地坚持他的“唯能论”。到他退休时，他把自己隐居的宅所称为“能园”，说明他要为“唯能论”继续奋斗下去。

在他继续孤军奋战时，一系列新的实验发现（放射性、电子……），使原子、分子以及离子的实在性变得越来越明显了，他的本来就不多的几个“战友”，也都先后皈依了原子论。最后，奥斯特瓦尔德也不得不在1908年9月公开承认，他反对原子论的观点彻底错了，他不能不在事实面前公开承认原子论。

事情发生在1908年，是因为这年法国物理学家佩兰（Jean Baptiste Perrin，1870—1942）通过藤黄树脂悬浊液的布朗运动实验，确凿无疑地证实了分子和分子运动的存在，佩兰甚至可以通过计算得出分子的大小。在这种无可辩驳的事实下，奥斯特瓦尔德迅速地、坦率地承认了原子论，他在《普通化学概论》的第4版序言中写道：

我现在确信,我们最近已经具有物质分立性或颗粒性的实验证据了,这是千百年来人们极力寻求而一直没有得到的证据。一方面,分离和计数气体离子,J.J.汤姆逊长期而杰出的研究已获成功;另一方面,布朗运动与运动论的要求相一致,已由许多研究者并最终由让·佩兰建立起来;这一切使最审慎的科学家现在也理直气壮地谈论物质的原子本性的实验证据了。原子假设于是已被提升到有充分根据的理论地位,在打算用来作为我们普通化学知识现状入门的教科书中,它能够有权要求自己的一席之地。

由这段话我们的确可以看出,奥斯特瓦尔德的确具有科学家应该遵循的起码准则:尊重事实。他的坦率承认十分真诚,但他同时又说:

“在实验证实之前,他反对原子论是完全正当的,无论对自己还是对科学都不是一种过失。”

这句话未免让人觉得他有点文过饰非、讳疾忌医。当大多数科学家都在为寻求证实原子、分子存在的实验证据而苦苦求索之时,你奥斯特瓦尔德却在一旁拼命反对原子论,玻耳兹曼甚至都气得要自杀(后来果然也自杀了,但恐怕不能把责任都推到奥斯特瓦尔德身上);而且奥斯特瓦尔德本人也十分较真,耳朵都气聋了。怎么到原子论被最后证实以后,他的反对却是“正当”的了,而且不是一种“过失”?这能令人信服吗?

实际上,只有承认自己的确错了,这才能分析失误的原因,并从而得出有益的教训。而且,奥斯特瓦尔德的错误事出有因,很值得我们认真分析一番。本文不拟从哲学方面进行分析,只从方法论方面进行一些分析,也许我们会得到比较一致和有益的结果。

仔细分析奥斯特瓦尔德的著作,可以看出一件让人惊诧的事情,那就是他对待假说的态度。在任莱比锡大学教授之前,他曾因为阿伦尼乌斯的“电解质离解”的假说与他的亲和力理论一致,而极力支持阿伦尼乌斯的假说。由此,他是一个自觉的原子论者,而且这一假说大提高了他的亲和力理论的价值。这时他既不反对假说本身，也不反对原子假说。但到了1895年，他整个儿转了180°的弯，他不仅公开反对原子假说，也公开反对一切自然科学中的假说。他曾经在公开场合中说：

> 在我看来，马赫的思考方式将大受欢迎。他无论在什么地方都拒绝一切假设，这成为我的范例。他认为假设无论在什么地方并不是不可缺少的，而是有害的。我同意这一见解。

如果说在这儿奥斯特瓦尔德还是“借他人之杯酒浇自己的块垒”，那么后来他在《自传》中则直接道出了自己的心声。对于原子论，他明确无误地说：

“我要大喊：你们用不着制造偶像！”

对于一般的科学假说，他指出：

> 科学的任务在于，把作为现实的事物（即能够看到、测量到的事物）的诸量相互联系起来；这样，给出一个量，就可以导出其他一些量。这个任务并不是把假设的图像作为范例而起作用的，而仅仅证明了这些可测量之间的相互关联性。

**奥地利物理学家和哲学家恩斯特·马赫，实证主义主要人物。**

从这些讲话和其他一些资料中我们可以确凿无疑地看出，奥斯特瓦尔德由于深受奥地利物理学家马赫（Ernst Mach，1838—1916）的实证主义[①]的影响，至少在1895年以后，公开地提出科学中的一般假说，尤其是原子假说是毫无价值、毫无用处的；认为假说只会有害于

① 实证主义（positivism）是强调感觉经验、排斥形而上学传统的西方哲学派别，又称实证哲学。实证主义的基本特征是以现象论观点为出发点，拒绝通过理性把握感觉材料，认为通过对现象的归纳就可以得到科学定律。

科学事业的进程。我们也可以说，正是由于他的实证哲学思想以及由此而延伸的反对一节假说，终于导致他由拥护原子论而走向反原子论的错误道路。

实证主义在这儿就不多讨论，这儿讨论一下假说在科学发展中的作用。

一般认为，科学发展的途径是从观察、实验入手，经过科学思维后提出假说；然后又经过实验、观察的检验与修正，使假说形成科学理论，如此循环往复，不断深入，不断前进。我们可以说，假说是科学发展必由之路；它是观察、实验的延伸，有的经实验的证实、修正而上升为理论。因此，假说是观察、实验解释的结果，是思维的产物，但也是进一步观察、实验的起点。正是在这个意义上，法国伟大的数学家、物理学家彭加勒在《科学与假设》一书中明确地指出：

"一切推广都是假设，因而假设有必不可少的作用，从来没有一个人对此持有异议。"

在我国科学史界，有一段时间把牛顿（Sir Isaac Newton，1642—1727）作为不作假说、反对假说的典型例子，那其实是天大的误解。牛顿在反对笛卡儿（René Descartes，1596—1650）的"涡旋"假说时，因其影响之大、危害之深，所以再三强调：假说应该从实验和观察出发，不能够脱离实验和观察而信马由缰地任意提出"惊人"的假说。他曾语重心长地告诫人们：

"我从不杜撰假说。"

那意思是说，不能像笛卡儿那样，放着现成的由实验和观察得出的开普勒（Johanns Kepler，1571—1630）行星三定律不管，却脱离实验观察另提一种"涡旋假说"，结果严重影响、阻碍了力学的发展。其实，牛顿一生提出过多少假说！正如日本物理学家广重彻在《物理学史》一书中所说：

"不言而喻，在科学研究中提出假设是很必要的。没有假设，连一个实验也做不成。牛顿也正是因为不断地提出假设，才不断取得进步的。"

奥斯特瓦尔德到19世纪末突然反对自然科学中的一切假说，说得再轻松至少也是一种"病态情绪"。对待假说的"病态情绪"大致上有两种，一种是对自己的假说过于热衷，像美国物理学家密立根因为过分热衷于自己的有关宇宙射线的“光子假说”，结果失去了客观判断的能力；当实验、观察的事实与“光子假说”尖锐矛盾时，仍然坚决维护自己的假说，而置事实于不顾，甚至文过饰非、欲盖弥彰，结果让自己在科学事实面前丢尽了脸。

另一种则相反，像奥斯瓦尔特一样，反对“一切假说”。有趣的是，当奥斯特瓦尔德在反对“一切”假说时，他自己正好又提了“另一个”假说：唯能论假说。这岂不是自己跟自己过不去？且慢，奥斯特瓦尔德自有办法为自己开脱。他说他的唯能论只不过是“可测量诸量相互依存的一种关系”，不需要如原子假说中所不可缺少的“假设的图像”。这样一变，假说就没有了，有的只是数量上的关系和公式。

妙哉！可惜物理学不是数学，物理学史上有不少著名大师想把物理学变成数学，希尔伯特大师也试了一下，但结果都失败了。奥斯特瓦尔德也同样不可能成功。到了20世纪20年代中期，物理学家有了一个非常了不起的薛定谔方程，它可以把描述微观世界行为的诸量算得呱呱叫，让物理学家惊得发呆，但这并不是说物理学家到此就满意了，他们还是要在数学关系式中去作出各种物理学假说，例如，玻尔就提出了后来闻名于世的“光-粒子二象性”假说。

研究奥斯特瓦尔德这段历史，看来是十分有益的。很值得作一些深入研究，我们这儿只作了一个小小的开头。

# 制造毒气的获奖者

我们可以想象到，如果镭落到了坏人手中，它就会成为非常危险的东西。由此可能会产生这样一个问题：知道了大自然的奥秘对人类是否有益？人类从新发现中得到的是益处，还是害处？诺贝尔的发明就是一个典型的事例。烈性炸药可以使人类创造奇迹，然而在那些把人民推向战争的罪魁祸首的手里，烈性炸药就成了可怕的破坏武器。我是信仰诺贝尔信念中的一员，我相信，人类从新发现中获得的更美好的东西将多于它带来的危害。

约里奥-居里

1915年春夏之交，德国著名化学家哈伯（Fritz Haber，1868—1934）从战场上回到家中。战争中发生的许多事情，让他感到烦恼、不安。他原本想回家休息一下，但他万万没有料到，一桩惨痛的悲剧，在等待着他的归来。

哈伯夫妇（右边两位）合影

哈伯一到家，就感到要出什么事情，他的妻子克拉拉·伊美娃（Clara Immewhar）脸色阴沉，眼光在忧郁中含有一种绝望的神色。

伊美娃见丈夫归来，还没等哈伯洗完脸，她就迫不及待地说：

"我有一件事要跟你谈。"

"啊？又是想出门工作的事吧。"

伊美娃是德国最早的女化学博士之一，她有强烈的事业心，想在科学事业上干出一番成绩，但婚后接连生下一儿一女以后，不得不停止科学研究事业，成了一个被人忽视的家庭主妇，因此心情一直十分抑郁。几次想甩掉家务事情，但都被哈伯劝阻。所以，哈伯以为妻子又要和他谈出门工作的事情。

"不是这件事，"伊美娃脸色更加冷峻，"听说，你在从事研制放射毒气的工作？"

哈伯叹了一口气，没有出声。

"那么，你的确在从事毒气的研制了，"伊美娃激动起来，"研究和制造毒气，这是对科学的背叛，是野蛮人的行为，你知道吗？你的良心，人的良心，科学家的良心，到哪儿去了？”

哈伯摸了一下他那圆滚滚的光头，说：

“你要知道，法国人早就在施放毒气，他们把毒气放进步枪子弹。你知道吗？”

“那又怎么样？那是他们的责任。你可以抗议这种行为，揭露这种无耻的行为。你没有权利去研制更残酷的毒气。你让士兵们在痛苦和折磨中死去，你……”

伊美娃痛哭失声：“我的丈夫，孩子们的父亲，成了可恶的刽子手！”

哈伯心中很窝火。他耐着性子说：

“现在战争陷入了僵持阶段，这样下去要死多少士兵？只有靠新的武器，才能尽快结束这场可怕的战争，也只有靠更强有力的武器，才能挽救无数的生命。”

伊美娃冷笑了一阵，她似乎更加绝望了，不由大声嚷起来：

“啊，你成了可爱的天使！但是，我要告诉你，可爱的天使，你总有一天会受到全世界人民的审判！人们不会让一个杀人犯逍遥自在！你最好听我的话，别干了。”

哈伯受不了亲人的冷嘲，他大发脾气，然后抓起外衣，匆匆冲出了家门。

当天夜晚，伊美娃博士自杀了。

## （一）



哈伯于 1868 年 12 月出生在德国一个犹太人家庭。他父亲是一位富有的商人，经营天然染料。天然染料是一种合成化学工业的产品，与化学有密切关系。正是由于这一原因，哈伯从小就对化学工业有了浓厚的兴趣。

高中毕业后，他先后到柏林、海德堡、苏黎世上大学。上学期间，他还在几个工厂中实习，得到了许多实践的经验。他父亲希望儿子有了一定文化知识后，继承他的家业，做一个富商。但哈伯发觉，他的兴趣完全不在经商方面，他喜爱德国农业化学之父李比希的伟大职业——化学工业。

哈伯是一位自学能力很强的学生，他读大学期间，常常把高年级的课程自修完毕。到19岁时，他就申请撰写毕业论文。他的指导老师是有名的霍夫曼（A. W. Hofmann，1818—1892）教授，他深知自己的学生是一位不可多得的化学人才，欣然答应了哈伯的申请。

哈伯在柏林大学霍夫曼教授指导下，写了一篇关于有机化学的学位论文。如果顺利通过，哈伯就可以得到一个学士学位。这对绝大部分学生来说，都是如此。但哈伯是一个化学奇才，他的毕业论文，由于独特而深刻的见解，深深地打动了评审小组的几位教授，他们觉得哈伯的毕业论文，完全达到了博士论文的水平。

德国化学家哈伯

这种事情太罕见了。大学学士论文竟然够得上博士论文水平，这种情形恐怕在柏林大学是史无前例的。因此有人说：

"那就破格给哈伯一个博士学位吧！"

校方为了慎重起见，把哈伯的论文送交柏林皇家工业学院，请人们评审。评审的结果，同意把神圣的博士学位授给年仅19岁的哈伯。从此，人们称他为"哈伯博士"。

## （二）

随着农业和军事工业的发展，人们越来越需要大量的氮肥和氮的化合物。所以，20世纪初，化学家们都把眼光盯着我们四周的空气，因为空气中有4/5是氮气，如果能把空气中大量的氮气分离出来，再和氢气合成氨，形成大规模的制氨化学工业，那对人类的贡献就非同小可！因为，无论是氮肥还是炸药，都不能缺少氨。但是，想从空气中夺取这份宝藏，可不是那么容易，许多化学大师都做过这个甜美的梦，但都一个个破灭了，没有成功。

1904 年，哈伯开始研究合成氨的工业化生产，两位企业家答应给予大力支持。

经过几年艰苦的研究，到 1909 年，哈伯终于取得了小规模上的成功，他在几位大企业家面前，像玩魔术一样，从空气中制造出 100 立方厘米的合成氨。大企业家完全被哈伯神奇的方法所降伏，决定采用哈伯的方法，建立一座实验工厂。

1911 年，这家公司正式建立世界上第一座合成氨的制造工厂。1913 年正式生产，当年就生产出 6500 吨合成氨。

合成氨能大规模生产，这有十分重大的意义，它使人类从此摆脱了依靠天然氮肥的被动局面，加速了世界农业的发展。哈伯也从此成了世界闻名的大科学家。

哈伯的合成氨工业，对德国尤为重要。德国的氮肥原来一直依靠从智利进口，如果由于战争的原因切断了运输线，氮肥运不进德国，德国的农业将遭到严重的打击。正是因为这个缘故，德国皇帝威廉二世非常看重哈伯的合成氨实验。

1911 年的一天，威廉二世突然驾临小城卡尔斯鲁，哈伯的实验室就在这座城市里。

“皇帝驾临啰……”

皇家队伍，前呼后拥，径直向电化学研究所奔去。转眼间，研究所的小小建筑物被人们层层包围起来。又过了一会儿，几名御林军骑马从人群中冲出，沿途高喊：

“哈伯博士！皇上在研究所里等着召见您，请速回实验室！”

人们彼此相视，十分惊诧：“难道为了一个区区的哈伯，皇上竟然亲自到这座小城来？”

其实，威廉二世亲临这座小城，是有重要目的的，他亲自任命哈伯为柏林新成立的恺撒·威廉物理化学及电化学研究所所长。当天，哈伯就跟随皇帝去了柏林。这可真是八面威风，好不荣耀。皇帝重用哈伯，除了表彰他在合成氨研究方面的功劳外，还有一层深意。这时，德皇野心勃勃，正积极准备发动一次罪恶的战争，重新瓜分全世界的殖民地。为了这场战争，德皇希望哈伯发明一些能够克敌制胜的新奇武器。

## （三）

1914 年第一次世界大战爆发，英国海军切断了德国大西洋的海上航线，智利的氮肥再也无法运到德国。英国海军一位官员曾得意地说：

“不久的将来，德国的田野将一片荒凉，大饥荒和大崩溃，将不可避免地出现在德国！”

但是，他们不知道德国有一个哈伯，他使德国合成氨的生产能力迅猛增长。到 1919 年，已可年产 20 万吨了！这么多的氨，不仅保证了德国农业氮肥的需要，而且还为军火工业提供了大量炸药所需的原材料。

在第一次世界大战中，哈伯对德国的功劳可谓大矣！不过这些贡献人们还是不会怪罪于哈伯，毕竟合成氨的价值是对人类的一个伟大贡献。但遗憾的是他还干了一件使人们至今不能原谅他的坏事。

哈伯在盲目的爱国心和报答皇帝知遇之恩的心情驱使下，满腔热情地投入了各种军事项目研究：研究供寒冷地带使用的汽油、生产制造炸药的原材料；最让人无法容忍的是他竟然研制氯气、芥子气等毒气；他还担任了新成立的化学兵工厂厂长，专门负责研制、生产、防御和监督使用这些毒气。为了鼓励和嘉奖哈伯，他一下子从后备役上士提升为上尉军官。对于贵族化了的德国陆军来说，这是一次史无前例的破格提升。

大战爆发不久，德国军队曾一度取得一些优势。但是到了 1914 年底，德军逐渐丧失了优势，交战双方处于胶着状态。为了打破这种不进不退、不胜不败的僵局，德国军队在1915年4月22日，首次使用了哈伯研制的毒气——氯气。德军在哈伯的指挥下，在比利时6千米的战线上，对法国军队施放了5000个毒气筒。法军由于毫无准备，结果遭到惨重损失，死亡5万人，还有1万人受到严重伤害。

上尉军官哈伯(左2)亲临前线指挥毒气的释放。

从这可怕的4月22日之后，交战双方竞相使用杀伤力更大的毒气。到1918年大战结束时，毒气造成的伤亡人数竟逾百万！

哈伯的罪恶行径，遭到美、英、法各国科学家们的严厉谴责，哈伯的夫人也以自杀方式，抗议丈夫的罪行。在战争结束后，德国毒气的科学负责人哈伯，好长一段时间销声匿迹。他由于受到众多科学家的谴责，非常担心自己将成为战犯，会受到军事法庭的审判。

当人们再次看到哈伯时，他已不像过去那样昂首阔步、神采飞扬了；他衣着不整，头发蓬松，胡子拉碴，眼睛无神，似乎处于一种战战兢兢的状态。

然而，令人大为吃惊的是，哈伯竟被瑞典皇家科学院在1919年底宣布，将1918年的诺贝尔化学奖授予哈伯！很多科学家对哈伯获奖提出了严正的抗议。他们指出，一个研制毒气、施放毒气的战争罪人，竟然获得诺贝尔奖，实在有损这个奖的名声。还有很多科学家，如果在各种会议上遇见了哈伯，他们就马上退出会场，表示不能与这样的人一起开会。

哈伯的确受到了许多人的轻蔑，甚至侮辱，但他并没有认识自己的错误，他竟认为自己研制杀伤力更大的毒气，是为了更快结束战争，是为了拯救更多人的生命。

不论哈伯和其他科学家如何对待制造毒气这件事，但他使空气中的氮转变为氨，这一贡献对人类有极重大的价值。人类由于哈伯的贡献，可以大规模地廉价生产制造炸药所需的大量的氨；另外，氨又是重要的化学肥料。

瑞典科学院把诺贝尔化学奖授给哈伯，应该说还是有一定的道理。但是哈伯的战争罪行，也不能不说是哈伯一生中最可耻的行为，这样的科学家获奖还是给人极其不好的影响。事实上，他本人也为此受到了惩罚；妻子的自杀，同行们的责骂、轻视。后来还有更加残酷的惩罚降临到他的头上。

## （四）

第一次世界大战后，德国是战败国，要赔偿价值相当于5万吨黄金的战争赔款。为了帮助德国度过这个难关，哈伯想起了瑞典化学家阿列纽斯说过的一句话：

“世界各大洋的海水里，含有8亿吨之多的黄金。”

哈伯受到启发，立即开始设计从海水中提取黄金的方法。他的结论使他十分乐观。

大家似乎很信任哈伯，他在以前不是从空气中提取了氮，使德国在战争中经受住了巨大的困难吗？现在他又要从海水里提取黄金，再次为德国作出贡献，也许真能说到做到呢！

不幸的是，这次他在7年中耗费了大量人力财力之后，彻底失败了。最后，他只好承认，从海水里提炼黄金是不可能的。科学上的失败，对哈伯当然是一个打击，但这种打击对于一个成熟的科学大师而言，并不是不能忍受的。对哈伯致命的打击，是希特勒上台执政后，实施了一系列迫害犹太人的政策。而哈伯本人，正好是犹太人。

1933年4月21日，哈伯接到通知，要他立即将他的犹太人助手解雇。哈伯接到这一通知后，心情极为愤慨。他作为一个犹太人，将自己一生的心血贡献给德国，为德国作出了功不可没的成绩，但希特勒政府却要他辞退自己同族的犹太人助手，这不是公开而无耻的嘲弄和侮辱吗？这次哈伯没有再糊涂下去，他当天就在口头上提出辞职，以抗议政府无端的迫害。他义正词严地说：

40多年来，我选择助手的标准，始终是根据他们的能力和品格，而不是根据他们的祖先是谁。我不愿意在余生中改变我的这个标准，我认为我的这个标准很好。

这年夏天，哈伯像许多德国的犹太人一样，逃离了德国，来到英国剑桥大学。这时，哈伯已是65岁的老人了。这位科学大师，在为德国服务了46年成为垂垂老翁之后，却被德国无情地抛弃了。这对哈伯是一个致命的打击！

爱因斯坦与哈伯早年的合影。他们都是犹太人，但是在政治上的观点正好相反。

1934年初，哈伯应邀到巴勒斯坦的西夫物理化学研究所任所长。但不幸在赴巴勒斯坦的途中，1月29日心脏病猝发，逝世于瑞士的巴塞尔市。

哈伯的一生，功劳大，过失也不小。他是一位天才的化学家，同时也是一个盲目的爱国者。他希望用自己对德国的忠心和贡献洗去自己身上的犹太人色彩，成为一个"真正的、好的德国人"。他的好友爱因斯坦曾经多次严厉地批评他，说他这样做不但无益，而且还会自取其辱，落个鸡飞蛋打一场空！但是哈伯根本听不进爱因斯坦的批评和劝告，反而认为正是爱因斯坦这样的作为破坏了犹太人的声誉……一直到临死的时候他才终于认识到自己大错特错，而爱因斯坦早年的劝告和批评是绝对正确的。可惜这时他已经走到生命的终点了！噫吁呼！

科学家有时候在科学上非常聪明和敏感，但是对社会学知识有时还赶不上一个普通人的认识水平。这样的例子中外都不乏其人。哈伯是一个绝佳的例子。

## 他为什么为自己的发现而后悔

一个人在科学探索的道路上，走过弯路，犯过错误，并不是坏事，更不是什么耻辱，要在实践中勇于承认错误和改正错误。

A. 爱因斯坦

1945年8月6日，第一颗原子弹在日本广岛上空爆炸。十几万人一瞬间在最残酷的痛苦中死去，整个广岛也几乎被一场空前绝后的大火烧毁！

原子弹爆炸后的第二天，消息传到了英国一所古老的田庄。在这所田庄里囚禁着10位德国最优秀的科学家，其中有两位获得过诺贝尔物理学奖，他们是劳厄和海森伯。还有一位化学家叫奥托·哈恩（Otto Hahn，1879—1968），不久他也获得了诺贝尔奖。

当这群科学家得知第一颗原子弹在广岛爆炸以后，哈恩大声叫道：“什么！10多万人的生命被毁灭了？这真是太可怕了！”

接着有几天哈恩心事重重，晚上也不能入眠。劳厄看出哈恩内心的痛苦，唯恐他一时想不开而寻短见，就悄悄对另一位科学家说：“我们应该采取一些措施，我很担心哈恩。原子弹爆炸的消息使他非常难过，我怕会发生什么不幸的事情。”

哈恩为什么这么不安和痛苦呢？原子弹与他有什么关系呢？下面我就对你慢慢讲来。

### （一）

1879年3月8日，哈恩出生在德国东部奥得河畔的法兰克福市。非常有意思的是，爱因斯坦在6天后的3月14日，出生在德国多瑙河畔的乌尔姆。正是这两个人奠定了原子弹的科学基础。

哈恩的祖父是农场主，后来哈恩的父亲不愿在农村过寂寞的生活，就到城市谋生，当一名手工业学徒。出师后，他在法兰克福定居下来，开了一家玻璃工厂。哈恩的父亲一定很精明，因为他的工厂越来越兴旺，到哈恩出世时，他们家庭已经上升为富裕的资产阶级。而在同一时期，爱因斯坦的父亲却接连失败，最后破产成为穷困人家。

由于家庭富裕，哈恩家的藏书相当丰富，再加上他有国民图书馆的长期阅览证，所以他从小就在书的芳香中受到熏陶。他特别喜欢惊险小说和游记，凡尔纳的《格兰特船长的儿女》、《海底两万里》、《神秘岛》以及《八十天环游地球》，更是让哈恩爱不释手。尤其是《八十天环游地球》，那生动活泼的笔调，妙语诙谐的幽默，真让哈恩神魂颠倒了好长时间。

年轻时的哈恩

这些极有趣味、而且品味高尚的科学幻想著作，深深感动过哈恩，也影响了哈恩的人生道路。

哈恩的双亲非常注意用美妙的艺术享受感染孩子。他们常常带着哈恩去歌剧院看上演的歌剧。德国作曲家卡尔·韦伯作的歌剧《魔弹射手》，法国作曲家乔治·比戈作的歌剧《卡门》，给哈恩留下了难忘的印象。

虽说家庭相当富裕，但双亲人不给他们稍多的零用钱。每天只准吃两块糖，多一块也不行。有时候，如果哈恩想吃点别的零食，母亲就让他自由选择：或者吃掉两块糖；或者不吃两块糖而换取等价的零用钱，去买别的零食。有时哈恩想买点什么，常向母亲详细说明原因。如果说得合情合理，母亲才肯多给一点零用钱；但更多的时候遭到婉转的拒绝。

严格的家庭教育，培育了哈恩具有成为一个优秀科学家的素质。

1901 年，22 岁的哈恩获得马尔堡大学有机化学博士学位。接着，在步兵团为“皇帝和祖国”服了一年兵役。

服完兵役后，他的老师津克（Theodor Zincke，1843 —1928）教授请他到马尔堡大学当助教。哈恩的志向是在化学工业界工作，这无疑是受到开工厂的父亲的影响。哈恩认为，在津克教授的实验室工作一段时间，对将来的发展是一个良好的开端，因此他愉快地接受了津克教授的建议。这时，哈恩绝对没想到他今后会走上纯科学研究的道路。

1904 年，德国一家大的化学公司“考尔联合公司”的负责人，向津克教授提出，他们公司要一名搞化工的年轻人，条件是必须熟悉某一外国的情况，并能流利地讲一门外语。津克教授当然知道哈恩的志向，于是就推荐他。

哈恩得到这个好机会，当然万分高兴。在津克的介绍下，哈恩就在 1904 年秋天来到英国伦敦大学的化学研究所，在威廉·拉姆塞手下工作。拉姆塞是著名的惰性气体的发现者，还是 1904 年诺贝尔奖获得者。能在他手下工作，对哈恩当然是求之不得了。

拉姆赛见到哈恩时，问：“你愿不愿意从事镭的研究？”

镭是不久以前由居里夫人发现的一种放射性元素。哈恩在津克教授那儿没学过放射性化学，因此他为难地说：“我对镭和放射性几乎一无所知。”

哪知拉姆赛却回答说：“不知道没有关系，也许还有好处，因为你可以用更开阔的思维来研究这个新课题。”

哈恩只好接受这一项研究任务。哪知还真让拉姆赛说中了，哈恩不仅很快掌握了研究放射性的技术，而且还发现钍的一种新的同位素，哈恩取名为“射钍”，它的原子量 228。

拉姆赛对哈恩的发现十分高兴，也十分欣赏哈恩的聪明才干，因此极力劝告哈恩专门从事探测新的放射性元素的工作，而不要进入化学工业界。哈恩慎重考虑了拉姆赛的意见后，改变了原来的主意，决定在放射性领域里做更加扎实的研究。他向正在加拿大麦克吉尔大学工作的卢瑟福(Ernest Rutherford,1871— 1937,1908 年获得诺贝尔化学奖),写了一封信,表示想到卢瑟福实验室工作一年。由拉姆赛的推荐,卢瑟福很快回信,邀请哈恩去加拿大工作。

## (二)

1905 年秋天的一个晴朗的日子,哈恩来到了麦克吉尔大学卢瑟福实验室。哈恩很快就感觉到在卢瑟福身边工作,真是又有劲头又十分愉快,师生之间的融洽、平等的气氛,是德国大学中很少有的。

开始,卢瑟福对于哈恩发现"射钍"表示怀疑,以为那就是他以前发现的一种"钍-C"。但哈恩马上证明卢瑟福错了。卢瑟福立即向哈恩道歉:

"这都怪我,我过于轻率地听信了别人的错误意见。你是对的!"

卢瑟福很快就赞赏哈恩的才干了,并且立刻把"射钍"作为产生α粒子的主要来源。在卢瑟福的帮助和鼓励下,哈恩又做出了一个激动人心的发现:又一种新同位素"射锕"。开始卢瑟福又有点不相信,但很快就再次相信哈恩的判断是对的。卢瑟福那种超人的活力和洋溢的热情,使他的实验室充满了进取、坚定、和谐的气氛,这使得哈恩自我感觉在这时特别好。哈恩与卢瑟福成了非常亲密的朋友。

像卢瑟福许多其他学生一样,哈恩常常回忆起卢瑟福那爽朗的笑声,以及他在模仿别人俏皮话时,那种顽皮和喜悦的神情。

哈恩在加拿大的时候,白天和夜晚的大部分时间都在实验室里。如果不在实验室,他大半都在卢瑟福家里,两人谈起科学研究的事情,总是谈不完,有时候,连贤德的卢瑟福夫人玛丽都有些不高兴,因为她更乐意让她的丈夫和客人一起,听她弹几支钢琴曲。

哈恩也是考克斯(John Cox)家里的常客。考克斯是麦克吉尔大学物理研究所的所长。在他的家里,科学游戏最受欢迎。在他家客厅里,天花板上挂着一盏煤气灯。当有客人敲门时,门轻轻打开以后,主人要求客人双脚趿鞋擦着地毯走向煤气灯，这样人体上可以聚积一些静电；然后，客人伸出手指靠近煤气灯，手指上产生的电火花就点燃了煤气灯。

1906年夏天，哈恩恋恋不舍地离开了麦克斯吉尔大学，回到了对他不太友好的柏林。

离开德国两年的哈恩，当他回到柏林时，他不仅获得了丰富的放射性知识和实验经验，而且他的行动上还表现出麦克吉尔大学的那种作风：科学家之间那种亲密无间、随和愉快的气氛。遗憾的是，无论是放射性化学和平等的气氛，这两种东西都不受柏林欢迎。因此，哈恩回到柏林后感到有些孤独。在孤独之中的乐趣，就是给卢瑟福写信。有一封信中他写道：

"在德国，从事放射性工作的人是这样少，以至于什么事都得我一个人去干……他们只要一听到有关镭的事情，似乎就总是不相信。"

德国化学家可以说相当保守，不大容易接受物理学家们的新发现。他们认为化学是化学家干的事，用不着物理学家来说三道四、胡言乱语。在1907年春季，哈恩在一次会议上讲述了关于放射性问题的新进展，还谈到居里夫人根据放射性发现了一种新元素镭。

哈恩讲完以后，一位德国著名的化学家塔曼（G. Tammann）立即发言，他断然否认镭是一种元素，还说："所谓的镭还在不断地放射，这就是说它还在改革自己，怎么能认为它是一种元素呢？"

哈恩感到很好笑，又很生气，于是立即十分坦率地反驳了这位"权威"学者。会后，哈恩的一位好朋友悄悄地对他说："好朋友，你要谨慎一点才好呢！德国不是英国，不能想批评别人就毫无顾忌地在会上批评起来。已经有人说你彻头彻尾地英国化了。"

哈恩听了，虽然气愤了一会儿，但也没把这事放到心上。但德国化学家就是不理解化学的新进展，死也不承认新的发现和新的方法。连哈恩的顶头上司，屡次帮助他找到工作的费歇尔（Hermann Emil Fischer，1852—1919，1902年获得诺贝尔化学奖），也一时不能理解哈恩讲述的放射性化学。有一次哈恩在论文中说：

“有些放射性元素仅仅只有极小极小的数量，我们甚至不能用天平来称，而只能通过放射性来发现它们。”

费歇尔看了以后很不以为然，他对哈恩说：

“我不能同意你的意见。数量再微，每种元素总会散发出某种气味，我们通过这种气味就可以识别不同的元素，怎么能够说‘只能通过放射性来发现它们’呢？我就只通过嗅气味发现过一种化合物。”

哈恩听了，真是哭笑不得，这真叫做“秀才遇到兵，有理讲不清”！几十年以前的老皇历到现在当做圣旨，不敢动它一分一毫！这样如何能赶上国外先进水平呢？

幸亏在1907年9月，哈恩遇到了一位漂亮而又能干的女物理学家，才算遇到了知音，摆脱了孤独的感觉。这位物理学家叫丽丝·迈特勒。哈恩这时已经决定从事放射性化学的研究，正好缺一位内行的物理学家协助，现在有了迈特勒肯与他合作，这真是天作之合，使哈恩高兴极了。哈恩没有忘记把这件高兴事告诉卢瑟福，他在信中写道：

奥地利物理学家丽丝·迈特纳

“迈特勒小姐已经到物理研究所工作，并且每天在我这儿工作两小时。”

有了迈特勒的协助，哈恩真是如虎添翼。正在这时期，哈恩又遇到了另外一件有利于他的好事。

1910年，在柏林大学百年校庆的庆祝大会上，由于文化部官员的鼓励，德国皇帝威廉二世一时高兴，就在大会上宣布，把一块皇家农场捐出来做科学研究机构，并号召工业界和政府慷慨资助研究机构的建立，而且决定首先建造恺撒·威廉研究所。

1912 年 10 月 12 日，化学研究所正式建成，哈恩被任命负责一个规模不大的研究室。迈特勒也加入了他的研究室。

在研究所正式开始工作的第一天，德国皇帝要参观研究所，哈恩被指定向皇帝做一番有关放射性现象的表演。过去哈恩在伦敦时，在一年一度的皇家科学协会的盛大集会上，为女士们做过这种精彩的表演。在一间漆黑的屋子里，用荧光屏显示放射性引起的各色闪光图形。女士们看了，大惊小怪，尖叫不止。

这一次，哈恩又如法炮制，布置了一间完全不透光的房子，进去以后什么都看不见。等到参观者适应了室内黑暗环境以后，他们就能看见荧光屏上有各种光亮的图形在闪动和变化。研究所的科学家们预先参观后，都觉得这番精彩表演，一定会使皇帝大为开心。

但在正式表演的前夕，发生了意外的情况。皇帝的随从侍卫来研究所检查准备情形时，发现哈恩的展览室漆黑不见光亮，他愤怒地大声叫嚷：

“太不像话了！怎么能够让皇帝陛下进入这样一间黑乎乎的房子里？”

哈恩解释说，这种表演必须在黑暗的房间里才行，但随从侍卫根本不听解释：“不行，绝对不行！要么取消这个展室。”

哈恩可不愿意失掉这个绝好的机会，于是决定在房间里吊一盏小红灯。

第二天，皇帝陛下到研究所后，毫不犹豫地就跨进了暗室，一切都按原来计划顺利完成，皇帝看到屏幕上移动着的有美丽光辉的图形，也像伦敦的女士们一样，大为惊讶，只不过没大声叫嚷。哈恩还别出心裁地把一小块放射性物拿到皇帝面前，让陛下仔细观看新奇的元素。

当时人们还不清楚放射性有害人体，因此也没有对皇帝进行身体保护。50 年后，哈恩回忆起这件事的时候说：

“假如今天我不对皇帝的身体进行保护，就让陛下看放射性元素，我肯定会被投进监狱。”

## （三）

1914 年，第一次世界大战爆发，哈恩被征入伍，于是所有的研究工作都被迫中断了。哈恩被派到哈伯那儿服役。哈伯原来是撒恺·威廉物理化学研究所所长，1905 年，他发明了从空气中的氮合成制氨的方法。我们知道，氨可以用来合成高效化肥和炸药，因此这一发明对德国的农业、工业的发展，有极其重大的价值，为德国氮肥工业的兴起作出了决定性贡献。

1915 年初，哈伯、哈恩与其他一些科学家被政府指令研究毒气。哈伯是“毒气计划”的负责人。哈伯对哈恩说：“我们的任务是建立一支毒气战斗特别部队，我们要研制新的、杀伤力更大的毒气。”

哈恩听了，吓了一跳，不由倒抽一口凉气。

接着，哈伯说了一大通“道理”，这些“道理”在第二次世界大战发明原子弹时，又被一些科学家再次利用。哈伯在第一次世界大战期间对德国可说是建立了卓伟功勋，但在第二次世界大战时，这位无比忠于德国政府的人，因为是犹太人，受到希特勒的迫害，不得不逃离德国，最后暴病身亡。

哈恩亲身经历了这次极残酷的悲剧，在心灵深处受到巨大的震撼。

第一次世界大战结束后，哈恩和迈特勒又回到恺撒·威廉化学研究所，继续已经中断了 4 年多的合作研究。很快，他们发现了一种新元素，原子序数是 91。他们给新元素取名为“镤”（Pu）。接着，哈恩又做出了许多有价值的工作，因此他被认为是欧洲最权威的分析化学家，尤其在放射性化学方面，更有着不同凡响的声誉。



正在他学术上日见辉煌时，却卷入了一场学术争论之中。与他争论的对手是很有威望的科学家，法国居里夫人的大女儿伊伦娜·约里奥-居里（Irene Joliot-Curie，1897—1956）。

事情的起因和过程，这儿只简单地介绍一下。意大利物理学家费米用慢中子轰击 92 号元素铀时，以为他得到了 93 号元素。由于科学家在自然界只见过 92 号元素，从来没有人见过 92 号以上的元素，所以，如果费米真的得到了93号元素，那真是一个非常了不起的发现。

费米开始还比较小心，不敢说自己真的发现了93号元素，只是说“有可能发现”新元素。但后来由于没有人怀疑他的结果，于是费米也开始相信自己是真的发现了93号元素。

当时有一对叫伊达·诺达克（Ida Norddack，1896—1978）的德国女科学家曾经提出过批评。她在德国《应用化学》杂志上发表了一封信，对费米提出了批评。在信中她写道：

“现在费米还没有把握说，中子撞击了铀以后反应的产生是什么，在这种情形下谈论什么‘超铀元素’是不合适的。”

诺达克大胆假设，像原子量为238的铀这样的重原子核，当中子撞击它时，它有可能分裂成几大块碎片，成为几种比较轻的原子核。

诺达克的批评没有受到费米和大家的重视，这有好几个原因：一是诺达克不是很出名的科学家，刊登她的信的杂志也不是一流杂志。第二个原因是她的大胆假设，没有任何人相信，因为中子的能量很小，“根本不可能”把坚固的原子核撞得分裂开。举个例子，一颗手枪的子弹最多只能把墙上敲下几块碎片；如果你说这颗子弹能把这座墙打倒，分裂成两三大块，恐怕你也不会相信的。第三个原因是，哈恩同意了费米的意见，认为费米真的制出了超铀元素；哈恩是公认的化学权威，这当然使费米相信自己对了。因此，费米拒绝了诺达克的意见。

诺达克与哈恩相识，哈恩也曾经关心过诺达克的研究。因此，在1936年一次见面时，诺达克向哈恩建议说：

“哈恩教授，您是否可以在您讲课中，或者在著作中，提到我对费米的批评？”

哈恩严肃地拒绝了，并且说：

“我不想使您成为人们的笑柄！您认为铀核会分成几块大碎片，依我看，纯粹是谬论！”

这儿要请读者注意：过了两年之后，哈恩自己却证明了这个“谬论”是真理；而且在8年之后，哈恩还因为这个发现得了诺贝尔化学奖！世界上有一些事情就这么奇怪！

正当哈恩否定了诺达克意见之后，法国著名的化学家伊伦娜却指出，诺达克的意见很可能是对的。伊伦娜在实验中发现，用中子撞击铀以后，在反应产物中找到了比铀轻得多的产物，其原子量只有铀的一半。如果伊伦娜的实验是真的，那铀原子核就真的被中子撞成两大块了！

哈恩实验室的工作人员都不相信伊伦娜的实验结果，一些人还嘲笑伊伦娜：

"伊伦娜还指望利用从她光荣的母亲那儿学到一点化学知识，其实这早已经过时了。"

哈恩训斥了说讽刺的话的人，但他也不同意伊伦娜的意见。因此他以私人名义写了一封信给伊伦娜，建议她更细致地重做一次实验。哈恩认为自己够客气的了，否则他会在刊物上提出批评，那伊伦娜就会丢大丑了！

但是，伊伦娜一点也不领哈恩的情，她在前一篇文章的基础上，又发表了第二篇文章，进一步肯定了第一篇文章的结果。哈恩生气了，觉得伊伦娜太不自量，竟然完全不听一下他的善意劝告，一意孤行。他气恼地对助手斯特拉斯曼（Fritz. Strassman，1902—1980））说：

"我不会再读这位法国太太的文章！"

哈恩的话说过了头，因为几个月以后，他不得不仔细读这位"法国太太"的文章。

过了几个月，秋天来了。这时，哈恩的亲密伙伴迈特勒女士逃出了德国，因为她是一个犹太人。当希特勒开始迫害犹太人时，迈特勒因为是奥地利人，所以一时还不会受到迫害。但到1938年希特勒吞并了奥地利以后，迈特勒马上陷入了危险之中，她甚至连一份出国签证都弄不到。幸亏同事想办法，她才装扮成外国的旅行者逃到丹麦。

迈特勒一走，哈恩失去了一个有力的帮手，心中非常烦恼，脾气也大了许多。有一天，哈恩正在办公室抽雪茄，忽然斯特拉斯曼激动地跑进办公室，对哈恩大声说：

“你一定要读这篇报告。”

哈恩一时给弄糊涂了：“什么报告呀？”

斯特拉斯曼把一份杂志递给哈恩：“伊伦娜教授又发表了第三篇文章，肯定了她前两篇文章的结果……”

哈恩（右）和斯特拉斯曼在实验台旁边。

哈恩不耐烦地打断斯特拉斯曼的话：“我对这位法国太太最近写的东西，一点儿也不感兴趣！”

斯特拉斯曼毫不退让，说：“我可以肯定，她没有犯任何错误，是我们错啦！”

“不可能的！”哈恩生气地大声说。

“你耐心点，听我讲；如果你听完了再发脾气，我就不作声了，行吧？”

接着，哈恩耐着性子听。听着听着，哈恩震惊了。斯特拉斯曼说对了，伊伦娜没错，是自己坚持错误好几年！

斯特拉斯曼还没说完，哈恩大叫一声：“走，快到实验室去！”

虽然这消息对哈恩尤如晴天霹雳，但哈恩终于不愧是优秀的科学家，他一旦明白自己错了，就会马上承认，并尽一切力量弄明白自己为什么错了。这就是一个伟大科学家所应该具备的品质。也正是由于他承认了错误，才接着取得了伟大的成就。

经过几天艰苦的实验，哈恩不得不承认，伊伦娜的实验报告完全正确，用中子轰击铀以后，在反应产物中的确多一种比铀轻多了的元素。但到底是什么元素呢？伊伦娜没有最终确定，只是说大概是什么。哈恩决心弄个一清二楚,他是欧洲最有名气的化学分析能手,这个艰巨的任务,真是非他莫属了!

哈恩到底是真正的权威,他很快就明确指出,伊伦娜没弄清楚的神秘产物是钡(Ba)。钡的原子量是137多一点,而铀的原子量是238多一点,这就是说钡的原子量只是铀的一半左右。铀原子核真的被中子撞得“分裂”了!这真是让人们无法想象的事情。哈恩不禁非常惭愧,诺达克几年前提出过这种设想,而自己一口否定,还嘲笑过她!

哈恩完全相信,在化学分析上他绝对不会错,可是在物理解释上,他可是一点把握都没有。如果迈特勒没有走,那就马上可以问她,可惜她走了。尽管如此,哈恩知道他们做出了伟大发现,必须一方面写信征求迈特勒的意见,一方面尽快把自己的发现发表出去。他急忙告诉《自然科学》杂志的主编,请他务必留一个空白版面,“我有重要发现要发表”。主编同意,但“12月22日以前必须将稿件寄来”。

12月22日,哈恩终于把文章写好,寄给了《自然科学》。寄走之后,哈恩又有点后悔,迈特勒还没回信,还不知道物理上能否说得过去。如果物理上毫无可能实现这种“分裂反应”,那怎么办?也许……后来,哈恩曾对人说:

> 当文章送往邮局之后,我又觉得分裂反应完全不可能,以至想把文章从信箱里取回来。

再说迈特勒。她收到哈恩的信以后,开始她也不相信。她还记得前几年诺达克的假设,当时她也坚决拒绝接受诺达克的假设,并劝人们把这种“荒谬的假设扔到废纸篓里去”。现在,哈恩却无可置疑地证明了诺达克的假设是对的,这怎么不使她感到震惊和不解呢?但她相信哈恩一定不会错。

经过紧张的思考和计算,她终于发现,对于很重的原子核(例如铀),中子是可以把它们撞成两半,分裂开来。迈特勒是怎样思考和计算的呢?这儿不多讲,她只是很快计算得出这一反应完全符合爱因斯坦的质能公式

$E = mc^2$。这就足够了！

迈特勒很快回信给哈恩，信上写道：

> 我们已经详细地读过你的大作，并认为从能量角度上看，像铀这样的重核是有可能分裂的。

伟大的玻尔不久也知道了迈特勒的证明，他立即用手敲他的前额，喊叫着："啊，我们过去都是一群笨蛋！肯定是这样，真是太妙了！"

不久，哈恩的伟大发现震动了全世界。当时正值希特勒发动第二次世界大战的时期，科学家马上发现，哈恩的发现可以使希特勒生产一种威力极为巨大的爆炸武器——原子弹。如果这个战争疯子有了原子弹，那整个世界就会陷入毁灭性灾难！于是一群由德国、奥地利、意大利等欧洲国家逃亡到美国的科学家，积极呼吁："美国必须抢先研制出原子弹，否则希特勒会让原子弹在美国爆炸。"

罗斯福总统接受了制造原子弹的意见。经过3年多的努力，原子弹终于在美国制造出来。1945年8月6日，人类制出的第一颗原子弹，在日本广岛上空爆炸。

## （四）

1945年4月底至5月初，德国已经战败，这时美国有一支特殊部队，在德国快速挺进。这支部队的代号是"阿尔索斯"，它由两辆坦克、几辆吉普车和大卡车组成，任务是逮捕德国制造原子弹的科学家，收集制造原子弹的技术资料并保藏起来，不让外泄。

不久，阿尔索斯逮捕了德国最重要的10位科学家，他们当中有得过诺贝尔奖的海森伯、劳厄，还有最先证明核裂变的哈恩。

开始，他们被关押在德国的海德堡。透过窗户，这群"高贵的俘虏"可以看到远处的古老塔楼。当人们看到门口有持枪的岗哨时，才知道他们是被关押的俘虏。开始，他们有些害怕、苦恼，如果他们被当作战俘受审，今后的命运就不那么美妙了。

5月上旬，他们被押送到巴黎，住在巴黎西部的一所别墅里，管理他们的军人，对俘虏们很客气，待遇也不错，比在战争时的生活还要舒适。他们可以到花园里做各种体育活动；海森伯还可以凭记忆弹奏贝多芬奏鸣曲。

7月23日，他们又被送往英国。在登上飞机时，一位俘虏问哈恩："哈恩先生，当你登上飞机时，有何感想？"

"啊，很疲倦。"哈恩沉闷地回答。

到了英国，他们受到了很好的接待，被安置在一所花园般的农庄里。他们可以在花园里散步，做体育活动，也准许思考科学问题、作科学报告；还有游戏室、图书室。但他们的前途未卜，所以他们仍然十分苦恼。

英国剑桥附近亨丁顿的一处乡间别墅，拘留了德国一群高贵的俘虏。

8月6日，英国电台报道，说美国空军在日本某地投下了一颗原子弹。这群俘虏听到这一报道后，极为震惊。他们立即展开了热烈的讨论。有人怀疑听错了，认为美国不可能制出原子弹。这群德国优秀科学家不能相信，美国科学家会超过他们德国人。因此有人说："不可能吧？是不是听错了？"

海森伯也不相信，说"我不愿相信这条消息。"

哈恩听到这消息以后，震惊得几乎支持不住要晕倒，脸色苍白。他心中痛苦地想道："天啦，我的发现竟给人类造成了这么大的灾难！这真是罪过呀！"

自从听到原子弹爆炸的消息以后，他的心情一直处于极度压抑和痛苦之中。他的同行非常担心，唯恐他在绝望之中自杀，他们相互低声叮嘱："对哈恩要多加注意！"

一位与他囚禁在一起的物理学家巴格(E. Bagge)博士,在8月7日的日记中写道:“可怜的哈恩教授!他向我们说,当他第一次知道,用铀裂变制成的原子弹会带来如此可怕的后果,他连续几夜都无法入睡,他甚至想结束自己的生命!”

有好几天,同行们都等哈恩确实睡着了才上床。哈恩并没有真的去寻短见,无数惨死在原子弹爆炸中的生命,的确使他忧伤、消沉。这使他又一次想起了哈伯,哈伯因为研究毒气,最后落得暴死异乡。但有一点使哈恩稍微感到安慰的是,原子弹不是德国人制造的。他在后来常对人说:

“使我高兴的是,德国人没有制造和使用原子弹,是美国人和英国制造和使用了这一残酷的新式战争武器。”

美国人在使用原子弹时,德国人已经投降,而且早已知道德国人根本没有制造出原子弹,德国科学家的研究离制造原子弹还差得远!美国人似乎根本不必扔原子弹。但他们扔了,而且扔了两颗!为什么要扔呢?原因与哈伯当年给哈恩讲的理由一样:可以更快地结束战争,让美国少死一些军人。

历史是多么惊人地相似啊!科学家的伟大发现常常残害了人类自己。今后科学家还会有什么样的发明能够更加残酷地残杀人类自己呢?

# 天文、宇宙学家

## 勒维耶的辉煌与挫败

除了一支笔，一瓶墨水和一张纸外，再不凭任何别的武器，就预言了一个未知的极其遥远的星球，并能够对一个天文观测家说，把你的望远镜在某个时间瞄准某个方向，你将会看到人们过去从不知道的一颗新行星——这样的事情无论什么时候都是极其引人入胜的……

奥利夫·洛奇

德国伟大的哲学家康德曾经说；"天上有星光闪耀，地上有心灵跳动。"

这句充满睿智的哲人话语，曾使多少人感动、唏嘘不已啊！对天空的敬畏和严于律已地守护心灵，这是东西方都相通的。多少东西方智者面对晴朗的夜空，遥望繁星闪烁时，都会思绪万千；于是，数不尽的表达心灵和思想的诗篇，留在了人间。

我国唐朝诗人杜甫在《天河》中写道：

含星动双阙，
伴月照边城。
牛女年年渡，
何曾风浪生。

法国诗人、第一位诺贝尔文学奖得主普吕多姆(Sully Prudhomme，1839—1907)在《银河》一诗中唱道：

有一夜，我对星星们说：
你们看起来并不幸福；
你们在无限黑暗中闪烁，
脉脉柔情里含着痛苦。
……
星星们，你们是人的先祖，
你们也是神的先祖，
为什么竟含着泪？
星星们回答道：我们孤独……

俄罗斯诗人莱蒙托夫在《星》中也深情地写道：

天上一颗星，星光正灿烂；
永远在闪烁，诱惑我的眼；
它已吸引住，我的梦与幻，
它从天空上，把我来呼唤！
那双多情目，同它也一般……

不仅这些哲人、诗人会被星空吸引、感动，恐怕每一个人都经历过这种感动。但是，如果你知道了下面的故事，我相信你会以后在仰视夜空中闪耀的群星时，会多一种感动，多一种“诱惑”。

## （一）

法国天文学家勒威耶

下面要讲的是法国天文学家勒威耶（Urbain Jean Joseph Le Verrier，1811—1877）辉煌的成功和接着的失误，但在讲他的故事以前，我们还得讲一点我们太阳系行星的历史故事。

人类在几千年以前就知道，在地球附近有5颗行星，它们分别是水星、金星、火星、木星、土星，在土星以外是恒星。人类在几千年的历史中，想探索这些行星的存在有没有什么规律？在土星之外的更远处还有没有其他行星绕太阳旋转？……几千年过去，什么也没有发现。但人类的好奇心是百折不挠的，到1766年，一位德国的数学教师提丢斯（Johann Daniel Titius，1729—1796）可以说十分偶然地发现了一个十分有趣的规律。据说他在上课时讲到各大行星到太阳的平均距离时，学生们总是记不住这些数字，于是提丢斯想了一个有趣的办法，让学生一下子就记住了。他先在黑板上写下一个数列：

0，3，6，12，24，48，96，192，384……

把每一个数加4再除以10，就可以得到：

| | | | | | | | | |
|---|---|---|---|---|---|---|---|---|
| 0.4 | 0.7 | 1.0 | 1.6 | 2.8 | 5.2 | 10.0 | 19.6 | 38.8… |
| 水星 | 金星 | 地球 | 火星 | ？ | 木星 | 土星 | ？ | ？… |

上面一行的数字是如果以太阳到地球的距离为1个天文单位的话，则0.4、0.7、1.6……恰好是水星、金星、火星……到太阳的平均距离。由这

一有趣的规律，提丢斯发现火星与木星之间的2.8天文单位处缺少一颗行星，土星是当时知道的最远的一颗恒星，它以外没有行星，当时并不感到奇怪。

当时提丢斯只把这个“规律”作为学生记忆的一个方法，并没有看得怎么重要。但6年之后，德国柏林天文台台长波德(Johann Elert Bode，1747—1826)知道以后，认为其中隐含着一个重要而有价值的规律，于是将它正式发表。因此，现在我们一般称它为“提丢斯-波德定则”(Titius-Bode Law，简称“波德定律”)。但这个定则到底真有什么价值吗？人们对它褒贬不一。但到1781年发现了天王星以后，而且它到太阳的平均距离是正好是19.2个天文单位，与提丢斯-波德定则预言的很相近，这一下这个定则的信誉大大提高。天王星发现的故事，十分有趣。

发现天王星的是英国天文学家赫歇尔（Friedrich Wilhelm Herschel，1738—1822）。赫歇尔出生在德国汉诺威，他父亲是军队中的一名乐师，子承父业，赫歇尔后来也成了一名军乐师。1757年，赫歇尔19岁时，他脱离了军队，并偷渡到英国，在利兹等地以教音乐为生。由于他颇有音乐天分，因此，他的教学也十分受人们赞誉，相应收入十分可观，生活不再发愁。在这种情形下，潜藏着的强烈求知欲爆发了，他不仅努力地自学拉丁语、意大利语，还急切地阅读数学、光学书籍。在阅读光学书籍时，他看到了牛顿的传记，由此他产生了研究天上星体的强烈冲动。

英国业余天文学家赫歇尔

没有望远镜，也买不起，这难不倒赫歇尔，他自己动手磨制望远镜所需的透镜。他是如此急迫地想尽快磨制出透镜，竟然忙得没空腾出双手吃饭，只好让他的妹妹卡罗琳喂他饭。幸亏他有一个同样热心天体研究的妹妹！后来他妹妹在 84 岁时成了英国皇家学会第一个破格接纳的女会员。他们兄妹俩的努力得到了丰厚的报答，他们制出了当时欧洲最好、最大的望远镜。开始他们只制出 10 尺焦距的面镜，后来可以制出 40 尺的！1774 年，他们不仅已经制造出世界上最好的反射望远镜，而且第一次使反射望远镜的效能真正超过了当时的折射望远镜。他利用质地优良的望远镜，观察了月亮上的山脉，变星和太阳黑子，成为当时轰动一时的新闻。

为了弄清天上到底有多少星星，他把夜空分成 638 年“天区”，一个区一个区地数星星个数，然后记录下来。这需要多么坚强的意志和认真仔细的作风啊！

每当他们完成一个天区的记录，赫歇尔就会高兴地拉起小提琴，而美丽和婀娜多姿的卡罗琳就会舒袖漫舞，还边舞边怀着激情唱着；

秋夜的薄雾啊，
从天际飘过，
我登高仰望，
星光闪烁，
点燃了我心灵深处的盏盏灯火。
………………

1781 年的 3 月 13 日，这天夜晚，正在观察夜空的赫歇尔突然兴奋地大声叫喊起来：

“卡罗琳，快来，一个陌生的客人闯进了我的望远镜！”

卡罗琳连忙跑到哥哥身边，将眼睛贴到目镜上，果然，一颗过去从来没见过的星星，缓缓地在夜空行进，由于它发出的光很弱，如果不细心看是很容易忽略过去的。

“是的，”卡罗琳激动地边看边低声说，“哥哥，这是一颗新的行星，只是……”

“卡罗琳,幸运之神终于光顾我们了！这一定是我的勤劳和耐心,感动了上苍！是吧？”

“还有我的歌声,哥哥,”卡罗琳兴奋得浑身轻轻颤抖,“还有我的声音感动了天神,天空里也有天籁呀,不是吗？开普勒这么说过的。”

“是的,是的！还有你的歌声……”

于是，一颗新的行星在亚里士多德时代两千多年以后，被人们发现了！实际上,这颗光线微弱的星,可以勉强用肉眼看见,而且在赫歇尔以前许久就被人们看见过它许多次,甚至在英国天文学家弗拉姆斯提德(John Flamsteed,1646—1719)的望远镜时代的第一幅伟大图册中都有记载,把它放在金牛座中,并记为金牛座34星;1764年又有人在金星附近发现了它,但又误以为它是金星的卫星，只有赫歇尔的优良望远镜才首次确认它是一颗行星。

开始有人建议称这个行星为“赫歇尔星”,但后来天文学界一致同意称它为“天王星”(Uranus)。

天王星的发现引起了科学界巨大的轰动,一是因为原来以为太阳系到土星为止,而现在太阳系的范围一下子扩大了1倍,到达28亿公里远处;二是天文学家曾经认为在牛顿之后,不会再有什么新的发现,还有人甚至说科学发现已经全部完成。在这样的情况下，赫歇尔的发现犹如一阵春风,将新鲜空气吹进了科学界,为停滞多年的科学界带来了蓬勃生机。

1781年,赫歇尔被选为皇家学会会员,并荣获当时科学最高奖科普莱奖章。

## (二)

天王星距太阳的平均距离是19.2天文单位,基本上符合提丢斯-波德定则。这一发现当然会刺激天文学家的想象力:天王星以外的更远处还有行星吗？太阳系未必就终止在天王星？提丢斯-波德定则表上的38.8天文单位处还有另一颗行星吗？

这种猜想当然是合理的，而且后来果然发现天王星之外还有一颗星，它叫“海王星”。不过，海王星的发现可不是像赫歇尔发现天王星那样，先由望远镜发现再去研究。那海王星是如何发现的，请你看下面的故事……

天王星的发现本身倒并没有引起人们很大的震惊，令人们震惊的是天王星的轨道总是有些反常，与理论计算的结果不相符合，使天文学家们很伤脑筋。

当时牛顿定律的地位已经是不可动摇的了，除了极少数人认为牛顿的理论对天王星这颗太远的天体可能不适用以外，大部分天文学家认为，可能在天王星轨道外面更远的地方还有一颗行星，由于这颗未知行星的影响，才使得天王星的轨道老是发生异常。

这颗假想中未知的行星在哪儿呢？如果盲目地在茫茫的天空中去寻找，那无疑是大海捞针，得找到猴年马月。唯一的办法是从理论上去推算这颗未知星的位置。但这又谈何容易！从一个已知行星的质量和运动以及另一个还是未知的行星对它运动的影响，来确定这个假设中的行星的质量和轨道，涉及的未知量很多，其中要解的一个方程组竟由33个方程式组成，其难度之大可见一斑。

1843年，正在剑桥大学念书的学生亚当斯（John Couch Adams，1819—1892），对于这一艰巨任务十分感兴趣，决心利用牛顿的万有引力定律来找到这颗未知的行星。经过两年极其艰难的计算，于1845年9月他将计算的结果交给英国皇家天文台台长，请他们利用强大的天文望远镜在他所预言的某个位置上，寻找这颗未知的行星。遗憾的是，由于亚当斯当时还是一个不出名的年轻人，资历太浅，英国皇家天文台没有人重

英国天文学家亚当斯

视他的建议。直到第二年,英国皇家天文台才决定对亚当斯的理论计算进验证,可惜为时已晚。

正当亚当斯作出预言的前后不久,法国巴黎天文台台长阿拉果(Dominique Francois Jean Arago,1786—1853)将寻找这颗未知行星的理论计算任务,交给了比亚当斯大8岁的勒威耶。勒威耶比亚当斯迟了几乎整整一年才于1846年8月31日完成了理论计算任务。9月18日,他写信给柏林天文台助理员加勒(Johann Gottfried Galle,1812—1910)说:

> 请您把你们的望远镜指向黄经326°处金瓶座黄道上的一点,你将在离开这一点大约1°左右的区域内,发现一个圆面显明的新行星,它的亮度大约近于9等星……

9月23日,加勒收到了勒威耶的信,恰好加勒手边有一幅有助于寻觅这颗未知行星的新星图,当晚他就与他的助手雷斯根据勒威耶提供的数据,将他们的望远镜对准勒威耶预言的星区,不到半小时就在预定位置附近51′的地方找到了这颗小行星。第二天晚上继续观测,发现它的运动速度也与勒威耶根据牛顿引力理论所作的预言完全符合。这一成功是万有引力定律又一次辉煌胜利!这颗行星后来被命名为海王星(Nepture)。

海王星发现以后,为了发现的优先权发生了激烈的争论,而且又是英国和法国。特别是巴黎天文台台长阿拉果,他的激烈慷慨真让人大吃一惊。他不但认为海王星的发现应该完全归功于勒威耶,亚当斯没有一点份,而且他还竭力主张把这颗新的行星命名为"勒威耶星"。

当英、法两国科学界争得不亦乐乎时,两位科学学亚当斯和勒威耶却十分明智地没有介入这场争论,他们共同切磋学问,反而成了很要好的朋友。

美国法学家霍姆斯(O. W. Holmes,1841—1953)说得好:

> 名望是头戴灿烂金冠,
> 但却没有香味的葵花;

友谊则是花瓣，

片片飘溢着醉人芬芳的玫瑰。

## （三）

海王星发现以后，人们又发现它也出现了异常现象。由于有上次寻找海王星的经验，所以人们断定在海王星外更远处，一定还有一颗更不容易被人们察觉的行星。这颗星后来果然也被找到了，那就是冥王星（Pluto）。

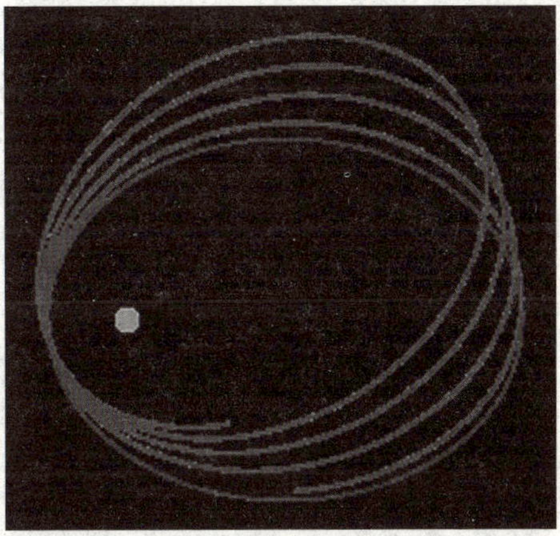

水星进动示意图。中间的圆点表示太阳，曲线表示水星运动的轨迹，它不是椭圆轨道，而是一种有“进动”的轨道。

看来，万有引力理论是一种战无不胜的理论了。可惜在水星（Mercury）的进动问题上，万有引力理论出了一点小问题，勒威耶也遭受到了挫折。

水星是太阳系的行星中距太阳最近的一颗行星。按照牛顿的万有引力理论，水星在万有引力作用下，其运动轨道应该是一个封闭的椭圆形。但实际上水星的轨道却并非严格的椭圆，而是每转一周它的长轴就会略微有一点转动，长轴的这种转动就称为“水星的进动”。

根据万有引力理论的计算，进动的总效果应该是1°32′37″/百年。但勒威耶在1854年通过观测发现，其总效果是1°33′20″/百年。也许有人认为，每一百年仅仅只相差43″，用不着吹毛求疵。的确，这是一个很小的偏差量，但对于科学的问题这已经是一个不能容许的误差了。所以这个误差，成发当时天文学家们议论的主题。

1859年，根据以往发现海王星的成功经验，勒威耶又如法炮制，将这一误差归因于在离太阳更近的地方还存在一颗很小的未知行星，正是由于它的作用才引起了水星的异常进动。他还预言，这颗星将随太阳一起升落，所以只能在日全食时观测到，或者当它在太阳面前通过时才能被观测到，并认为由于这颗未知星距太阳太近，表面温度一定很高，所以还给这颗假设中存在的行星取了一个很气派的名字："火神星"（Vulcan）。不过一般人把它称之为"水内行星"，也就是说位于水星轨道内部、距太阳更近的一颗行星。

正好在这一年，一位法国业余天文学家观测到太阳表面上有一个黑点，于是很多学者都认为这个黑点就是火神星，是火神星"凌日"。勒威耶十分兴奋，以为自己又将再一次立下赫赫功勋，而且这次可千真万确是他一个人的功劳。他还做了许多计算，预言了这颗火神星的轨道。因为这颗星离太阳太近，无法直接观测，只有通过凌日才能观测到，所以勒威耶为了便于今后大家进一步观测这颗行星，他还预告了以后几次凌日的具体时间。

由于当时勒威耶的威望已经很高，而且从 1854 年起，又被任命为巴黎天文台台长，所以大家都十分相信他的预言，很多天文学家以及他本人都投入了寻觅火神星的工作中。但在几十年里，却毫无所获，在他预言的地方没有看到任何新的行星。最后，大家只得承认并不存在这颗行星。勒威耶的这次预言恐怕不灵了。

但是，每百年 43″ 的误差，仍然是一个未知之谜，它对于牛顿力学来说，是一个严重的挑战。问题亟待解决，可出路何在？

直到 1915 年，爱因斯坦建立了广义相对论之后，水星进动异常的问题才获得了圆满的解决，原来这是相对论效应引起的，理论计算值为 43. 03 弧秒。这一结果，一方面解释了水星近日点的进动，另一方面水星近日点进动 43 弧秒的结论，成为广义相对论的第一个验证。

勒威耶失败的预言，到此才最终拉下了帷幕。

# 爱丁顿让钱德拉塞卡欲哭无泪

用权威作论证是不能算数的，权威做的错事多得很。

卡尔·萨根

1935年1月11日下午，在英国伦敦皇家天文学会会议上，年轻的印度天文学家钱德拉塞卡（Subrahmanyan Chandrasekhar，1910—1995）当众宣读了自己在研究中的新发现："相对论性简并"理论。这项理论将会导致关于恒星演化的一个惊人而有趣的结论。25岁的钱德拉塞卡自信他已经作出了一项惊人的重要发现。

可是，他万万没有料到他发言之后，他一贯敬重的爱丁顿（Arthur Stanley Eddington，1882—1944）立即在会上嘲弄地宣称：

"我不知道我是否会活着离开这个会场，但我的论文所表述的观点是，没有相对论性简并这类东西。"

爱丁顿当时不仅在天文学界是功绩显赫的领袖人物，而且在相对论方面也是知名的权威；但25岁的钱德拉塞卡却只是刚刚获得博士头衔的无名之辈。在这一场实力极悬殊的"论战"（实际上几乎没有真正"战"过）中，"真理"的天平完全倾斜在爱丁顿一边，钱德拉塞卡几乎是落荒而逃。

但天文学后来的发展却明白无误地证实，钱德拉塞卡是正确的，爱丁顿错了。而且，由于爱丁顿的错误，加上他的权威性影响，天文学在恒星演化方面的研究至少被耽误了20到30年！

回忆这段历史，想必很有意义。

## （一）

争论的起因是关于白矮星（White Dwarf，dwraf的意思就是"侏儒"、"矮子”)的看法,所以我们先简单介绍一下白矮星。

20世纪20年代,美国天文学家亚当斯(Walter Sydney Adams,1876—1956)利用分光镜研究双星天狼星中的天狼星B时,发现这是一颗十分奇特的恒星。它的奇特之处是亮度低(远不如天狼星A那么亮,只有后者亮度的$10^{-4}$),但表面温度却很高,大约在8000℃左右(太阳表面温度只有6000℃),与天狼星A的表面温度相差不多(天狼星A为10000℃左右)。温度高而亮度低,这说明天狼星B的表面积要比天狼星A小得多,据计算只能是天狼星A表面积的1/2800左右。这样,天狼星B的体积很小,与地球相仿;但是,它的质量却大得惊人,与太阳相仿。所以天狼星B的密度也高得惊人,大约是$10^6$克/厘米$^3$,大大高于人们熟悉的物质的密度。例如,这个密度高于地心物质几万倍!

亚当斯的发现说明天狼星B属于一类全新的恒星,它与普通恒星相比简直像一个侏儒,正根据这一特点,天文学家把这种恒星称为“白矮星”。没过多久,人们又陆续发现了许多其他的白矮星。

在亚当斯发现白矮星前4年,英国物理学家卢瑟福已经证明,原子的大部分质量集中在极小的原子核里。核外广大的空间被在一定轨道上高速转动的电子占据。白矮星的超高密度,似乎只能想象为原子被压“碎”了,即原子核外沿轨道运动的电子被压得不再沿原来的轨道高速转动,也不再占据核外广大空间,而被压得紧靠着核,好像成了一种自由运动的电子。但科学家们一时接受不了这种设想,因而大部分天文学家对白矮星的存在持怀疑态度。

英国物理学家和天文学家爱丁顿

爱丁顿根据白矮星的特点,算出天狼星B的表面引力应该是太阳的

840 倍，是地球的 23500 倍。如果真是如此，则根据爱因斯坦的广义相对论，天狼星 B 发出的光线，其爱因斯坦“红移现象”（red shift），就会比太阳光的红移大得多，因而也就明显得多。为此，爱丁顿建议亚当斯对天狼星 B 的红移现象作一次测试。1925 年，亚当斯进行了测试，结果他测定的红移，与爱丁顿预计完全相符。从此以后，人们不再怀疑白矮星的存在了。

但是，形成白矮星的物理机制仍然是一个谜。这个谜使当时的天文学家和天文物理学家，包括爱丁顿在内的许多人，百思不得其解。正在这时，与天文学似乎毫不相关的量子力学的一项新的成果，却为天文学家们提供了一个满意的解释。

1926 年，意大利物理学家费米（Enrica Fermi，1901—1954，1938 年获得诺贝尔物理学奖）和英国物理学家狄拉克（Paul Adrie Maurice Dirac，1902—1984，1933 年获得诺贝尔物理学奖）分别在利用量子力学的方法研究“电子气”时证明：在高密度和（或）低温条件下，电子气的行为将背离经典定律，而遵守他们两人重新表述的量子统计规律（即费米-狄拉统计规律）。在新的量子统计规律里，压强-密度关系与温度无关，压强值仅为密度的函数，即使在绝对零度，压强仍然有一定的值。量子统计规律刚一公布，英国理论物理学家福勒（Sir Ralph Howard Fowler，1889—1944）立即将这一理论应用于白矮星这种特殊的物质状态。在白矮星的条件下，电子离开了正常情形下的运动轨道，被“压”到一块儿，成了所谓“自由”的电子，而原子核则成了“裸露”的核，这种状态称为“简并”（degeneracy）态。福勒证明，高密度白矮星中电子气的“简并压力”非常大，大得足以抵抗引力的收缩压力；并且还证明，在白矮星那样的压力和密度条件下，物质的能量确实比地球上普通物质的能量高得多。福勒还证明，任何质量的恒星到它们的晚年时，都将以白矮星告终。1926 年 12 月 10 日，福勒在英国皇家学会公布了他的发现。

福勒的这一发现，是当时刚诞生的量子力学的一个合理的外推，它的结论使爱丁顿十分满意。爱丁顿和许多天文学家认为，与白矮星有关的问题完全解决了;人们再不必为它担心了。

有趣的是,科学史上有无数事例说明,每当科学家认为某一个重大发现,已经被“万无一失”的理论解释得令人惊奇的满意时,巨大的危机就会爆发。这次也不例外。正当人们感到欢欣满意之时,印度一位到英国求学的年轻人钱德拉塞卡却有了不同的看法。

1928年,德国理论物理学家索末菲(Arnold Sommerfeld,1868-1951)访问印度,这时正在马德拉斯大学读书的钱德拉塞卡听了索末菲的讲演后,才知道什么是费米-狄拉克统计。由于福勒的论文中有该统计的应用,于是他仔细阅读了福勒的文章。虽然当时钱德拉塞卡的各方面知识很欠缺,但他已经拥有的知识却足以使他对福勒的结论产生疑问。于是他决心继续钻研这个爱丁顿认为“已经完全解决了的问题”。

经过几年的研究,他有了比较明确的新观点。星体到晚期由于引力超过星体内部核反应产生的辐射压力,星体被压缩而变小,星体物质处于简并态;由于这时物质粒子相距愈来愈近,因而根据“泡利不相容原理”,粒子间将产生一种排斥力与引力相抗衡,在一定的条件下,它们处于平衡状况,于是形成白矮星。但钱德拉塞卡的研究发现,当考虑到相对论效应时,由于星体中不同物质粒子的速度差不能大于光速,所以当星体由于收缩而变得足够密时,不相容原理造成的排斥力不一定能抗衡引力。这儿有一个临界质量1.44$M_\odot$($M_\odot$代表太阳质量。开始时,钱德拉塞卡计算的临界质量是0.91$M_\odot$),如果星体质量超过这个临界质量,星体的引力将大于排斥力,恒星将在成为白矮星之后,继续收缩……并不一定像福勒设想的那样,所有恒星的晚期均以白矮星告终。

## (二)

1930年,钱德拉塞卡带着两篇论文来到了英国剑桥大学。一篇论述的是非相对论性的简并结构,另一篇则论述了相对论简并机制和临界质量的出现。福勒看了这两篇文章,对第一篇他没有什么意见,赞同钱德拉塞卡已取得进展；然而第二篇所说的相对论简并以及由此而生的临界质量，福勒持怀疑态度。福勒把第二篇论文给著名天体物理学家米尔恩(Edward Arthur Milne,1896—1950)看，征求他的意见。米尔恩同福勒一样，也持怀疑态度。

年轻时的钱德拉塞卡

虽然两位教授对钱德拉塞卡的结论持强烈怀疑态度，但钱德拉塞卡通过与他们的讨论和争辩，愈加相信临界质量是狭义相对论和量子统计结合的必然产物。1932年，钱德拉塞卡在《天文物理学杂志》发表了一篇论文，公开宣布了自己的观点。

1933年，钱德拉塞卡在剑桥大学圣三一学院获得了哲学博士学位，并被推举为圣三一学院的研究员。几年来，他与米尔恩已经建立了密切的工作联系和深厚的友谊，他也逐渐熟悉了爱丁顿。爱丁顿经常到圣三一学院来，与钱德拉塞卡一起吃饭，一起讨论问题，爱丁顿几乎了解钱德拉塞卡每天在干什么。

到1934年底，钱德拉塞卡关于白矮星的研究终于胜利完成。他相信他的研究一定具有重大意义，是恒星演化理论中的一个重大突破。他把他的研究成果写成两篇论文，交给了英国皇家天文学会。皇家天文学会作出决定，邀请他在1935年1月的会议上，简单说明自己的研究成果。

会议定于1935年1月11日星期五举行，钱德拉塞卡踌躇满志，自信在星期五下午的发言中，他宣布的重要发现将一鸣惊人。但在星期四晚上发生了一件事，使钱德拉塞卡感到疑惑和不安。那天傍晚，会议助理秘书威廉斯小姐把星期五会议的程序单给他时，他惊讶地发现在他发言之后，爱丁顿接着发言，题目是“相对论性简并”！钱德拉塞卡曾多次与爱丁顿讨论过相对论性简并，并且将他所知道的公式、数字都告诉了爱丁顿，而爱丁顿从来没有提到过他自己在这一领域里的任何研究，明天他竟然也要讲相对论性简并！钱德拉塞卡觉得，“这似乎是一种难以置信的不忠诚行为”。

晚餐时，钱德拉塞卡在餐厅里碰见了爱丁顿，钱德拉塞卡以为爱丁顿会对他作出某些解释，但是爱丁顿没有任何解释，也没有提出任何道歉。他只是十分关心地对钱德拉塞卡说：

“你的文章很长，所以我已要求会议秘书斯马特作出安排，让你讲半个小时，而不是通常规定的15分钟。”

钱德拉塞卡很想趁机问一下，爱丁顿在他自己的论文中写了些什么，但出于对他的高度尊敬，他不敢问，只是回答说：“太感谢您了。”

第二天会议前，钱德拉塞卡和天文学家威廉·麦克雷（William Hunter McCrea，1904—1999）正在会议厅前厅喝茶，爱丁顿从他们身边走过。麦克雷问爱丁顿：

“爱丁顿教授，请问相对论性简并指的是什么？”

爱丁顿没有回答麦克雷的问题，却转身向钱德拉塞卡微笑说：

“我要使你大吃一惊呢。”

可以想象，钱德拉塞卡听了这句话后，除了感到纳闷以外，大约多少会有些不安。

下午会议上，钱德拉塞卡简短介绍了自己的研究：一颗恒星在烧完了它所有的核燃料之后，将会发生什么情形？如果不考虑相对论性简并，恒星最终都塌缩为白矮星。这正是当前流行的理论。但是，当人们考虑到相对论简并的时候，任何一颗质量大于$1.44M_{\odot}$的恒星在塌缩时，由于巨大的引力超过恒星物质在压缩时产生的简并压力，这颗恒星将经过白矮星阶段继续塌缩，它的直径越变越小，物质密度也越来越大，直到……

“啊，那可是一个很有趣的问题。”他明确地宣称：“一颗大质量的恒星不会停留在白矮星阶段，人们应该推测其他的可能性。”

米尔恩对钱德拉塞卡的发言作了一个简短的评论后，大会主席请爱丁顿讲“相对论性简并”，爱丁顿开始发言了。钱德拉塞卡怀着异常紧张的心情，等待着这位权威的裁定。爱丁顿在发言快结束时说：

> 钱德拉塞卡博士已经提到了简并。通常认为有两种简并：普通的和相对论性的。……我不知道我是否会活着离开这个会场，但我的论文所表述的观点是，没有相对论性简并这类东西。

钱德拉塞卡惊呆了！怎么爱丁顿从来没有同他讨论过这一点呢？在那么多的相互讨论中，爱丁顿至少应该表白一下他的观点才对呀！这对于钱德拉塞卡不啻为迎头一棒。但是，爱丁顿并没有办法驳倒钱德拉塞卡的逻辑和计算，他只是声称，钱德拉塞卡的结果过于稀奇古怪和荒诞。钱德拉塞卡认为，超过临界质量的恒星“必然继续地辐射和收缩，直到它缩小到只有几公里的半径。那时引力将大得任何辐射也逃不出去，于是这颗恒星才终于平静下来”。爱丁顿认为这个结局简直荒谬透顶。

钱德拉塞卡说的这种最终结局，实际上就是现在已被广泛承认的黑洞（Black Hole），这个名称是30多年后于1969年由美国科学家惠勒（John Wheeler，1991—2008）正式定下的。但1935年1月11日的那天下午，爱丁顿断然宣布它是绝不可能存在的。他的理由是：“一定有一条自然规律阻止恒星作出如此荒谬愚蠢的行为！”

一场争论，就这样以迅雷不及掩耳之势爆发了。

## （三）

1935年1月11日的下午，对于钱德拉塞卡来说，真是一个惨淡得可怕的下午。他曾经心疼地回忆过那天下午会议结束后的惨况，他写道：



> 在会议结束后，每个人走到我面前说“太糟糕了。钱德拉，太糟糕了。”我来参加会议时，本以为我将宣布一个十分重要的发现，结果呢，爱丁顿使我出够了洋相。我心里乱极了。我甚至不知道我是否还要继续我的研究。那天深夜大约一点钟左右我才

回到剑桥，我记得我走进了教员休息室，那是人们经常聚会的场所。那时当然空无一人，但炉火仍然在燃烧。我记得我站在炉火前，不断地自言自语地说："世界就是这样结束的，不是砰的一声巨响，而是一声呜咽。"



第二天上午，钱德拉塞卡见到了福勒，把会议上发生的事情告诉了他。福勒说了一些安慰的话，其他一些同事也私下安慰钱德拉塞卡。钱德拉塞卡不喜欢这些"关怀"，因为从大家说话的语气中，他听出人们似乎都已经肯定爱丁顿是对的，而他肯定是错了。这种语气让钱德拉塞卡受不了，因为他相信自己肯定是对的。爱丁顿反对他的结论，却提不出任何充足的理由，爱丁顿唯一的理由就是他不相信大自然会"做出如此荒谬愚蠢的行为"。但这种"理由"在钱德拉塞卡看来未免有些滑稽可笑。

爱丁顿没有停止对钱德拉塞卡的"错误"的批评。1935年在巴黎召开的国际天文学会会议期间，爱丁顿再次在讲话中批评钱德拉塞卡的研究结果，说那简直是异端邪说，而所谓"临界质量"在爱丁顿看来简直是愚蠢可笑之极。钱德拉塞卡出席了这次会议，但会议主席没有让他对批评作出回答。钱德拉塞卡感到自己受到了不公正的待遇；他认为大家之所以赞同爱丁顿的意见，是因为他是权威，名气很大；而之所以反对他的结论，只不过是因为他是一个年轻的无名小卒。这公正吗？

钱德拉塞卡的想法是合乎事实的，这可以从麦克雷在1979年在11月写的一封信中看得十分清楚。麦克雷在信中写道：

我记得在一次皇家天文学会的会议上，爱丁顿发表了讲话，使我大吃一惊的是这是一种不能应战的争论。……当我聆听了爱丁顿的讲话以后，我不可能考虑他所说的所有含义，但是我的直觉告诉我，他可能是对的。

麦克雷接着以勇敢的精神解剖了自己：

使我感到羞愧的是我没有试图去澄清爱丁顿引起的争论。假如是其他人而不是爱丁顿引起这样的争论，我想我会去澄清的，从表面上看，大家都满意爱丁顿的发言，既然大家都满意，坦白地讲，我也情愿事态如此发展，更何况我不是研究恒星结构的。然而，我承认我知道一些狭义相对论，我本应该从这方面深入研究一下爱丁顿提出的问题。

钱德拉塞卡知道，他和爱丁顿争论的是一个物理学问题，只在天文学学圈子里争，是争不出一个子丑寅卯来的。他决定求助于玻尔、泡利这些量子力学的开拓者们。1935年，大约是1月下旬，钱德拉塞卡写了封信给他的好友罗森菲尔德(Léon Rosenfeld，1904—1974)。罗森菲尔德那时正在哥本哈根工作，是玻尔的助手。钱德拉塞卡在信中将他和爱丁顿争论的焦点作了详细的介绍后，接着写道：

“如果像玻尔这样的人能作一个权威性的声明，那么，对这个争论的解决将有很大的价值。”

可惜的是玻尔当时正在忙于研究原子核，以及与爱因斯坦争论量子力学的完备性问题，根本没有精力专心地研究一个新课题，所以无法满足钱德拉塞卡的愿望。但罗森菲尔德在几次通信中，将他与玻尔几次初步的讨论结果告诉了钱德拉塞卡。他们认为爱丁顿的意见没有什么价值，并且高度评价了钱德拉塞卡的观点。罗森菲尔德在一封信里写道：

“在我看来，你的新工作非常重要。我认为除了爱丁顿以外，每个人都会承认它建立在完善的基础上。”

罗森菲尔德还建议钱德拉塞卡把争论的焦点告诉泡利，请这位被誉为“物理学的良知”的大师进行仲裁。钱德拉塞卡觉得这个主意不错，就把他的相对论简并的推导，以及爱丁顿的论文等有关资料，寄给了泡利，泡利给了令人鼓舞的回答。他认为，把钱德拉塞卡的不相容原理应用于相对论系统时，没有任何可以犹豫的；他认为爱丁顿的主要错误是在把不相容原理应用于相对论性的情形时，过分地依赖天体物理计算的结果。不幸的是，泡利的主要兴趣不在天体物理学，因此他不愿意卷入这场争论。

由于玻尔、泡利等物理大师不愿介入，结果正如钱德拉塞卡预料中的一样，混乱一直在天文学中蔓延，而且持续了20年！钱德拉塞卡想从玻尔等人那里得到权威性评述，他的原意并非想让人们相信他的理论的正确性（对此他几乎没有怀疑过），而是想尽快消除天文学中的混乱。

由于物理学家们无心介入，钱德拉塞卡的处境变得十分不利，他几乎失去了在英国寻找一个合适职位的任何机会，人们对爱丁顿的嘲笑记忆极深。没有办法，他只得于1937年来到美国，很幸运的是他在芝加哥大学找到了一个教职。与此同时，钱德拉塞卡决定暂时放弃恒星演化的研究，但他坚信他的理论总有出头露面的一天。于是他把他的整个理论推导、计算、公式等，统统写进了一本书中，这本书的书名是《恒星结构研究导论》（*An Introduction to the Study of Stellar Structure*），1939年芝加哥大学出版社出版。

写完了这本书以后，他改弦更张，开始研究星体在星系中的几率分布，后来又转而研究天空为什么是蓝颜色的。有趣的是，钱德拉塞卡后来似乎十分满意这种不断转换研究领域的做法，以致他后来又全面地研究了磁场中热流体的行为、旋转物体的稳定性，广义相对论，最后他又从一种全然不同的角度回到了黑洞理论。1983年，他终于因为“对恒星结构和演化过程的研究，特别是因为对白矮星的结构和变化的精确预言”，获得了诺贝尔物理学奖。但这已是他最初提出这种理论后的48年了！

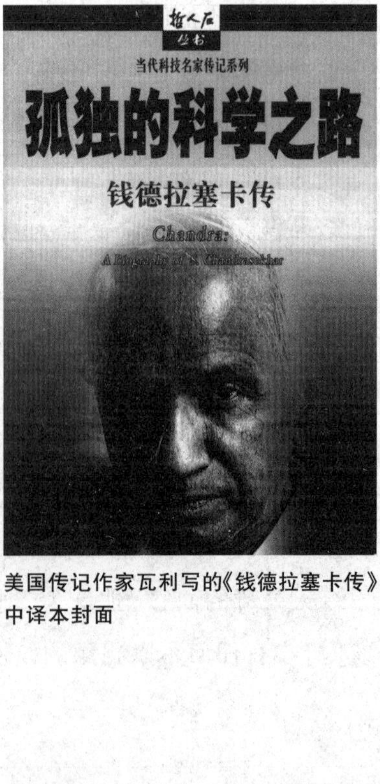

美国传记作家瓦利写的《钱德拉塞卡传》中译本封面

## （四）

美国传记作家欧文·斯通（Irving Stone，1903—1989），说得好：

> 人生的命运是多么难以捉摸啊！它可以被几小时内发生的事而毁灭，也可以由几小时内发生的事而得到拯救。

我们的确可以从历史上找到许许多多欧文·斯通所说的被“毁灭”或被“拯救”的例子。有时候这种毁灭和拯救完全取决于命运，人几乎没有机会去改变它；但在更多的情形下，命运却可以取决于当事人本身。法国著名作家蒙田（Michel.de.Montaigne，1533—1592）曾意味隽永地说过：

> 命运对于我们并无所谓利害，它只供给我们利害的原料和种子，任那比它更强的灵魂随意变转和利用，因为灵魂才是自己的幸与不幸的唯一主宰。

钱德拉塞卡后来的经历，可以说是蒙田说法的一个佐证。1935 年 1 月 11 日那天下午突然落到钱德拉塞卡头上的严重打击，有可能毁掉一个人的人生；但对于具有“更强的灵魂”的钱德拉塞卡，这一严重的打击却给了他一个千载难逢的机会，使他悟出了一个深刻的道理。一个什么样的深刻道理呢？且看他 1975 年（距 1935 年整整 40 年！）一次演讲中提出的一个令人深思的问题。

1975 年 4 月 22 日在芝加哥大学一次演讲中，钱德拉塞卡作了题为“莎士比亚、牛顿和贝多芬：不同的创造模式”的演讲，在演讲中他提出了一个十分奇特的现象：文学家和艺术家，如莎士比亚和贝多芬，他们的创作生涯不仅一直延续到晚期，而且到了晚年他们的创作升华得更高、更纯，他们的创造性也在晚年得到了更动人的发挥；但科学家则不同，科学家到了 50 岁以后（甚至更早），就基本上不再会有什么创造性了。

1817 年，贝多芬 47 岁，在此前他有好久没有写什么曲子了，这时他却对人说：

“现在我知道怎么作曲了。”

钱德拉塞卡对此评论说：“我相信没有一个科学家在年过40岁时会说：‘现在我知道怎样做研究了。’”

英国著名数学家哈代(Godfrey Harold Hardy,1877—1947)曾经说：

> 我不知道有哪个数学奇迹是由50开外的人创造的，……一个数学家到60岁时可能仍然很有能力，但希望他有创造性的思想则是徒劳的。

他还说过：“一个数学家到30岁时已经有点老了。”

英国著名生物学家赫胥黎也讲过，“科学家过了60岁，益少害多”。有意思的是，当英国物理学家瑞利【原名约翰·威廉·斯特拉特(John William Strutt)，尊称瑞利男爵三世(Third Baron Rayleigh)，1842—1919】67岁时，他的儿子问他对赫胥黎的话有什么看法时，瑞利回答：

> 如果他对年轻人的成就指手画脚，那可能是这样；但如果他一心一意做他能做的事，那就不一定益少害多。

钱德拉塞卡还举了一个惊人的例子——爱因斯坦。他指出，爱因斯坦是公认的20世纪最伟大的物理学家之一，1916年他发现了举世震惊的广义相对论，那时他37岁。到20年代初，爱因斯坦还做了一些十分重要的工作。但从那个时期往后，“他就裹足不前，孤立于科学进步潮流之外，成为一位量子力学的批评者，并且实际上没有再给科学增添什么东西。在爱因斯坦40岁以后，没有任何迹象表明他的洞察力比以前更高了。”

科学家为什么不能像伟大的文学家、艺术家那样不断地具有创新精神呢？这正是钱德拉塞卡感到有兴趣的地方。钱德拉塞卡通过自己奇特的经历，找到一个答案，那就是：

“由于没有更恰当的词，我只能说这似乎是人们对大自然产生某种傲慢的态度。这些人有过伟大的洞见，做出过伟大的发现，但他们此后就以为他们的成就，足以说明他们看待科学的特殊方法必然是最正确的。但是科学并不承认这种看法，大自然一次又一次地表明，构成大自然基础的各种真理超越了最强有力的科学家。”

钱德拉塞卡以爱丁顿和爱因斯坦为例：

> 以爱丁顿为例，他是一位科学伟人，但他却认为，必然有一条自然定律阻止一个恒星变为一个黑洞。他为什么会这么说呢？无非是他不喜欢黑洞的想法。但他有什么理由认为自然规律应该是怎样的呢？同样，人们都十分熟悉爱因斯坦的那句不赞成量子力学的话：“上帝是不会掷骰子的。”他怎么知道上帝喜欢做什么呢？

钱德拉塞卡的话是极有启发性的。真正伟大的发现固然是由一些有“傲慢”精神的人作出的，他们正是敢于对大自然作出评判才做出了伟大的发现。但是，要想持续不断地在科学探索做出新的发现，又必须对大自然保持某种谦虚态度。

有一次，当曾任英国首相的丘吉尔听说工党领袖艾德礼为人很谦虚时，他不无妒意地说：

“他有许多需要谦虚的地方。”

这句话用到科学家头上倒是非常合适的。对待大自然，一位科学家，无论他曾经做出过多么伟大的发现总“有许多需要谦虚的地方”！

但要长期保持谦虚态度并不那么容易。仅仅知道“需要谦虚”是不能保证一

钱德拉塞卡的著作 ***Truth and Beauty***（《真理与美》）中译本改名为《莎士比亚、牛顿和贝多芬——不同的创造模式》。图为中译本封面。

个人真正的谦虚的，似乎还应该有一定的方法、程序，保证人们时时刻刻不得不谦虚。有什么样的方法可以保证这一点呢？钱德拉塞卡提出了一个良方，他说：

“每隔十年投身于一个新领域，可以保证你具有谦虚态度，你就没有可能与青年人闹矛盾，因为他们在这个新领域里比你干的时间还长！”

这肯定是钱德拉塞卡通过自己的经历得出的体会。1935 年的打击，使得他不得不离开他研究了近 7 年的恒星演化领域，转而研究其他新领域。这种被迫的转向，想不到给钱德拉塞卡带来了意外的好处，使他终生习惯、后来甚至喜欢不断转换自己的研究领域，并且也使他明白了一个长期令人迷惑的奥秘：科学家的创造性生涯为什么远比文学家和艺术家短？

当钱德拉塞卡晚年回忆 1935 年的这场争论时，他似乎已经忘了当年的绝望心情，而颇为感谢爱丁顿当年给他的沉重打击（请读者注意，钱德拉塞卡和爱丁顿终生保持着亲密的友谊），使他幸运地放弃了原来的专业，下面是他的一段回忆：

> 假如当时爱丁顿肯定自然界有黑洞存在，他就会使这个领域成为一个十分令人注目的研究领域，黑洞的许多性质也可能提前 20 到 30 年发现。那么，理论天文学的形势将大不相同。但是，我并不认为这样对我会是有益的，爱丁顿的称赞将使我的地位有根本变化，我会很快变得十分有名气。但我确实不知道，在那种诱惑和魅力面前我会变得怎么样。

钱德拉塞卡的体会，以及许多伟大科学家未能保持谦虚的教训，应该说是科学史中令人瞩目的事情，它会为我们带来许多有益的经验和教训。

# 教皇在他面前跪下……

人要活到一定的年纪才会意识到生活并不公正。你所必须做到的是在你所处的环境下尽最大的努力。

摘自《斯蒂芬·霍金的科学生涯》

爱因斯坦:“我并不认为上帝在跟宇宙玩掷骰子的游戏。”

霍金:“上帝不仅在掷骰子,有时还将骰子扔到了找不到他们的地方。”

1981年梵蒂冈教皇厅科学院里,召开了宇宙学讨论会议,英国最伟大的宇宙学家霍金(Stephen William Hawking,1942—)出席了这次会议,并在会上发表了有争议的“宇宙无边界”理论。这一理论带有明显反宗教的内涵。参加会议的各国科学家们以极大的热忱接受了霍金的理论,但教皇约翰·保罗二世(Joannes Paulus PP.Ⅱ,1920—2005,1978年即位教皇)意见会怎么样呢?虽然教皇皮乌斯十二世(Pope Pius Ⅻ,1876—1958)曾经在1962年宣告,科学家们要学习伽利略的榜样,但宇宙无边界已经使上帝无立身之地,教皇会怎么说呢?科学家们等待教皇的接见,在接见时教皇也许会表达的。

霍金坐在轮椅上的照片

接见的日子终于来了,科学家和他们的配偶被邀请到教皇避暑宅邸冈多福堡接受接见。城堡很朴素,四周都是农田、小村庄。教皇在大客厅里发表了简短讲话之后，坐在平台的高椅上，由罗马天主教会的保安人员保卫着，客人们一个接一个地介绍给教皇。按照传统的规矩，客人们在这种隆重的场合应该从平台的一边进入，跪在教皇面前，轻声交谈几句，然后从平台的另一边离开。

但是，当霍金驱动轮椅到平台一边的时候，每个在场的人都平心静气地注视着霍金和教皇的一举一动、一言一行，他们急切地想知道，教皇对这位认为无需造物主的霍金，会说些什么。这时，人类历史上最令人惊异的一幕出现了：约翰·保罗教皇离开了他的座位，在霍金的轮椅前跪下来，使他的脸与霍金的脸在同一水平线上；而且他们交谈的时间比别人都长。

"您现在正研究什么呢？"教皇问。

"我正在研究宇宙的边界条件是不是成立。"

"我希望您的研究成果能使人类更加进步和幸福。"教皇停顿了一会儿，又说："我对研究宇宙学的人有一个希望……"

霍金尽力扬起他那斜靠在肩上无力的头，等待教皇的话。

"像'世界形成的一瞬间'这样的研究，最好还是不要研究的好。"

霍金不知道如何回答，迟疑了一会儿说："我尽力而为吧。"

教皇微笑地点了点头站起来，掸了掸自己长袍上的灰尘，与霍金告别。霍金的轮椅就呼呼驶向了平台的另一边。据说，那天下午在大厅里的许多天主教徒都感觉受到了冒犯，他们认为教皇对霍金过分地尊敬了。更何况霍金是一个不信教的科学家，这是人所共知的事实；霍金的理论与正统的天主教义正好对立。为什么教皇要这么垂青于霍金？

是呀，为什么约翰·保罗二世要如此格外尊敬霍金呢？这其中的原因，我想读者在看了以下的故事后，也许会有自己的看法。

## （一）

世界上有些事的确很奇巧，尽管我们说不出道理。1642年1月8日，当欧洲战场上基督教和天主教徒还在作殊死较量时，受尽教会侮辱、迫害的伽利略（Galileo Galilei，1564—1642），终于在佛罗伦萨市郊的阿圣翠山庄安静地闭上了双眼，心怀愤懑地离开了人世。

这年年底12月25日，正好是圣诞节那天，英国的科学伟人伊萨克·牛顿诞生了。再过300年，1942年的1月8日，当伽利略去世300年整时，另一个探索宇宙的现代伟人斯蒂芬·霍金诞生了。

霍金诞生在大学城牛津。本来，他们的家住在伦敦郊区海格特，但他的父亲弗兰克和母亲伊莎贝尔却决定将他们的第一个孩子生在牛津。这是因为那时正是英国每天晚上都遭到德国轰炸，伦敦到处是断墙毁壁，连他们在郊区的住屋不远处都落下了一颗炸弹，把窗子都震碎了。英、德国两国政府有协议，相互不轰炸有名的大学城——英国的牛津、剑桥，德国的哥丁根、海德堡在免炸之列。

在霍金出生那天，据说伊莎贝尔不知为什么买了一本天体图的书。后来霍金成了知名的宇宙学家之后，一位亲戚对伊莎贝尔惊呼道："啊呀，你可真是未卜先知呀！"

当霍金两岁时，他差一点被炸死。他们那时又回到伦敦，有一天德国的V-2火箭忽然击中并毁掉了他们的家，幸亏那时他们出门有事，否则人类就少了一位最杰出的科学家。

霍金的父亲是牛津大学医学院毕业生，一直研究热带病学；母亲也是牛津大学毕业生，后来在一家医学研究机构任秘书，这工作并不让她称心，但却让她有机会认识了她未来的丈夫。由于夫妻两人都是高学历、名牌大学毕业生，因此他们的邻居除了尊敬他们以外，总觉得他们家有些古怪。比如说他们家里有许多书，而且还在不断地买；尤其是吃饭时他们一家人包括小孩，都边吃饭边看书，这在别的家庭里显然是不允许的。

霍金似乎有点笨手笨脚，但想象力却异乎寻常地丰富，而且，他的想象力转换得极其迅速，这使得他总是不能用适当的语言表达思想，于是说话显得吞吞吐吐、若隐若现，这有点像他爸爸。有人开玩笑说，霍金家的人有一种专门语言："霍金语"。丹麦的物理学家N. 玻尔也有这种类似的毛病。

霍金思维的敏锐、迅速，使他的小朋友们十分惊讶。他的一个小朋友迈克尔·丘奇（Machel Church）后来曾说：

“我感到他总是居高临下地看着我们……我意识到他的不同寻常。这不只是一般的聪明和有创造性，而是鹤立鸡群。如果你愿意，说他有点高傲也没关系，仿佛世界上的一切他都尽收眼底。”

霍金小时候的照片（站在上面左边的男孩子）

斯蒂芬的确有些“鹤立鸡群”，他在 9 岁时就知道自己将来会成为一名科学家。16 岁时，他和他的小伙伴们就利用钟表的零件和一部报废的电话交换机，七拼八凑地制造出一台简陋的计算机，斯蒂芬·霍金是这台“逻辑单选计算机”（LUCE）的主要设计者之一。当时计算机还是十分罕见的东西，只有某些大学和政府部门才有，所以他们的成功引起了人们的关注，当地小报还专门为此作了报道。据说这台 LUCE 可以“真的做一些算术题”。

这一台计算机后来被一位不知内情的学校负责人当做垃圾扔掉了。过了许多年霍金成名后，这位负责人才后悔不迭，认识到那台 LUCE 有很大的历史价值。

## （二）

1959 年，霍金考上了牛津大学。霍金想学物理，但父亲想让大儿子像他一样学习医学，他们争论起来。霍金后来回忆说：

“我父亲要我学医，但我觉得生物学的大部分内容是描述性的，而不是充分地研究根本性的问题。也许我了解了分子生物学后会有不同的想法，但当时分子生物学还没有广为人知。”

10月，霍金被牛津大学正式通知，他不仅被物理系录取，而且获得了奖学金。奖学金对霍金一家来说十分重要，因为一位医生的薪水要供应儿子上牛津大学这样的名牌大学，是十分为难的。

霍金在牛津大学求学时，懒散而不大用功，这与当时牛津的风气有关。当时牛津大学的学生很看不起那些十分用功而取得高分的人，还为这些学生取了一个难听的名字“灰人”（grey man）来嘲弄这些学生。霍金在《时间简史》一书中曾提到此事。他写道：

“那时牛津盛行一种对学习非常抵触的风气。你要么不努力也能取得好成绩，要么就承认自己的智力有限，得一个四等的成绩。如果你学习很努力才得到了一个好成绩，会被认为是灰色人，这在牛津大学是最糟糕的一个称号。”

霍金当然不愿成为一个 grey man。幸好他智力过人，虽然懒散（据他估算，在牛津大学的三年中，他花在学业上的时间只大约 1000 小时，也就是说平均每天才一个小时！），但他的学习成绩却着实让老师和同学们吃惊。这从下面一件轶闻中可以看出这一点。

有一次，他的导师伯曼博士（Dr. M. Berman）给他的 4 个学生布置了 13 道物理题，要求他们在下周上课前尽量做完。到该上课那天，其他三个学生在休息室遇见了霍金，他正在那儿坐着看一本书科幻小说。

“斯蒂芬，你觉得那 13 道题难吗？”一位同学问。

“噢？我还没做呢。”

三位同学笑起来了，然后一位同学十分郑重地说：“你最好赶紧做一下，我们三个人上周一起做，也只解出一道题。”

霍金听了这话，似乎对 13 道题有了兴趣，真的赶紧做起来了。到上课时，那 3 位同学问霍金做得怎么样了，他说：“我时间不够，只解出其中 9 道题。”

1962年,霍金结束了牛津大学的学习。考试结束的那一天,霍金与同学们高兴极了,他们决定祝贺一番。于是,牛津小城的街道上出现了许多狂饮香槟酒的大学生,他们边喝边唱边舞,还把香槟酒喷向夏日的晴空,一时交通为之堵塞。

假期,他随父亲到中东去旅游一次,回来以后就到剑桥大学去注册,成为夏马(D. Sciama)教授的研究生。本来他想投到杰出宇宙学大师霍伊尔教授(Sir Fred Hoyle,1915—2001)麾下,但不知为什么却转到了夏马教授的手下。开始他颇有点沮丧,但很快发觉夏马是一位十分优秀的科学家,而且他随时可以和霍金讨论问题。

1962年的寒假,霍金认识了珍妮·怀尔德(Jane Wilde)。珍妮有八分之一的中国血统,刚从一所中学毕业,正准备第二年秋天上大学学习现代语言。她对霍金有深刻印象:霍金谈吐机智,行为有点不同一般;不过他的过分自负,珍妮并不喜欢。但是,他们之间的友谊却进展得十分顺利。

正在霍金向光明、幸福和辉煌的未来迈进时,一场巨大的不幸铺天盖地向他袭来,几乎完全把他摧毁!

寒假期间,有一次他和母亲出门滑冰,他忽然毫无理由地摔倒了,并且爬不起来,这样的事发生过几次以后,他只得去找医生。检查的结果,他竟然患上了"肌萎缩侧索硬化症"(ALS),这种病在英国通常被称作"运动神经细胞症",在美国则被称为"卢伽雷病"。这是一种不治之症,医生认为霍金最多只能活两年。医生告诉他,这种病的一般进程是:肌肉萎缩引起运动功能减退,最后导致全身瘫痪;患者说话也会因声带上肌肉萎缩而日渐困难,并最终丧失言语能力;最后,吞咽困难,呼吸肌肉受损……死亡就降临了。在这整个进程中,唯有思维能力和记忆力不受损害。

当霍金知道了这一切以后,我们可以想象他是多么痛苦,他觉得上帝对他太不公平了!为什么他年纪轻轻就非得在慢慢地折磨和痛苦中悲惨地死去?为什么!可是这种问题是无人可以回答的。于是他把自己一个关在宿舍里,靠喝酒来麻醉自己。他的精神几乎要完全崩溃了!但最终,他的理智终于拯救了他，他想：

“如果我反正将要死去，何不做些好事？”

霍金与珍妮结婚照。右边是珍妮的父母，左边是霍金的父母。

于是他决心回到学业上来。他庆幸自己学的是理论物理学，而他的大脑不会受这种病的影响。决心一下定之后，他比以前更珍惜时间了，他甚至诅咒自己以前那么不珍惜时间。有生以来，他第一次全心全意投入了学习和研究。珍妮·怀尔德的鼓励、帮助，也是霍金转变的关键原因之一。珍妮是一位虔诚的天主教徒，宗教赋予她的强烈责任感使她决心把他从绝望、迷茫中拯救出来。一位霍金的传记作家公正地写道：

> 毫无疑问，珍妮这个时候的出现是霍金生活中的主要转折点。……珍妮使得霍金能克服自己的绝望，并重新树立生活和学习的信心。与此同时，霍金继续缓慢而艰难地攻读博士学位。

世界上最伟大的奇迹发生了：50多年过去了，霍金不仅活到了今天，而且尽管他完全瘫痪，行动完全依赖一台电动轮椅；而且1985年以后完全不能发声，只能靠计算机与人交谈，但这位世界上最严重的残疾人却成了全世界顶尖的理论宇宙学家和理论物理学家！1974年，霍金因为黑洞辐射理论而被选为英国皇家学会会员，当时他才32岁，在悠久的学会历史上，他是获得这一荣誉最年轻的科学家之一。1979年，他被任命为剑桥大学卢卡斯数学教授，310年以前，牛顿也被任命为这个教授。1989年，霍金被授予大英帝国荣誉爵士。在广大中国读者中十分熟悉的《时间简史》一书，就是霍金于1988年出版的。

霍金的研究领域是宇宙学，这是一门需要高深数学水平、异常丰富想象力的学者才能从事的研究，而且需要精通物理学的两门最艰深的理论——广义相对论和量子场论。霍金能以他艰苦卓绝的努力增进了人类对早期宇宙的认识，而且比任何其他人都做得更出色，这无疑使他成为20世纪最伟大的奇迹之一。

霍金还于1985年春天访问过中国。当他驾着他那著名的电动轮椅游八达岭长城时，他执意要登上最高的烽火台，甚至说他宁愿死在长城上也不肯死在剑桥。

霍金的生活，霍金的成就，使每个知道了他事迹的人都受到深深感动。并激励着无数健全的人和有残疾的人，使他们勇敢地面对生活的挑战，克服一切前进的障碍，取得成功。世界上有什么事情比这更伟大，更令人心动的呢？

当然，霍金仍然是一个与其他人一样的普通人，他也会犯错误，会干一些唐突的事。他不是上帝。

## （三）

霍金主要的研究成果是关于黑洞的研究。在上节谈到钱德拉塞卡，曾提到黑洞这个词。黑洞是宇宙空间物质存在的一种特殊形式，在黑洞里由于物质非同一般的密集，密度大得超乎人们的想像，因此引力非常之大，大到连光线都不能逃离出来。既然连光都出不来，当然人就看不见它，所以称它为“黑洞”。任何东西如果掉进黑洞，就再也跑不出来了。

光线为什么逃不出来呢？因为黑洞的引力太大，当光线逃离它时，引力拉往了光，使光飞逃了一段距离后，再没劲飞了，只好再次落进黑洞。这就像我们朝天用步枪射击一样，开始子弹劲头十足地向天空飞去，但过一会儿由于地心引力的作用，子弹射到一定的高度就没劲了，只好回落到地球上。黑洞呢，引力极大，别说子弹，导弹……连光都逃脱不了它的引力作用，飞到一定距离只好乖乖地转个急弯又回到黑洞里去。这光线能飞到最远的地方如果为$r_e$，以$r_e$为半径作一个圆，这个圆的边界就称为“视界”（event horizon）。简单点说，“视界”就是黑洞的边界。黑洞越大，视界的表面积（即以 $r_e$ 为半径的圆面积 $\pi r_e^2$）也就越大。

霍金的一个伟大贡献就是关于这个圆面积 $\pi r_e^2$ 的研究。那是 1970 年 11 月，他的女儿露茜出生两周后的一个晚上，他正要上床睡觉时，他忽然想到：黑洞的视界表面积不会缩小，只能保持不变或增加。有了这条规则，一方面给黑洞的性质、行为提供了一条重要的限制，另一方面又启发人们，这视界表面积与热力学里的“熵”有很大的类似之处，因为热力学第二定律告诉我们，封闭系统的熵不会减小，只能保持不变或增大，所以热力学第二定律又称“熵增大定律”。而且奇巧的是，视界面积与熵有着同样的量纲！难怪钱德拉塞卡后来赞叹地说：

> 热力学和统计物理学并没有期望从广义相对论中得出熵，然而，从这个理论得出的结果并不违背热力学和统计物理学规律。……这足以使人们对广义相对论坚信不疑了，……这与它的美学基础有关。

霍金的这重大发现，受到当时理论物理学家们的热烈喝彩，就是霍金本人也高兴得驾着他的轮椅，在剑桥大学马路上呼啸而过，舞厅里他的轮椅也呼啦生风地狂旋。霍金后来还得意地说：

“只要你脑子里想什么就盯住不松手，就总有一天会冒出思想来的。”

这句话大概成不了什么名言，但反映出霍金的兴奋之情。过了不久，谁也没料到的事发生了，从这一新见解出发，霍金竟然一举推翻了关于黑洞的一个传统观念，而且也是理论物理学家们最钟爱的一个观念，即：“黑洞不黑”！这也就是说，有些东西（如基本粒子）可以从黑洞那里溜出来！就像基督山伯爵能从“固若金汤”的孤岛伊夫堡中逃出来一样。

这一划时代的伟大发现，使霍金稳稳当当地成了当代宇宙学中的顶尖人物和公认权威。可是，你想知道他的这一发现是从霍金的一次失误开始的吗？

开始，霍金并没有把黑洞的视界面积不变与熵增加原理联系到一起；不仅没有，而且还反对这种联系。他只是把这两者“数字上不增加”联系一起，但是并没有因此认为这两者在本质上有什么联系。但是后来霍金从一篇文章中得知，一位美国普林斯顿大学约翰·惠勒（John Wheeler，1911—2008）的研究生贝肯斯坦（Jacob David Bekenstein，1947— ）提出：黑洞视界的面积很可能与黑洞的熵有关联，也许这方面积正好是黑洞的熵的量度。

“又是一个不知天高地厚的研究生！”霍金几乎被贝肯斯坦的意见惹恼了火，他愤愤地想道：“这位宝贝研究生也不想一想，如果黑洞的视界面积真是熵的量度，那么它也将是温度的量度。如果黑洞有了温度，热量将从黑洞流出，流向宇宙中最冷的地方（−273℃），而这意味着能量将从黑洞流失。这怎么可能呢？”

是呀，霍金怎么会不恼火呢？黑洞为什么“黑”，不就因为为任何东西（当然也包括能量）都不可能从黑洞逃离吗？1973年，霍金和他的两位同事发表了一篇文章，指出了贝肯斯坦文章中的“致命弱点”：

“事实上黑洞有效温度是绝对零度……没有任何辐射可以从黑洞放出。”

但是后来霍金才明白，错的不是贝肯斯坦，而是自己。这真是一个十分有趣而令人惊讶的故事，在科学史上总是一次又一次重复这种类似的故事，真个是“绵绵无尽期”了！每一次总是年轻的科学家不愿被保守的传统思想所束缚，大胆向它们挑战；而每一次这种挑战，又绝无例外地会被权威和顶尖人物所恼怒和反对。这样的故事在我们这本书中读者就至少可以找出几十例。当爱因斯坦提出光子假说时，普朗克说爱因斯坦走上了歧途；当玻尔提出氢原子假说时，劳厄赌咒说，如果玻尔对了，他就不当物理学家了；当克罗尼格提出电子自旋假说时，泡利劝他把它扔进废纸篓里去……结果，每一次科学的重大进展，总是年轻人挑战、奋进，而权威和老人多是充当反对角色。这似乎成了规律。现在，年龄并不大（才30岁出头）但已出了名的霍金又开始担任这个“反对角色”了。

更有趣的是，当霍金进一步的研究得出了一个数学公式，这公式十分有利于贝肯斯坦的观点，但霍金还是不相信。他仍然“有一些恼火，以后又感到好奇”。在《时间简史》中霍金对此曾写道：

> 我想如果贝肯斯坦知道这点，他肯定会把这作为支持他的关于黑洞熵理论的进一步论据，而我却仍然不喜欢。

霍金做了许多努力，想摆脱贝肯斯坦的“错误见解”，但摆脱不了。最后，霍金不得不接受贝肯斯坦的见解和他自己的数学公式给出的结论，抛弃了他自己的偏见。

承认自己错了，抛弃偏见之后，霍金做出了划时代的发现。

“失败乃成功之母”，这句话真是精深的哲言。

## （四）

到1989年，《时间简史》成了全世界的畅销书，几乎所有读书人家庭的书架上都放有这本书。据估计在全球这本书至少印了几千万册。于是关于这本书的逸闻趣事也多得很。我们只举一则。

有一次，霍金的朋友、前苏联著名宇宙学家林德（A. Linde）乘飞机到美国参加一个科学会议。他看见邻座一位商人正读霍金的那本《时间简史》，不免有点惊讶，就问道：

“你觉得这本书怎么样？”

“很吸引人，我爱不释手了。”商人说。

“这很有意思，”林德说，“我发现这本书有些地方读起来不流畅，有些地方我不能完全理解。”

商人听了林德的话，把书合上放在大腿上，然后向林德靠近，同情地笑了一下说：“那么，让我解释给您听……”

这类趣味收集起来怕有上百条。但是，这本书也引来了一场本不该发生的风波。这场风波是由霍金的失误和固执引起来的。

事情得从1981年的一件事讲起。这年霍金到莫斯科访问时，前苏联物理学家林德将自己在宇宙研究中的“新膨胀”理论告诉了霍金，霍金提出了一些批评和意见。林德后来按霍金的意见作了修改。莫斯科的访问一结束，霍金立即飞往美国费城，接受富兰克林学院给他颁发的富兰克林奖章。领奖后他应邀在一个关于宇宙学的讨论会上发了言，后来在讨论时，宾夕法尼亚大学的一位年轻物理学家斯坦哈特(Paul J. Steinhardt，1952—)与霍金讨论了宇宙膨胀的问题。这件事似乎就此结束，但麻烦出来了。原来霍金后来在1988年出版的《时间简史》一书上提到了这事，而且他不知是疏忽还是什么原因，这样写道：

> 在费城讨论会上，我用大部分时间谈论宇宙膨胀问题，还提到了林德……的思想，以及我如何纠正他的一些错误。听众中有……斯坦哈特。……后来斯坦哈特寄给我一篇论文，是他和一个叫艾伯瑞希特(A. Albrecht)一起写的，内容与林德的……思想极为相似。以后他告诉我，他不记得我曾描述过林德的思想，而且在他们自己差不多已完成论文时，才看到了林德的论文。

当斯坦哈特看到霍金这种不负责任的话以后，十分恼怒。他知道，如果不澄清这个是非，将对他本人的名誉和事业造成极大伤害。斯坦哈特为什么恼怒呢？我们还得回到1982年，这年霍金在剑桥组织了一个讲习班，讲习班要是研讨宇宙膨胀的问题。结束前，会议拟了一个“会议纪要”。当时参加会议的两位美国物理学家滕勒(M. Turner)和巴洛(J. Barrow)看了纪要后，认为不妥，建议霍金应该把斯坦哈特的功劳写进去，因为斯坦哈特与林德是各自独立提出“新膨胀”理论的。霍金当时不赞成“分享功劳”的建议，建议要么把斯坦哈特和他合作者的名字去掉，要么引霍金-莫斯(Moss)的论文作参考资料。

滕勒和巴洛对霍金这种不分青红皂白的态度很是气愤，尤其是后一建议无疑是他本人想抢“新膨胀”理论发现的头功。滕勒和巴洛决定不理睬霍金的无理要求，并提醒霍金：斯坦哈特是不会不注意这一冲突的。两个无名小卒向顶尖人物挑战是十分危险的，但他们为了公平，什么也不顾了。

其实，霍金开始的确是有点误会，以为斯坦哈特是听了他在费城的讲话，并在知道林德“新膨胀”理论之后才写了一篇关于这方面的文章，因此认为他没资格抢这一头功。斯坦哈特知道此事后，在1982年的当时就将自己的笔记本和信件寄给霍金，用以证明自己在1981年10月在费城听霍金演讲以前，就已经有了“新膨胀”理论比较成熟的想法；同时他断言，他在费城会议中绝没有听到霍金提到林德的新思想。霍金收到斯坦哈特的信以后，回信说，他完全承认斯坦哈特和阿尔布雷克特的研究是独立于林德的；他还友好地表示希望今后能够合作，并明确声称：这件事到此结束。

这是1982年的事，如果霍金做到他的许诺就什么事也不会有了。但到1988年写《时间简史》时，霍金又否定了1982年他给斯坦哈特信中允诺的一切，使读者一看就明白霍金毫不留情地贬损了斯坦哈特。斯坦哈特的气愤是可想而知的了。他不能原谅霍金这种不讲信义的背后小动作。

斯坦哈特很快受到了损害，国家科学基金会决定终止拨给他，原因正好是霍金的那一段话。

斯坦哈特不得不为捍卫自己的名声而奋斗。幸运的是，他找到了1981年一次会议的录像带，上面清楚地表明在1981年斯坦哈特就提出了“新膨胀”理论的关键思想。斯坦哈特将录像的拷贝寄给剑桥的霍金和出版社矮脚鸡公司。几个月以后，霍金回信说，下一版本将修改那冒犯了斯坦哈特的文章。

但奇怪的是，霍金并没有就这件严重损害斯坦哈特的事件向斯坦哈特本人道歉，也没有公开承认自己的错误。

1988年，在美国召开的一次会议上，霍金遇见了滕勒，他尴尬地问滕勒说：

“你打算理睬我吗？”

“你应该进一步弥补你造成的伤害！”

后来是世界各国的许多学者向霍金明确指出他错了之后，他才显得宽容了一点。

对于这件事,《霍金的科学生涯》(*Stephen Hawking*, *A Life in Science*, 1992)一书作者评价道:

***Stephen Hawking, A Life in Science*** **原文版封面**

> 对双方而言,此事现在已经结束了。但霍金对此事的行为明显是错的。他以顽强著称,但是他的这种个性的负面效应又使他无视公平的原则。斯坦哈特因为这件事还在遭罪,毫无疑问这件事已对他的职业造成了损害,并完全不必要地引起他感情上的痛苦,他是冤枉的。不过,有莱布尼兹与牛顿之争为例,在科学史上像这样的事远不是罕见的。像霍金这样杰出的人物,使科学世界保持着活力,他们的思想和想象力使科学充满生机,但是同他们创造性的贡献并存的是,他们过于强烈的个性所带来的强烈的负面性,有时这种负面性会使人生道路背离原来的方向。

这段评论说得好!这使我们想起了霍金前妻珍妮说的一段话。珍妮在霍金最需要人鼓励和照料的时候,成了他的妻子,但在1990年两人却分了手。我们这儿不可能探讨他们分手的原因,但珍妮的一句话说得特别好:

“(我)告诉他,他不是上帝。”

是的,霍金不是上帝,爱因斯坦也不是上帝,他们只不过幸运地从上帝的肩膀上瞄见了一点点宇宙的奥秘。

# 爱因斯坦一生中干的最大的蠢事

宇宙究竟是无限伸展的呢？还是有限封闭的呢？海涅在一首诗中曾提出一个答案："一个白痴才期望有一个回答。"

A. 爱因斯坦

发现宇宙膨胀是二十世纪伟大智慧革命之一。回顾起来也够奇怪的：为什么过去没人想到这点。

S. W. 霍金

爱因斯坦不是一位物理学家吗？怎么把他放到宇宙学家这一节里面来了呢？有没有搞错呀？爱因斯坦的确是一位物理学家，但是他曾经用他的广义相对论对宇宙进行过一次可以说是最大胆、也最富有成就的一次探索。1917 年，爱因斯坦发表了他的第一篇宇宙学论文，也是广义相对论宇宙学这一领域中的第一篇论文。题目是："根据广义相对论对宇宙学所作的考查"。时间已经过去 80 多年。但这篇开拓性论文所引进的许多概念，至今仍然极大地影响着现代宇宙学的发展。

对宇宙奥秘感到极大兴趣的的爱因斯坦，正在仰望天空、思绪联翩。

由于下面将要讲到的原因，爱因斯坦在他的宇宙学中，引入了一个"宇宙学项"，在这宇宙学项中，他引入了一个"宇宙常数Λ"。后来，伽莫夫(George Gamow，1904—1968)在他的回忆录中曾经谈到，爱因斯坦为引入这个宇宙学项而感到后悔。伽莫夫写道：

很久以后，在我和爱因斯坦讨论宇宙学问题时，他认为，引入一个宇宙学项是他一生中所干的一件最大的蠢事。

但是过了几十年以后，宇宙学家们又认为，爱因斯坦引入的宇宙学项是必要的。伽莫夫大约不这么认为，因为他似乎颇为愤慨地指说：

然而，被爱因斯坦否定和抛弃的这个“愚蠢项”，至今还在被某些宇宙学家沿用，那个以希腊字母Λ代表的宇宙常数，还高昂着它那丑陋的尖脑袋，一而再、再而三地出现着。

把宇宙常数Λ说成是“丑陋”而且“尖”的脑袋，充分表明了伽莫夫是如何憎恶这个宇宙常数！但其他科学家并没有因为Λ是爱因斯坦抛弃了的东西，也并没有因为伽莫夫说它“丑陋”（不过Λ的“脑袋”的确有点尖），就真把它扔进了垃圾堆。例如当今剑桥卢卡斯教授、世界著名宇宙学家霍金1982年在盖尔曼（Murry Gell-Mann，1929—）的影响下，对宇宙常数有了兴趣，并在1982年的一次会议上，作了题为《宇宙常数和弱人择原理》的演讲。他在演讲中指出，在某种情形下，宇宙常数应该是存在的，只不过它比已知的任何其他物理常数更接近零。霍金还特别指出，尽管我们可以使光子的质量为零，但我们没有相同的理由使Λ的数值等于零。

Λ的尖脑袋似乎不定“丑陋”了，它又一次昂起头来！这使我们想起了爱丁顿，他一直认为宇宙常数是不可缺少的，他曾经预言道：

“Λ=0是不可能的，这暗示着恢复到不完全的相对论，这与恢复到牛顿理论一样，用不着思考。”

那么，爱因斯坦到底是不是犯了一个毕生最大的错误呢？他为什么认为自己犯了错误？而许多著名的科学家却又认为他并没有犯什么错误，这到底是怎么一回事？

这的确是一个极有趣味的案例。这里充满了几乎看不出来的陷阱和“陷阱”；误区和“误区”简直是真假难分。大约我们唯一有把握说的是：我们现在所阐述的一切,仍然没有把握说它到底是对还是不对。

## (一)

牛顿力学建立以后,宇宙结构的早期模型基本上被淘汰了。早期宇宙模型,无论是古中国的或古希腊的,几乎都认为宇宙是“有限的、有边界的”。但这种模型立即会引出一个令人困惑的悖论:“有限有界”就意味着存在“边界以外的”宇宙,而“宇宙”本身就是“囊括一切”的,没有什么东西能在宇宙之外。这样,既认为宇宙囊括一切,又认为有边界而承认宇宙还有“宇宙”之外,这也就是说宇宙并不“囊括一切”,这不是一个致命的相互矛盾的难题吗?

但在古代,这个问题倒是可以有解决的办法的,那就是把“边界以外”的部分划分到科学研究范围之外,那儿是上帝或者是玉皇大帝统治下的天堂。但到了近代科学兴起以后,这种“天界”的说法当然不能再滥竽充数了。为了解决上述的难题,于是牛顿和莱布尼兹主张宇宙是无限的。1692年,牛顿在给本特利(R. Bentley,1662—1742)写的一封信中,对他为什么将宇宙当做一个到处充满物质的无限容器作了解释,他写道:

> 如果我们的太阳、行星以及所有宇宙中的物质都均匀地分布在天空中,而且每一个物质粒子都有一种固有的引力作用在其他物质粒子上,在这种情形下再假定散布物质的空间是有限的,那么这些物质将由于万有引力的作用向内聚集,最后会聚在空间的中心,形成一个大的物质球体。但是,如果这些物质均匀散布于一个无限的空间,它们就不会聚集成一团;这时,它们将形成不同的团块。在无限的空间有无限多的团块,它们之间相距极远。

这也就是说,牛顿认为无限空间里有无限数量的恒星,它们均匀分布在整个宇宙空间,于是宇宙中的物质就不会因为万有引力而“最后会聚在空间的中心”,由此避免了一个巨大的困难。这的确是很有吸引力的设想。

这时不存在什么引力中心了，每一颗恒星在各个方向上受力相等，没有任何一个方向受力大于另外某个方向，于是“静态宇宙”得以稳定下来。从总体上看，“宇宙是静态的”，这是自古以来人们对宇宙的传统看法，而且这种看法与日常生活经验也十分相符，我们生活中谁也没有感觉到宇宙不是静态的。

但是，这种宇宙模型有一个很大的缺陷，那就是如果“无限空间”有“无限数目”的恒星，则空间任意一点的引力将会趋向无限大，空间任何一点将会十分明亮，不会存在黑暗。哈雷（Edmond Halley，1656—1743）早在1720年就提出这个问题。他在一篇文章指出，如果恒星数量是无限的，那么黑夜就不复存在，任何地方都应该非常明亮。后来，德国天文学家奥尔勃斯（Heinrich Wilhelm Matthias Olbers，1758—1840）在1823年又提出了相似的问题，并被称之为“奥尔勃斯佯谬”（Olbers’ paradox）。

由于以上原因，牛顿只好认为宇宙是无限的，而有限的星体分布在有限空间里。

与牛顿同时代的德国哲学家和数学家莱布尼兹则坚决主张，星体一定均匀分布在整个无限的空间，即无限的空间中有无限数量的恒星。理由是，如果恒星分有限，则物质宇宙仍然有界；于是问题又回复到古代的老问题上去了。

他们这两种不同的意见，谁也说服不了谁。这其间原因很简单，因为他们双方都无法摆脱纯思辨的思考方式，而每一方对于对方只能用“否证”的办法。康德则采取了一种几乎是滑头的办法，试图把这个争论当做一个根本用不着争论的问题。因为，宇宙既不能有限，也不能无限，这是一个“空间的二律背反”的问题。也就是说，康德采取了海涅的相同的看法：这是一个“白痴”的问题，用不着争论。

但物理学家并不那么轻信哲学家的看法，更不用说诗人的话了。

到19世纪90年代中期，德国天文学家诺依曼（Carl Gottfried von Neumann，1832—1925）和希利格（H. von Seeliger，1849—1924）对牛顿的宇宙模型

提出了一个新的想法。既然牛顿模型采取了在无限空间中的有限空间里分布有限星体的观点，那牛顿就又回到了原来试图避开的困难之中：由于引力作用，宇宙会收缩。为了避免收缩，诺依曼和希利格提出：无限空间应该保留，恒星也是有限的，但在引力方程里加入一个"宇宙项"：$\Lambda\varphi$。这一项也称为"斥力项"。有了斥力的存在，宇宙收缩的可能性就可以被防止了。宇宙项中的Λ，就是宇宙常数（cosmological constant）。

但"有限分布"就意味物质"宇宙有界"；这个困难诺依曼和希利格可就顾不上了，而且他们也根本无法解决这一古老的难题。

到1917年，似乎出现了解决问题的一线曙光。

## （二）

爱因斯坦在1916年刚刚提出了广义相对论之后，立即转向了宇宙学，开始探索这个只有"白痴才期望有一个回答"的难题。爱因斯坦为什么突然对宇宙学有了兴趣呢？这有两方面的原因，一是他对"自然界的神秘的和谐"总是怀有一种"赞赏和敬仰的感情"，二是因为广义相对论本身的需要。

我们知道，广义相对论是一种不同于牛顿万有引力理论的理论，它们之间在基本概念上有本质上的不同。但是，在绝大部分情形下，由于引力场非常微弱，它们之间的差别非常微小。这时，广义相对论的最低一级的近似与牛顿引力理论完全等价，牛顿引力理论足以解决宇宙学中的大部分问题。虽然当时有几个相对论效应，例如引力红移、光线弯曲和水星近日点进动……在广义相对论的第一级近似中能够表现出来，而且由于这几个效应的实验证实，对广义相对论得到公众的确认起了非常重要的作用，但是，它们并不足以显示出这两个引力理论之间本质上的巨大差别。只有在强引力场中，两个引力理论之间深刻的和本质的差别，才能清晰地表现出来。

但是强引力场在哪儿呢？近在眼前，远在天边，我们生活在其中的宇宙就是一个强引力场。也就是说，唯有宇宙可以充分显示出广义相对论的力量，可以使牛顿的引力理论的弱点充分暴露出来。

当爱因斯坦开始瞩目于宇宙学时，已经有许多观点，它们似乎与牛顿引力理论相符，而且也与日常经验也相符，其中有：

(1)宇宙的空间是无限无边的；

(2)宇宙的物质内容是有限的；

(3)物质在整体上是处于“静态”的；

(4)如诺依曼所说，排斥力(即宇宙常数)可以引入到引力理论之中。

除此而外，还有“马赫原理”等纯思辨性观点的存在。这些思辨性观点当然会影响爱因斯坦的思路。不过爱因斯坦在构造他的宇宙模型时，可能考虑得更多的是使他的理论符合日常生活的经验。美国波特兰大学雷依(C. Ray)的看法很有道理，他说：

> 爱因斯坦的确出于经验的动机，才引入了宇宙常数的。

其中第(1)条，广义相对论已经给出了完全不同于以前的回答。我们知道，广义相对论所需要的空间是“黎曼空间”(Riemannian Space)，而不是牛顿的“绝对空间”；在黎曼空间被人们发现以前，人们的观点是：有限必定有界，有界必定有限；无限必定无界，无界必定无限。但德国数学家黎曼(Georg Friedrich Bernhard Riemann，1826—1866)在1854年第一次指出：宇宙可以是“有限无边的”。

德国数学家黎曼，他是世界数学史上最具独创精神的数学家之一。

黎曼几何的重要意义还在于：我们终于可以用实证的方法、而不是纯思辨的方法，来研究康德所谓有限无限空间是不能研究的问题。原来，有限无限问题是可以研究的，而且按黎曼理论，空间的有限与无限由空间曲率决定，而后者在原则上是可以测量的。

爱因斯坦的广义相对论所描述的空间，正是黎曼几何决定的空间。因此，对于爱因斯坦的引力理论来说，宇宙是“有限无边”的，这就将几千年来争论不休的“有限即有边”的难题解决了。在这方面，爱因斯坦的宇宙学少了一桩令人不安的问题。但是，在其他方面，爱因斯坦的宇宙所面临的问题，与牛顿的宇宙几乎一样多。其中一个最重要问题是：“这个宇宙在整体上说是不是静态的？”在这一点上，爱因斯坦接受了传统和日常经验给他的直觉：从整体上看，宇宙是静态的。但他的引力方程和牛顿的引力方程一样，只有引力项，因而也无法避免宇宙的收缩这一困难。好在有诺依曼和希利格的先例，于是爱因斯坦将他的引力方程也引入一个宇宙项，也就是说加了一个宇宙项$\Lambda g_{\mu\nu}$。其中的$\Lambda$，就是伽莫夫深恶痛绝的“尖脑袋”——宇宙常数。

开始，爱因斯坦也不喜欢这个“尖脑袋”，因为引进了这一项后，原来的方程在美学上显示的魅力在一定程度上受到了损害。但是，不加上这一项，他在试图求解原方程时，发现宇宙将不是“膨胀”便是“收缩”，二者必居其一。这时，爱因斯坦不相信自己的方程式了，他决定相信天文学家们观测的结论，即：宇宙中的星体中虽然有存在和消亡的过程，以及还有大量的无规则运动，但在整体上（即大尺度上）宇宙仍然是静态的。在他那个时代，人们还无法相信宇宙会膨胀或收缩。因此他只能够像诺依曼和希利格那样，引入一个“反引力”（即斥力）的宇宙项。

这个反引力与其他以前人们熟知的力（如万有引力、电磁力……）不同：(1)其他的力都有“源”，例如万有引力来自地球、太阳、石头……但是这个斥力没有任何特殊的“源”，它被纳入“时空本身的结构之中”；(2)其他力的大小都是和两个相互作用物体之间的距离成反比，距离越大力就越小，但这种斥力却随两物体之间距离增大而增大；(3)其他的力都与两个相互作用的物体相关，但这种斥力只取决于其中一个物体的质量。

由此看来，这种斥力实在让人大惑不解。尤其是它的“无源性”，在当时可以说是根本无法让人接受。但正如伽莫夫所说：

“只要能拯救宇宙的稳定性，怎么干都行！”

1917年2月，爱因斯坦终于决定在《根据广义相对论对宇宙学所作的考查》一文中，提出了自己的广义相对论宇宙学。这篇文章，无论其中还包含多少问题和困难，但作为一种理论体系，它标志着物理学翻开了新的一章。爱因斯坦是勇敢无畏的，他不愿意承认为宇宙建立一个整体的动力学理论根本不可能，并因而放弃希望。他不愿意放弃努力，在文章中他写道：

> 我必须承认，要我在这个原则任务上放弃那么多，我是感到沉重的。除非一切为求满意的理解所作的努力都被证明是徒劳无益时，我才会下那种决心。

但这一次他不像以前提出狭义相对论和广义相对论那样有把握。一方面可能是因为有斥力项的方程不简洁、和谐和美丽，另一方面可能是因为这个斥力太古怪，令他不大放心。1917年2月将文章提交给普鲁士科学院的前几天，他在给好友埃伦菲斯特的信中写道：

> 我对引力理论又在胡言乱语地说了些什么，它快要使我处于进疯人院的危险境地了。

后来事态的发展，似乎说明他的担心似乎不无道理。

## （三）

爱因斯坦的论文发表后不久，苏联数学家弗里德曼（А. А. Фридман，1888—1925）从纯数学角度研究爱因斯坦的论文时，发现爱因斯坦在证明他的过程中，犯了一个错误。当爱因斯坦在用一个比较复杂的项除以一个方程式的两端时，他大约没有注意到这个项在某些情形下有可能等于零。而不允许为零的量除等式两端，这是每个初中学生都十分清楚的。但是爱因斯坦这次却疏忽了，这样，爱因斯坦的证明当然就靠不住。

弗里德曼立即意识到，一个全新的宇宙观正好在这儿显示出自己诞生的权利。经过一番紧张的研究，弗里德曼确信，爱因斯坦在1916年最初提出的引力场方程是完全正确的。这个方程预言宇宙将随时间而膨胀或收缩；爱因斯坦为了保证宇宙的静态而违背初衷，加入一个宇宙项，其实是画蛇添足，造成一个可悲可叹的错误。

苏联数学家弗里德曼

弗里德曼将自己的发现写信告诉爱因斯坦，据说爱因斯坦没有给他回信。后来，弗里德曼又托列宁格勒大学物理教授克鲁特科夫（Ю.А.Крутков，1890—1952）向爱因斯坦面谈他的发现；克鲁特科这时正好要去柏林访问。据伽莫夫回忆说，爱因斯坦终于给弗里德曼回了一封短信，“虽然语气有点粗暴，但却同意了弗里德曼的论证。”

1922年，弗里德曼在德国《物理杂志》上发表了他的论文。在论文中，他证明爱因斯坦原来的引力方程，允许存在一个膨胀着的宇宙。弗里德曼的预言可以说是科学史上最伟大的预言之一，它开创了宇宙学一个崭新的纪元。一方面是因为它预言的范围涉及整个宇宙空间，另一方面它第一次打破了一个恒古以来的传统观点——宇宙在大尺度上是静态的。

爱因斯坦读了弗里德曼的论文之后，他认为弗里德曼的论文中有错误，就立即给编辑写了一篇短文，批评了弗里德曼的文章，并登在接着的一期《物理杂志》上。但弗里德曼立即看出，爱因斯坦的批评又有错误，于是他又对爱因斯坦提出了反批评。1923年，爱因斯坦在一篇短文中，撤回了对弗里德曼文章的批评，表示赞成弗里德曼提出的模型。但是，直到1931年爱因斯坦才正式承认：“宇宙项在理论上是无论如何也不令人满意的”，并表示不再提及这个“愚蠢项”。

从1917年前后的知识背景来看，爱因斯坦引入一个宇宙常数以保证宇宙在大尺度上是静态的，这肯定是一个错误。爱因斯坦在年轻时，以不轻信任何先验自明的概念而令人叹服。他曾说过：

“物理学中没有任何概念是先验地必然的，或者说是先验地正确的。”

但是，任何人也不能保证自己永远会不陷入先验概念设下的误区。爱因斯坦虽然在1917年2月文章发表之前，也发现他的引力方程会得出膨胀和收缩解，但是传统静态观的影响，迫使他放弃这种可能的解，而引入一个宇宙常数Λ，以保证宇宙是静态的。

于是，爱因斯坦终于干出他终身最大的一件“蠢事”。

这以后，又有许多意想不到的事情发生，宇宙常数的命运又几次沉沦、几次兴旺，但那已经不属于我们这篇文章所能包括的了。

# 物理学家

## 伽利略错在何处？

（开普勒在《世界的和谐》一书中的“天体音乐”）

这是一阕什么乐曲？是巴赫的《勃兰登堡协奏曲》？是舒伯特的《野玫瑰》？还是贝多芬的《命运》？也许你想问的问题还不少，其中还会有一个共同的疑问：这一节不是讲伽利略的失误吗？怎么开篇却是一段五线谱？是不是把话头扯得太远了一点？

好，下面我们将逐一给出回答。这段乐谱在音乐史上也许没有什么地位，但在物理学史以及人类认识宇宙的历史上，却起过重大的作用。它既不是巴赫、舒伯特的作品，也不是贝多芬以及任何一位作曲家的作品，它是德国天文学家开普勒在他的《世界的和谐》一书中的大作！

那么，这和伽利略的失误有关系吗？有的。伽利略的失误正是基于这阕乐曲的主题思想。

## （一）

意大利物理学家伽利略

我们知道，科学的任务就是要致力于发现客观事物“为什么”是这样的，物理学更其如此。这就正如开普勒所说的那样：

“天体的数目、距离和运动这三者，引起我热诚的探索，我要弄清楚为什么它们是现在这样，而不是别的样子。”

为了要回答这个“为什么”，各个时代有着各不相同的框架。在牛顿以前，可追溯到古希腊时期，物理学家们的框架是“和谐”，这就是说可以用“和谐”来回答客观事物的“为什么”。例如，恒星为什么作圆周运动，那是因圆周运动最匀称、饱满、稳定，即最“和谐”。在这一框架下，这样的解释就非常标准了。到了牛顿以后，这个框架被认为是不完全、不精确的，物理学家用“力”的框架代替了“和谐”的框架。直到今天，天体物理学家的主要工作仍然是千万百计地寻找“力”，找到了“力”，也就能正确回答“为什么”。显然，这个框架比起和谐的框架的确有许多的优越性，它可以更精确地解释许多以前无法解决的难题，可以准确预见许多自然现象。

伽利略生活和工作的时代，正值旧理论的框架受到强烈冲击而处于风雨飘摇之际。16世纪，在意大利和英国相继在心脏、血管和血液循环方面有了重大发现，古希腊伟大名医盖伦（Galen，全名 Claudius Galenus of Pergamum，129—199）的见解被证明是错误的。从此，人们对古希腊学术成就不可动摇的地位产生了怀疑。当时在运动学方面有一个问题是旧框架无法解决的,那就是物体运动的原因。亚里士多德(Aristoteles,前384-322)的理论将运动分为两类,一类是“天然运动”,一类是“受迫运动”(即非天然运动)。前者如星体的圆周运动、重物的下落运动;后者如上抛的石块、物体的水平运动。天然运动的原因,是每个物体都有它自己的“天然处所”,物体有寻求自己的“天然处所”的普遍本能。例如重物有趋向地心的本能,所以产生下落运动,物体愈重,其下落愈快。至于星体绕地球的运动,那是一种和谐的、无始无终的、永远不离开其天然圆轨道的天然运动。受迫运动则需要在别的物体的强迫作用下才能发生,即亚里士多德所说:“当推一个物体的力不再推它时,物体便归于静止。”

亚里士多德的这些由直觉推出的结论,人们早就觉得漏洞百出,但在伽利略以前,人们尽管总是为这些问题争论不休,但就是没有人愿意做一个实验来检验这些争论不休的理论。

伽利略则与他的前辈们大不相同,他崇尚科学实验,强调推理不能建立在直觉的基础上,而应该建立在实验的基础上。他曾耻笑那些不肯做实验的人说:

> 为了获得自然力的知识,不去研究船或弩弓或火炮,而钻进他们的书斋里去翻翻目录,查查索引,看看亚里士多德对这些问题有没有说过什么。并且,在弄明白了他的原话的真实含意后,就认为此外再没有什么知识可以追求的了。



亚里士多德不是说物体越重就下落得越快吗?伽利略并不满足于从理论上驳倒这一错误理论,他干脆登上比萨斜塔,把重量不同的球从高五十多米的塔上丢下来,让那些喊喊喳喳争论得没完没了的人看一看。结果,伽利略胜利了,重量不同的球几乎同时落地!这两个球同时落地的声音,不仅宣告伽利略自由落体定律的胜利,而且宣告物理学进入了一个崭新的时代。

伽利略的落体定律告诉我们，重物下落并不是它要寻求什么天然处所，而是地球上每个物体均受到一个“重力”。物体在重力作用下作匀加速运动，其加速度为一个普适常数g，与物体轻重、构成无关。伽利略还用斜面实验加上理想实验得出了著名的惯性定律。这一定律指出，“力并非速度的原因，力是加速度的原因”。这样一来，伽利略就为动力学奠定了正确的基础。亚里士多德的运动理论从此无立足之地。

按理说，伽利略既然已经摧毁了地面上运动的旧框架的基础，也就不难继而动摇旧框架对天上星体运动的统治。可是不然。

## （二）

当时，有一位科学家第一个认识到，哥白尼关于地球是一颗行星的学说，以及伽利略关于地面运动规则的许多发现，使人们有必要和有可能建立一种既适用于天体、又适用于地球的动力理论。这个人就是与伽利略常有信件来往的开普勒。1605年，他曾在一封信中写道：

> 我一心探讨它的物理原因。我的目标是想指明那天体的机器不宜比作神圣的有机体，而应该比作时钟……因为几乎所有这些多种多样的运动，只是借助于单一的，十分简单的磁力而形成的，就像时钟的各种运动只是由于一个重锤造成的一样。此外，我还可以证明，这个物理概念可以通过计算和几何学表示出来。

开普勒在1605年就试图用一种力学的框架一统一天上、地面的物理学，这实在令人吃惊！尤其是他在探索行星运动速度的各种比例关系时，还那么热衷于用和谐的规律；他还写下了本节开始引用的“行星运行主调”。这么一个极力追求和谐框架的人，却同时是热烈探求力学新框架的人，这就尤其令人难以想象了。但是，和谐这一框架对他的吸引力太强烈了，这使得他连地面上物体的运动都解决不了，又如何能扩展到天体？开普勒肯定达不到他的目标，因为他还没有正确的动力学概念。

但是，对伽利略情况就迥然不同了。伽利略发现了著名的惯性定律；在研究自由落体的加速度时又发现了重力；并且他还用自制的望远镜发现所有的行星都是球形，发现太阳上有黑子，月球表面凹凸不平，从而使亚里士多德关于天体是最完美的、永恒不变的神话从此破产；进而提出所有的星球都和地球是平权的，它们是由于物质的内聚力而成为球形等等。有了这些卓越的见解和犀利的武器，伽利略足以用来解决天体运动，而且应该说已经走到发现万有引力的边缘了，只要再向前迈进一步，那么这一历史的机会就会被他抓住。但是很可惜，他终于没有能够迈出这一步。尤其是开普勒还曾提出太阳放射出神秘的超距力，这种力可以推动地球及其他行星运动，还特别提到月球力可能是引起潮汐的原因。这些都是极有力的启示。可惜，开普勒这些杰出的见解不仅没有启发伽利略，反而引起他的厌恶。他曾说：

德国天文学家开普勒

在所有思考过潮汐……的伟人中，开普勒比别人更使我惊奇。尽管他旷达而敏锐，精通地球运动，他还是听信和附和月亮管辖海洋这种玄妙的性质以及这一类儿戏。

伽利略之所以没有能够提出万有引力，用他所发现的犀利武器统一宇宙所有的物体运动，除了有一些历史原因（如不理解速度是一个矢量，没有向心加速度的概念等等）以外，还有一个很值得我们注意的原因，那就是他没有摆脱天体运动是一种与地球上物体运动截然不同的运动，它们属于天然的、无始无终的、最完美、最和谐的运动这一传统的观念。这样他就认为天体运动是匀速圆周运动，是一种惯性运动。既然天体运动是惯性运动，因而这种运动当然就不需要力的作用。伽利略的这一错误的结论，不仅使他自己失去了伟大发现的机会，而且在很长的一段时期里，使人们忽视了对万有引力的探索。

由以上这一段历史，我们可以想见，旧的框架和偏见常常会极其顽固地阻碍科学家进行正确的探索，哪怕是杰出的科学家也在所难免。写到这里，倒使我们想起了伽利略早期的一段小故事。

那还是伽利略在读大学时的事，学期一结束，伽利略决定回家度假。家在佛罗伦萨，乘马车得几天的时间。对于一个像伽利略这样精力充沛又勤思好学的年轻人来说，乘几天的马车可真够乏味的了。幸好马车上还装有许多大桶，于是伽利略就开始估算这些桶的容积，以此消遣，打发难捱的时光。在做了一番估算后伽利略对车夫说：

"你的每只桶里装有300公升的橄榄油吧？"

马车夫吓了一跳，用怀疑的眼光盯着伽利略：

"你怎么知道的？"

伽利略试着解释给马车夫听。

马车夫生气地说："你这是巫术！你老实坐我的车吧，你那一套巫术我可不愿意听，留给你自己受用去！"

沉默，可怕的沉默！

伽利略伤感地摇了摇头，轻轻地叹了口气：

人们身上的偏见多么顽固啊！确立新的思想可真不是一件容易的事情……

正在这时，马车夫突然甩了一个响鞭，对着马怒气冲冲地吆喝了一声，马车突然加速。伽利略正陷入沉思没有预防，被他所发现的惯性定律的作用，重重地撞在车栏上。伽利略一面揉着撞疼的地方，一面喃喃地低语：

"真不是一件容易的事情……"

## （三）

伽利略除了在研究中有上述失误以外，他还有一个重大的失误，它不仅严重影响了他晚年的研究，而且使他蒙受到身心上极大的伤害，最终还被罗马教廷审判、软禁起来，禁止传播他的研究成果。显然，这已经不是伽利略个人受到损害，人类的科学事业同样受到了严重损害。这一失误是与伽利略决定离开威尼斯的帕多瓦大学，回到佛罗伦萨有关。

当伽利略用他制造的望远镜发现关于月亮、木星的4颗卫星以后，他的名声已经震撼整个欧洲。这时，他的家乡佛罗伦萨宫廷传来了信息：请伟大的伽利略回到家乡来，为江东父老增光。佛罗伦萨宫廷答应给伽利略优厚的待遇：他既是比萨大学首建的数学教授，又同时是宫廷哲学及数学顾问。这两个职位都让伽利略感到高兴。比萨大学的职位使他可以报19年前的一箭之仇，19年前他几乎是被比萨大学不友好地"驱逐"出去，弄得他惨兮兮的几乎无法生活下去；如今能风光地返回，岂不快哉！

宫廷一位高级官员写信给伽利略说：

"您的主要工作是继续进行科学研究，以此增进宫廷和国家的光荣和利益。"

伽利略收到这封信后，高兴地对好友沙格列陀说：

"我的年薪已可以足够家庭的开销了，不再让我整年整月为它发愁。而且，这两样工作都不会损坏我的健康。我无需住在比萨，甚至不需要在比萨大学安排固定的课程。这样，我可以把大量的时间安排在我的实验室中。"

1610年9月7日天亮前，他在帕多瓦做了最后一次天文观察，观察的对象仍然是木星。

9月12日，他到佛罗伦萨宫廷报到。当他在远处见到佛罗伦萨城市的塔楼时，他虔诚地画着十字，然后低声说：

"我终于回到故乡来了！我想父亲在天之灵应该放心和满意了。感谢主赐给我智慧和力量，使伽利略分享您的荣光。”

伽利略踌躇满志，准备在佛罗伦萨继续用望远镜研究天空，并且写几部书献给佛罗伦萨的国王。但是，伽利略这一步走得真是大错特错了。一位叫罗杰斯(E. M. Rogers)的天文学家在《天文学理论的发展》一书中写道：

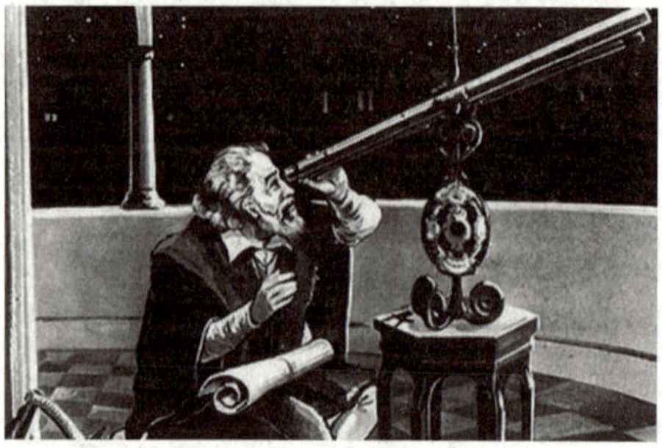
正在做天文观测的伽利略。

> 伽利略接受佛罗伦萨的新职位……为他提供了较有利的机会。伽利略走了这一步也失去了一些朋友。尽管这时他享有他工作所需要的闲暇，但结果证明是不明智的，因为他不是回到了朋友中间，而是回到了仇人们中间。

伽利略一生行事还是十分谨慎的，但这次毅然返回佛罗伦萨却并非明智之举。首先，他在帕多瓦大学的聘期还没有满，就接受了佛罗伦萨的新职位，这使得他不得不辞去帕多瓦大学的职务。这一辞职使他失去了一些朋友，因为这些朋友认为他的这一行动有点不够光明正大，让大家都感到意外和不愉快。而且伽利略虽然为“光荣”重返比萨大学而暗自得意，他却忘了当年在比萨大学时树了多敌人，那时年轻气盛，他曾经很不留情地攻击过那些被他称为“纸上谈兵的哲学家们”，因此人们称他伽利略为“气势汹汹的争论者”。现在他以更大的名望回到比萨大学，会受到这些人的欢迎吗？他也忘了，在教会势力强大的地方，那些亚里士多德学派的教授们，因循讨好的伪善者们，以及宗教界和科学界的一些对手们，他们必然会结成联盟来反对那以知识威胁他们的任何学者。

当沙格列陀得知伽利略已经决心接受佛罗伦萨的任职后，立即坚决反对他的这一不明智之举。他严肃地对伽利略说：

朋友，我看见你已经走上了一条可怕的道路。你看见了真理，还信赖人类的理智，但你不知道你正走向毁灭！你难道不明白，那些有权有势的人怎么可能让一个知道真理的人，自由自在地到处活动呢？即使这真理只是无比遥远的星体的真理！你以为你说教皇错了，他会不知道？你以为他反而会信服你的真理吗？你以为他会像你一样在日记上写上："1610年1月10日，天被废除了"吗？你离开威尼斯共和国，自己钻进陷阱里去！你在科学上怀疑能力那么强，但你对佛罗伦萨宫廷却又那么轻信；你怀疑亚里士多德，却完全不怀疑佛罗伦萨的大公！

伽利略，当你刚才用望远镜向天空观察时，我仿佛看见你站在烈焰熊熊的柴堆上；当你说你相信真理不可战胜时，我似乎已经闻到烧焦的人肉味啦！我爱科学，但我更爱你。伽利略，我的朋友，请你三思而后行，不要去佛罗伦萨吧！

但伽利略只钟情于天空的奥秘，似乎失去了对形势判断的智慧。他回答朋友的劝告仍然是固执己见：

"如果佛罗伦萨接受我，我还是决定回去。"

还有一位朋友知道伽利略打算离开威尼斯共和国回佛罗伦萨，专程到他家劝说：

"你为什么想到要回佛罗伦萨？"

"我会有更多时间在实验室里工作，而不必忙于授课。"

"你的意思是说，你主要的目的是在佛罗伦萨继续观察天空和写书，是吧？"

"正是。"

这位朋友用不解的眼光盯了伽利略一阵子后，摇了摇头说：

"朋友，我们许多人都承认你是我们这个时代最伟大的智者。但是在许多方面，你却又纯真得像一个小孩一样。你难道不知道，现在已经有某些教会有权势的人在攻击你在《星辰信使》一书中的发现，说你在变着魔术蛊惑人心，说你对《圣经》不敬……在帕多瓦你享受了18年的完全自由，这是因为威尼斯共和国的统治者对罗马教皇的权势无所畏惧，而且在必要时可以挺身而出，为你抵制、抗拒由于‘冒犯上帝’而进行的宗教审判。”

伽利略微微震动了一下，唉，为什么想做一点探索宇宙奥秘的事业，竟有这么多人为的困难呢？探索本身就充满艰辛、险阻，却还要时时提防教会、朝廷带来的更可怕的阴谋、迫害！回佛罗伦萨的顾忌，伽利略也不是没有，他曾几度压下了自己的思乡之情，但每想到父亲对达·芬奇（Leonardo da Vinci，1452—1519）客死他乡的诅咒时，他就有一种不顾一切返回故乡的决心，使他不愿考虑未来种种可能的下场。更何况，国王科西默大公如此仁慈和信任他，而且如此迫切地希望他回到佛罗伦萨为故乡争光；那敬贤之情让他感动。他如果只考虑自己得失，岂不枉对江东父老？

不！他应该回去。于是他转身对朋友说：“在佛罗伦萨我可以在科西默大公保护之下研究天空。他极切盼我归去。”

“但据我所知，佛罗伦萨是直接受罗马教廷控制的。”

“我想在必要时，我将亲自去罗马解释我的新发现。那儿有我不少朋友，我看没有必要认为教会有审判我的敌意吧？”

朋友换一个角度问：“难道你在帕多瓦度过的18年使你不愉快吗？”

“不，不，在帕多瓦度过的18年是我生平最快乐的18年。在这儿我享有真正的自由，没有这种自由探索的风气，我不会有今日的成功。但我忘不了我父亲提起达·芬奇客死他乡时的憎恶情感。朋友，谁又不爱自己的故乡呢？不管它是偏僻穷困的山村，还是亚得里亚海的天堂威尼斯。对我来说，佛罗伦萨是我生身之地，是最亲爱的地方，我应该回到它的怀抱里去。”

朋友沉思了半晌，然后对伽利略说：“现在没什么可多说的了，我和许多朋友已经警告过你了，但你不为所动。好吧，让我祝福你回佛罗伦萨之后继续成功和幸福！不论怎么说，帕多瓦大学因为有过你这样伟大的学者应该感到骄傲满足了。”

伽利略送走朋友后，不由黯然神伤，落下几滴眼泪。是啊，今后在佛罗伦萨能有如此忠实的朋友吗？

伽利略终于在 1610 年金秋季节，离开了生活过 18 年的帕多瓦，离了婚的妻子甘芭留在威尼斯，儿子文森佐暂时由甘芭抚养。

别了，自由自在的帕多瓦！

别了，曾给他带来爱情和成功的威尼斯！

别了，忠实的朋友们！

但是，这一别终于铸成大错。当后来伽利略的研究成果与《圣经》的内容有冲突时，教皇乌尔班八世（Pope Urban VIII，1568—1644）受到伽利略敌人的教唆和挑拨，震怒了，并于 1632 年 9 月 30 日由宗教裁判所下了一纸命令：

“教皇陛下责成佛罗伦萨宗教裁判官以教廷的名义通知伽利略，他务必于 10 月以内迅速赶到罗马来，听候教廷首席特别代理的审讯。”

伽利略朋友们的预言终于不幸而言中！佛罗伦萨宫廷历来比较驯服于罗马教皇的统治，不像威尼斯那样敢于违抗教皇的指令，于是，一场惨绝人寰的悲剧发生了！一幕宗教对科学可怕的迫害剧上演了！这场迫害与反迫害的斗争几乎延续至今，从未停止。

伽利略在教会审判厅里受审。中间面朝读者的老者是伽利略，他正在念“忏悔书”。

1633 年 6 月 22 日，伽利略在教廷淫威之下，不得不低下他那高贵的头，孤身一人在阴森的审判厅里，在一群红衣主教、主教、教士和修士面前，颤抖地念着事先写好的“忏悔书”：

> 我，伽利莱·伽利略，已放弃自己的主张，并已发誓、许诺和约束自己，有如上述；口说无凭，谨在这份悔改书上亲笔签字……

我们不难想象，伽利略在这种巨大的侮辱中承受着多大的痛苦！正像一位为伽利略作传的作者所说：

"如果羞辱真能杀人，伽利略在那天晚上就会死去。"

他不仅自己虚伪地宣誓放弃哥白尼的学说，而且宣誓成为教皇的"密探"、"内奸"、举报"任何异端邪说和异端嫌疑分子"！他内心痛苦地呼喊：我不但违背了良心，放弃了真理，居然还在帮助恶势力去铲除热爱真理的人！多么可怕的梦啊！这一切难道都是真的？……可怕的是，这一切都是真的！

这种可怕的梦残酷地折磨着衰老的伽利略，使他从此再没有终止对自己的灵魂的拷问：我是个懦夫，害怕可怖的刑具，害怕夺走自己的财产而让儿子受穷，害怕由于自己而使儿子永无出头之日，害怕自己背上一个异教徒的名声死去……

"唉，真不如死去才好！"

如果伽利略在1610年不回到佛罗伦萨，听信朋友们的建议留在威尼斯，这场悲剧本可避免，那伽利略对科学的贡献肯定会更大，人类的受益也会更多。可惜……

## 正确对待实验的结果——谈牛顿、赫兹和弗兰克的失误

事实上，正是象赫兹这样一位物理学家——电磁波的发现者——以前曾经进行过同样的实验，而且错误地导致了这样一种结论：阴极射线是不带电的。这段插曲最清楚地表明了一个基本事实：技术的改进和实验科学的进展是相辅相成的。我们以后还会遇到这个基本真理的更多的例证。

杨振宁

我们自己为现象创造条件，而不是观察原有的现象。……我控制着现象。这样按照我个人的意思来影响现象的过程，那就称为实验。如果我只是观看，而并不积极地干预，那就是单纯地观察。

巴甫洛夫

通常，实验是在尽可能排除外界有关影响的前提下，使事件在已知条件下发生，并在突出主要因素的情形下进行密切、审慎的观察，以便揭示各种现象之间的相互关系。法国出生的美国微生物学家和病理学家杜波斯(René Jules Dubos，1901—1982)曾说过：

“实验有两个目的，彼此往往不相干：观察迄今未知或未加释明的新事实；以及判断为某一理论提出的假说是否符合大量可观察到的事实。”

实验对于科学研究的重要性，这是人人都知道的，似乎用不着多说，但是有一种倾向往往被人们忽视，那就是对实验的过分信赖。过分信赖已完成的实验而使科学家陷入误区，这在科学史上是屡见不鲜的。尤其值得注意的是，有许多非常卓越的科学家曾在这方面陷入误区。例如，法拉第由于相信各种“自然力”之间必然存在内在联系，曾经尝试用磁来影响光，结果他发现磁场能够引起玻璃内传播的光的偏振面旋转。这真是一个了不起的划时代发现！为了纪念这一伟大发现，画家曾为法拉第绘制了一幅著名的肖像画，画中的法拉第手里拿着一块火石玻璃。后来，法拉第还做过一个试验，他试图用磁场来影响钠蒸气发射的光，但是没有成功。这一结果导致麦克斯韦断言：这种现象是不可能发生的。但是，24 年之后，荷兰一位不知名的物理学家塞曼(Pieter

法拉第手里拿着一块火石玻璃，纪念他发现磁场能够引起玻璃内传播的光的偏振面旋转。

Zeeman,1865—1943)却用衍射光栅完成了法拉第想完成的实验,这就是著名的"塞曼效应"。1902年,塞曼因此获得诺贝尔物理学奖。

科学实验对于认识客观世界来说,是一个不可或缺的重要手段,但它也是有局限性的。其局限性产生的原因主要来自两方面:一是实验技术具有历史的局限性;另一是研究对象太复杂,科学家一时无法看清它的全貌,常常一叶障目。达尔文曾半开玩笑半认真地说过:

"大自然是一有机会就要说谎的。"

因而,当研究对象必然受到限制的情形下,对实验结果有多大的实用范围,其可靠程度如何,必须慎之又慎,万不可不加分析地盲目信任。

美国物理化学家班克罗夫特(Wilder Dwight Bancroft,1867—1953)曾指出:所有科学家由于切身的经历都深知,要想从实验得出正确的结果是多么的困难,即使有时知道该怎么做也同样如此。因此他强调,对于旨在得到资料的实验,不应过分信任。

通过下面将要研究的三个案例,我们将会充分认识到,班克罗夫特的话是十分准确的。事后看起来,一切似乎那么分明,走出误区的道路多么平坦;但在当时的条件下(指导思想、实验手段、数据处理等等)要想从迷宫中找到阿莉阿德尼线(clew of Ariadne)[①]真是谈何容易啊!

## (一)

第一个案例是关于鼎鼎大名的牛顿的故事。关于牛顿,我们大约都知

① 希腊神话里有一个故事,在克里岛上有一个迷宫,里面有一头半人半牛的怪物。每年雅典人要被迫献出7对童男童女,供给这个怪物吃。雅典国王为此非常苦恼,把这件事告诉他的儿子忒修斯。忒修斯决定自己亲自入迷宫杀怪物。但迷宫的构造十分复杂,很难找到怪物,即使找到并杀死了怪物,自己也很难走出来。克里特公主阿莉阿德给了忒修斯一个线团,一头系在宫外。忒修斯边找怪物边放线。在找到并杀死了怪物后,顺着线走了出来。于是阿莉阿德的线团,就成了一个西方的谚语:比喻解决问题的办法。

道英国诗人波普为牛顿写的墓志铭：

大自然与它的规律为夜色掩盖，

上帝说让牛顿出来吧，

于是一切出现光明！

这首诗表露了诗人对历史上最杰出科学家牛顿无限敬仰和赞美之情。牛顿的成就不仅在于他创立了经典力学和微积分，而且还在于他确立了科学研究的正确方法，即现在所称呼的“物理思想”。这种方法要求科学家首先观察事实，尽可能地变换条件，以便在精确实验的基础上得出最一般的规律，然后通过推理得出个别的定律或定理，又通过进一步的实验来验证这些推理。后来法国物理学安培深知其中奥妙，并根据这一方法创立了经典的电动力学，因而博得“电学中的牛顿”这一美名。

由于牛顿具有这种科学的思维方法，所以他一生对于自己提出的种种理论，都是十分谨慎的。他有一句名言至今仍流传于世：

“在事实与实验面前没有辩论的道理。”

这条他终生遵循的原则，深深体现了他忠实于科学的崇高品质。

但是，牛顿也有背离这条原则而显得不谦虚谨慎的时候。科学史无数次表明，每当一个科学家不谦虚谨慎，盲目相信自己和不尊重事实的时候，他就多半会受到失败的惩罚。牛顿也不例外。

我们知道，牛顿在光学上作出了许多贡献，这方面的主要工作大部分都记载在1704年出版的《光学》一书中。牛顿对光学最主要的贡献是对颜色的研究。

古代人很早就注意到自然界中光会出现五彩缤纷的颜色，例如霓虹和油薄膜上呈现出相似的色彩。古希腊的亚里士多德认为，颜色是由白与黑、光明与黑暗按不同比例混合的结果。这一看法在牛顿以前一直占支配地位。牛顿的老师巴罗(I.Barrow，1630-1677)则同意另外一种见解，认为白光不同程度的聚和散就形成不同的颜色，例如浓缩、聚集程度最高的是红色，最稀释、分散的就成了紫色。1665年，只比牛顿大七岁的胡克（Robert Hooke，1635—1703）在《显微术》一书里，从光是一种波动的观点为颜色提出了一种具体的物理机制，他认为颜色是由于光在折射时其波前偏转而形成。过了一年，牛顿对光和色也发生了兴趣，开始进行研究，并对颜色提出了一种全新的见解。

牛顿为什么对颜色感兴趣呢？这是起因于他想改进望远镜。自从伽利略利用望远镜对天体做了卓有成效的观测以来，许多科学家都热心于望远镜的改良。当时望远镜有两个严重的缺陷亟待改进。一个是球面像差（spherical aberration），另一个是色差（chromatic aberration）。球面像差是同一光源发出的近轴光线和远轴光线在通过透镜后，由于成像位置不同而使像的边缘呈模糊状。开普勒于1611年，笛卡儿于1637年分别对球面像差进行了研究，而且都写了名为《折射光学》的书。当他们弄清楚了球面像差的原因以后，认为通过研磨椭圆和抛物线旋转体状的透镜来加以解决。但收效不大。

望远镜的另一个缺陷是色差（或色像差），即白光经过透镜后所成像的边缘呈彩色模糊状。牛顿对改进这一缺陷有着强烈的愿望。但是牛顿十分清楚，要想消除色差那必须重新研究颜色的理论。

1666年，那正是他23岁的时候，他买来了一块玻璃棱镜，他要通过实验而不是毫无边际的假说来揭开这一费解之谜！经过一系列有名的"棱镜实验"之后，牛顿得出了如下的结论："光本身是一种折射率不同的光线的复杂混合物"，"颜色不像一般所认为的那样是从自然物体的折射或反射中所导出的光的性能，而是一种原始的、天生的、在不同光线中不同的性质。"这就是说，光的颜色是由其单色分布决定。白光透过棱镜后之所以呈现出红、橙、黄、绿、青、蓝、紫诸色，是因为白光本来就是由这七种单色光组成，现在只不过是被分开来了，绝不是无中生有或由白光改变而成。

对今天的读者来说，这些实验和理论似乎都是老生常谈，可在当时却掀起了一场异常激烈的争论。

牛顿确立了颜色的理论后，色差的原因也就明白了。那么，能不能消除这一弊病呢？如果不同的物质具有一样的折射率，那么色差也许可以通过不同折射率透镜的组合得以消除。牛顿为此设计了一个实验：在一个注满了水的玻璃棱形容器里，放入了一个玻璃棱镜，以观测光线通过它们时折射是否会发生什么变化。牛顿设想，如果同不的物质有不同的折射率，那么这一水和玻璃的组合，肯定会使折射发生某些变化。

牛顿在做光的折射实验。

这种设想显然是十分合理的。但牛顿万万没有料到他选用的玻璃恰好与水有相同的折射率，所以尽管牛顿将这实验重复多次，他当然看不到折射会有什么改变。于是他犯了一个不可原谅的错误，即从有限的实验事实，得出一个普遍的推论：“所有不同的透明物质都是以相同的方式折射不同颜色的光线”；又由于折射必然引起色散，所以望远镜的色差问题是无法解决的。

如果问题仅及于此，我们也许还可以体谅牛顿的失误，但牛顿这次特别不谨慎，特别固执，这就不仅使他犯了错误，而且使他失去了改正错误的机会。当时有一位业余对光学很感兴趣的人，名叫卢卡斯，他重复了牛顿的上述试验。由于他用的玻璃与牛顿选用的玻璃品种不同，所以得到的实验结果与牛顿的实验结果大不相同。他十分惊奇，并将自己的实验结果告诉了牛顿。牛顿如果谨慎一点，把卢卡斯的实验详细了解一下，就可以明白问题出在什么地方。但他却固执地相信自己没有错，也不可能错。一次改正错误的宝贵机会就这样失去了。

牛顿死后，人们才发现牛顿的结论是错误的，明白了不同透明物质有不同的折射率，并用不同种的玻璃制成消色差有复合透镜。1758年，伦敦的光学仪器商J. 多朗德经过多年努力，终于制成了消色望远镜，这一创举在当时轰动了整个欧洲。迄今，几乎所有精密光学仪器都运用复合透镜来达到消除色差的目的。

牛顿由于自己的不谨慎，使他失去了色散可变性这一重要的发现。不过他也有引以为慰的地方，那就是由于他认为改进折射望远镜无望之后，他却制出了反射望远镜。直到今天，世界上许多天文台都安装有大型的反射望远镜。

## （二）

第二个案例是讲德国物理学家海因里希·赫兹(Heinrich Rudolf Hertz，1857—1894)一次失败的实验。

发现电磁波的德国物理学家海因里希·赫兹。

在一次纪念赫兹的演说中，量子论的创立者普朗克曾高度赞扬了赫兹，称他“是我们科学的领袖之一，是我们民族的骄傲和希望。”对这一崇高的赞誉，赫兹是当之无愧的，他所发现的电磁波，对于人类文明的贡献实在是太伟大了。

他的伟大不仅在于他杰出的贡献，而且也在于他那一贯的谦虚和富有自我批评的精神。他一贯反对把科学见解看成是不可动摇的僵死的东西，他在任何时候都不厌其烦地反复检验自己的实验观察，校准观察的结果。他有一句名言：

来源于实验者，亦可用实验去之。

在他短暂的一生中，尽管他也是一位卓越的理论物理学者，但他从来没有离开过实验室。那些众多的实验，有许多是成功的，并把他推向成功的顶峰;但更多的实验是失败的;也还有实验使他得出了错误的结论。成功也好,失败也好,它们都给我们显示了赫兹的研究风格,这种风格具有极重大的意义,它极大地影响了物理学后来的发展。

1873 年,赫兹还只有 16 岁。这一年,麦克斯韦发表了《电磁学通论》。当时德国物理学界,仍然坚信牛顿的学说是绝对正确的,认为力只能是一种超距的作用,所以对于反对超距作用的麦克斯韦的理论,绝大多数物理学家持怀疑、否定的态度。但也有一些有见识的物理学家支持麦克斯韦的电磁理论,其中包括德国的玻耳兹曼(Ludwig Boltzmann,1844—1906)和赫姆霍茨(Hermann von Helmholtz,1821—1894)。非常幸运的是赫兹在读大学时,成了赫姆霍茨最欣赏的高材生。

1879 年冬,柏林科学院根据赫姆霍茨的倡议,颁布了一项科学竞赛奖,根据竞赛题,要解决的问题是麦克斯韦部分理论的证明。赫姆霍茨希望赫兹能够应征参加竞赛。赫姆霍茨对赫兹说:

“这是一个很困难的问题,也许是本世纪最大的一个物理难题。你应该去闯一闯!”

年轻的赫兹受到老师的鼓动,很想试一试,但他毕竟太稚嫩,不知道该从哪儿下手。于是他问道:

“该从哪儿着手呢?”

老师回答说:“关键在于找到电磁波!要不然你就证明永远找不到它。”

赫兹答应试试看。但后来他做了一个近似计算以后,确信由于当时无法产生足够的快速电振荡,这个难题还暂时不能动手。他决定先从基础研究开始。

1883 年,爱尔兰物理学家菲茨杰拉德(G. F. FitzGerald,1851—1901)提出了一个论断:如果麦克斯韦的电磁理论是正确的话,那么莱顿瓶(Leyden jar)在振荡放电的时候,就应该产生电磁波(electromagnetic waves)。

赫兹这时正为找不到神秘的电磁波而苦恼万分,菲茨杰拉德的思想给了他以极大的启发。莱顿瓶在那时是一件很普通的仪器,每个实验室都有。这就是说,如果菲茨杰拉德的推断正确,那么产生电磁波就不是什么困难,剩下的关键问题就是如何将电磁波侦测出来。

1885 年 3 月,他应聘到德国西南一个边境小城市的卡尔斯鲁厄大学任物理教授。开始的一年多时间,由于忙于备课、考试以及各种事务性工作,使他没有时间从事科研,所以侦测电磁波的工作也没有进行。赫兹为此十分苦恼,他曾在信中向父母诉苦:

"难道我也将成为在获得教授职位后,就停止任何创造的那些人中的一员吗?"

幸好这种情形到第二年夏季后就改观了。1886 年,赫兹经过多次试验,制出了一个可以探测电磁波的电波环。它的结构非常简单,只不过是在一根弯成环状的粗铜线两端安上两个金属小球,小球间的距离可以进行调整。有了这个接受电波的环(receiving coil)以后,赫兹便开始了紧张的侦测电磁波的实验。

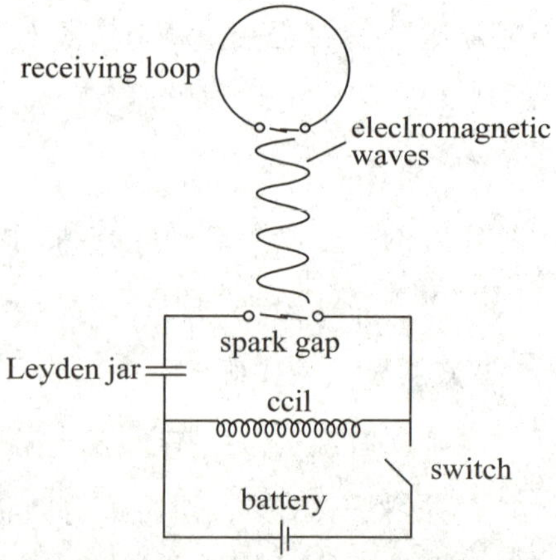

赫兹测出电磁波的试验线路示意图。英文字从下到上分别为:电池、开关、线绢、莱顿瓶、火花间隙、电磁波和接受环。

但是实验进行得很不顺利。由于他开始用的电波的波长太长,而且在室内进行,虽竭尽全力想消除室内不利的影响,但仍毫无效果。有一段时间,他甚至误入歧途,得出了与麦克斯韦理论相矛盾的结论。无数次失败并没有动摇赫兹的信心。他几乎是整日整夜地沉浸在实验之中。这期间他的艰苦可以从他写的一封信中看出:

无论从时间上还是从性质上,我都像一个工人在工厂里那样工作,我上千次地重复每一个单调的动作,一个挨一个地钻孔、弯扁铁,接下来还要把它们涂上漆……

到1888年1月，赫兹终于宣布，他成功地证实了麦克斯韦的理论，电磁波不仅找到了，而且还具有与光波相同的性质。

赫兹的实验公布以后，立即引起了全世界科学家的瞩目。使人信服的是赫兹的实验设备极其简单，任何怀疑的人都可以亲自动手进行证实。赫兹的成功，使他成了世界上最有名望的科学家之一。

电磁波被证实以后，有一些工程界人士对于其实用价值极感兴趣，但遗憾的是赫兹本人对这一点却持怀疑、否定的态度。

1889年12月，他的朋友胡布尔工程师曾写信问他，电磁波是不是可以用来进行通讯联系，他回答说：

“如果要利用电磁波进行通讯联系，那非得有一架和欧洲大陆面积差不多大的巨型望远镜才行。”

这一点赫兹可没说对。俄国科学家波波夫（A.C. Попов，1859—1906）在技术开发和应用上要比赫兹有远见多了。他在赫兹否定电磁波可以用来通讯联系的同一年，就曾经在一次公开的演讲中明确地指出：

“人类的机能中还没有能够觉察电磁波的感觉器官，假如发明了这样的仪器，使我们能够觉察电磁波，那么电磁波就可以用来传播远距离的信号。”

果然，到1895年5月7日，波波夫在彼得堡的一次公开表演中，用他发明的第一台无线电接收器收到了雷电的电磁波。1896年3月24日，在俄国物理化学协会的年会上，他又用这个装置传送了世界上第一份有明确内容的无线电报，电文是：“亨利·赫兹”，传送距离为250米。

又过了五年，意大利的马可尼（Guglielmo Marconi，1874—1937）在1901年12月12日，已经可以用无线电报将“S”字母带过大西洋，传到3700公里的远处！

如果就在预言电磁波能否传送远距信息方面赫兹失误了，可以说是由于他在技术开发上是外行，那么，在阴极射线的研究上他的失误，就不能归咎于此了。

赫兹很早就对阴极射线的研究很感兴趣，尤其那令人惊叹的色彩，使他感受到一种令人激动的美的享受。在研究电磁波的同时，赫兹一直没忘怀那美丽的神秘莫测的光辉。当时研究的主要问题是：阴极射线是否携带电荷，亦即阴极射线到底是微粒性的，还是像光那样只是一种波？

赫兹于1892年宣称，阴极射线不可能是粒子，它们是一种波。赫兹当然不会随便乱说，他的信条是结论应“来源于实验”。说阴极射线是一种波，他是有实验根据的。为了验证阴极射线是否带电，他特意用一千个电池产生两千伏的电压，用以得到连续发射的阴极射线，然后他让阴极射线通过一对上下板加有240伏电压的平行板电容器。如果阴极射线是带电粒子组成，那它将在平行板电容器的电场偏转。但实验结果，阴极射线并没有偏转。

过了7年，即1897年，英国杰出的物理学家J.J.汤姆逊却用与赫兹差不多的实验设备，得出了确凿的、与赫兹相反的结论：阴极射线是一种带电的粒子流，而且他还相当准确地计算出这种带电粒子电荷和质量的比值e/m。这样，阴极射线本质的争论，就以汤姆逊的胜利而告终。

那么，赫兹的失误其原因何在呢？也许会有人问，汤姆逊的实验，现在每所高中都可以轻易做出来，为什么赫兹那样优秀的实验家却失败了呢？汤姆逊本人在他的回忆录中回答了这个问题：

“我使一束阴极射偏转的第一次尝试，是使阴极射线通过两片平行的金属板之间的电场。结果没有产生任何持续的偏转。”

这和赫兹的实验结果一样，是什么原因呢？汤姆逊解释道：

> 偏转之所以没有出现，是由于平行板电容器里有太多的气体存在。因此，要解决的问题就是要获得更高度真空。这一点说起来比做起来容易得多。当时高真空技术还处于发轫阶段。

汤姆逊正是在解决了高度真空这一技术难题之后，才终于使阴极射线偏转成功。

杨振宁教授在谈到赫兹的这一失误时曾说道：“这段插曲最清楚地表

明了一个基本事实，技术的改进和实验科学的进展是相辅相成的。我们以后还会遇到这个基本真理的更多的例证。”

“来源于实验者，亦可用实验去之”，显然，赫兹本人并没有认为自己从实验得到的结论是永远正确的。

## （三）

最后一个案例是关于有名的“弗兰克-赫兹”实验。这儿要请你注意的是，这儿的赫兹不是上一节的赫兹，这儿的赫兹是古斯塔夫·赫兹（Gustarv Hertz，1887—1975），是上一节海因利希·赫兹的侄子。古斯塔夫·赫兹在1925年与詹姆斯·弗兰克（James Franck，1882—1964）共同分享该年度诺贝尔物理学奖。他的叔叔海因利希·赫兹若不是英年早逝，几乎可以肯定会比他侄子更早获得诺贝尔奖。

弗兰克-赫兹实验在进行期间，发生了一件非常有趣的事情，连弗兰克后来回想起来都觉得不可思议。事情得从1911年讲起。

1911年，弗兰克和赫兹设计了一个实验，利用阴极射线管来测定原子的“电离电位”（ionization potential）。什么是“电离电位”呢？我们知道，原子由一个带正电的核组成，核外面则有数量不等的电子绕核旋转，就像一个太阳系一样，在太阳（核）周围有9大行星在不同的轨道上绕太阳旋转。有的电子在离核较近的轨道上旋转，又的则远离核的轨道上旋转。如果我们用其他速度很高的粒子（如电子、光子……）撞击原子，则原子核的电子就可能被撞击出这个原子，飞到其他地方去了。原子中少了一个电子，则整个原子就带一个正电，这个原子就成了“离子”（ion）。例如钠离子、氢离子、氯离子，写成化学符号就是$Na^+$、$H^+$、$Cl^-$。

弗兰克和赫兹的办法是在电场中加速电子，当电场中的电位到达一定值的时候，电子的能量恰好达到可以将某原子核外的电子打出来，这时电场的电位值就称为“电离电位”。

弗兰克和赫兹的实验十分复杂，设计得也非常精巧，但专业性太强，这儿就不多说了。我们只需知道到1914年，他们两人认为他们测出了水银的电离电位，是4.9伏特。他们两人将实验报告发表了。

玻尔当时正在研究原子构造，而且刚刚提出了著名的“氢原子结构理论”，以后在1923年玻尔为此获得了诺贝尔物理学奖。1914年玻尔看到弗兰克和赫兹的文章以后，大吃一惊。因为根据他的理论推算出的水银电离电位是10.5伏，而不是4.9伏。如果弗兰克和赫兹是对的，那玻尔可就惨了，他研究了好多年的氢原子理论可能是错的！

但是，玻尔在仔细思考了弗兰克和赫兹的实验后，他相信自己并没有错，而是弗兰克和赫兹的实验有错。弗兰克和赫兹测出的4.9伏不是水银的电离电位，根据他的氢原子理论应该是水银原子最里面一层电子受到外界加速电子的撞击后，跳到最近一层轨道所需要的电位；这也就是说，4.9电子伏的能量并没有使水银原子中的电子跳出原子核的控制圈，水银原子中的电子只不过在核里面从最里面的电子跳到了最邻近的轨道上。

玻尔想到这儿不由大喜过望，因为他的原子结构理论提出来以后，很少有人相信，还有不少非常著名的物理学家指责玻尔在“瞎搞”，德国物理学家劳厄还宣称：

“如果玻尔的原子理论对了，那我就不再研究物理了！”

玻尔对劳厄的话到不很在意，但是他正苦于没有办法用确凿的实验来证实他的理论。现在好了，歪打正着，弗兰克和赫兹的实验正好可以证明那4.9伏的电位正好是他理论中“电子跃迁”时所需的最低电位。“电子跃迁”是玻尔原子理论中的一个非常重要的概念，指的是电子在原子里从一个轨道跳跃、迁移到另一个轨道的运动所需的能量。玻尔真个是欣喜若狂：有了这么精确的实验来证实自己的理论，真不啻天助吾也！

玻尔立即发表文章，指出弗兰克和赫兹弄错了，他们测的4.9伏的电位证实了他的氢原子结构理论。按道理说，弗兰克和赫兹应该感到高兴，因为如果他们的实验真的证实了玻尔的氢原子理论，那价值比测出一个电离电位不知大到哪儿去了。而且，玻尔的理论如果真的被他们的实验证实了，那玻尔就成了当代最伟大的物理学家之一，获得诺贝尔物理学奖肯定没有问题，连弗兰克和赫兹也会因此而大出其名，甚至也大有希望得到诺贝尔物理学奖。

也许读者会猜想：弗兰克和赫兹连忙承认玻尔是对的。恰好相反！弗兰克和赫兹坚持认为玻尔错了，认为 4. 9 伏是水银的电离电位，而不是什么跃迁电位。

玻尔可着了急。怎么办呢？只好设法做实验，用更精确的实验证明弗兰克和赫兹的实验有误。

但他不是一个实验物理学家，尽管他急于想澄清这个大是大非的问题，却只能求助于实验物理学家。玻尔这时在英国曼彻斯特与他的恩师卢瑟福（Ernest Rutherford，1871—1937，1908 年获得诺贝尔化学奖）在一起工作。在卢瑟福的敦促下，马考瓦（W. Makower）答应与玻尔一起对弗兰克和赫兹的实验结论做验证性实验。但马考瓦和实验室的一位德国玻璃工匠鲍姆巴赫（O. Baumbach）老是争争吵吵。鲍姆巴赫是一位了不起的高级技师，据说他能使卢瑟福的“darling”（心肝宝贝儿）α射线，能在各种玻璃装置里自由来去，如入无人之境。但他有一个最大的毛病是喜欢信口开河。在第一次世界大战爆发后，鲍姆巴赫经常嘴巴没遮拦地说，德国将会采取可怕的行动，英国人肯定会大吃苦头，以及其他一些威胁英国人的话。玻尔是丹麦人，而且性格温和，对鲍姆巴赫的话不在意；但马考瓦可就受不了，见鲍姆巴赫总是侮辱英国、威胁英国人，心中不由怒火中烧，常常不客气地叫鲍姆巴赫这个“敌国公民”把嘴管严一点，否则将“自食恶果”。但鲍姆巴赫照说不误，激烈的威胁话仍然自由自在地向外发泄。最终，他被拘留了。更加不幸的是，他们已经差不多快完成了的复杂而精巧的设备，在鲍姆巴赫拘留后，又被一场大火给烧毁了。接着，马考瓦又到部队服役。实验就这么惨兮兮地搁了浅。

幸好到 1919 年，美国的戴维斯（B. Davis）和古切尔（F. S. Goucher）用实验证实，弗兰克和赫兹错了，而玻尔是对的。

由此可知，当玻尔得知戴维斯和古切尔的实验结论后，该是多么高兴！他情不自禁地说道：

1919年，这个问题终于被纽约的戴维斯和古切尔两位出色的实验所解决。结果与我所设想的十分一致。我曾提到我们在曼彻斯特那次毫无结果的尝试，目的仅在于说明我们当时所面临的困难。我们那时的困难与家庭主妇对付的困难颇为相似。

1919年，弗兰克和赫兹正式承认：玻尔对他们实验结果的重新解释是完全正确的，而他们原来的解释大错特错。在1919年发表的题为《由慢电子与气体分子非弹性碰撞确认光谱中的玻尔原子理论》论文中，他们宣称他们重新审查了1914年的实验，证明了在实验中4.9伏加速电位差根本不能使水银原子电离。

一场规模不算太大，持续时间也不算太长的争论到此结束，一个划时代的原子理论却因而意外地被实验证实了。这真是“塞翁失马，焉知非福”！

通过这场争论，弗兰克被玻尔如此深刻的真知灼见所慑服，他以后多次公开地声称自己是玻尔的崇拜者。他甚至说，与玻尔不能接触太久，否则你将觉得自己过分无能而陷于失望和沮丧之中。弗兰克后来和玻恩一起在哥廷根大学工作，玻恩对弗兰克过分崇拜玻尔的行为，很不以为然，还批评过他好几次。

1922年，玻尔终于获得诺贝尔物理学奖；1925年而弗兰克和赫兹也获得了诺贝尔物理学奖。在颁奖授奖辞中，奥西思代表诺贝尔评奖委员会说：

玻尔在1913年的假设之所以取得成功，是因为它们不再仅仅是假设，而是被实验证实了的事实。证实玻尔基本假设的方法是J. 弗兰克和G. 赫兹发现的，他们因此而获得今年（1925年）的诺贝尔物理学奖。弗兰克和赫兹揭开了物理学的新篇章……

弗兰克在获奖演讲辞中则承认自己走了一段弯路，幸亏有玻尔来指点迷津：

我自己简直不能理解……我们未能纠正我们的错误，和澄清实验中依然存在的不确切之处。……后来我们认识到了玻尔理论的指导意义，一切困难才迎刃而解……

## 贝克勒尔的幸运和约里奥-居里夫妇的不幸

一个如此奇妙的发现，竟然起因于一连串虚假的线索，这真是惊人的巧合。科学史上大约很难再出现与这相似的发现。

瑞利

发现中子的诺贝尔奖就单独给查德威克算了，至于约里奥夫妇嘛，他们是那样的聪明，不久会因别的项目而得奖的。

卢瑟福

在诺贝尔奖获奖的历史中，有许许多多让人感到非常意外、同时又非常有趣的故事。就拿1903年与居里夫妇一同获得诺贝尔物理学奖的法国物理学家贝克勒尔来说吧，他是因为发现物质的放射性而奖的。但是，你知道他是怎么样发现放射性的吗？不说你当然不知道，一说还真会让你吓一跳！贝克勒尔竟然是在一连串三个错误的假设中，做出了让他获奖的伟大发现！这事可真让人感到惊讶。有人说，贝克勒尔真是“福星高照”呀。此话的确不假。

但居里夫妇的女儿和女婿就恰好相反，不仅不是“福星高照”，而是“晦星临头”，让稳稳当当该他们获奖的机会，一个又一个地从鼻子尖上溜了过去。不过幸好，他们总算抓住了一次机会，在1935年获得了诺贝尔化学奖。

下面我们就先从幸运的贝克勒尔讲起。

## （一）

1895年11月8日，这天是星期五。在德国维尔茨堡美丽的普拉尔公园不远处，有一幢石造的二层楼房，这就是后来闻名于世的维尔茨堡大学物理研究所。在这深秋寒冷的夜晚，研究所静悄悄，除了树叶沙沙的落地声，真是万籁俱寂。但这个寒冷的秋夜对伟大的德国物理学家伦琴（W.C. Rontgen，1945—1923）来说，却是终生难忘之夜。因为就是在这个晚上，伦琴发现了X射线。20世纪物理学革命的序幕也因X射线的发现而从此拉开。

X射线的发现一公布，迅速引起了全世界强烈的震动。其迅猛的程度，在科学史上真可谓空前。世界各地的物理实验室，都立即日以继夜地干起来，以证实伦琴那令人瞠目结舌的新发现。当全世界物理学家都确信这一发现是千真万确以后，紧接着对X射线的物理性质展开了激烈的争论。当时有两种针锋相对的看法：一种看法认为X射线是一种带电的粒子流；另一种看法则认为X射线是一种电磁波。非常有意思的是，这两种对立看法，大致上是以国家分界的：英国物理学家大多支持前一种看法，而德国物理学家则大多支持后一种看法。

当时法国有一位伟大的数学家叫彭加勒，他那出类拔萃的才华、渊博的知识以及广泛的研究和卓著的贡献，使他闻名世界。如同许多世界第一流的数学家一样，他非常关心当代物理学的进展，在物理学领域里他发表的文章和书籍多达70多种。当X射线本质的争论在物理学家中激烈进行时，彭加勒也积极参加了争论。他倾向于英国物理学家的观点，认为X射线是一种带电的粒子流。现在我们知道，彭加勒以及英国物理学家的观点是错误的，因为德国物理学家劳厄同他的两位助手弗里德里希（W. Friedrich，1883—1968）和克尼平（P. Knipping，1883—1935）于1912年用精巧的实验证实了X射线可以产生衍射，于是它的波动性得到了证实。这是后话，这儿就不多讲了，还是回到彭加勒参加争论的事情上来。

说起来也许令人觉得奇怪，任何一个法国物理学家都没有像彭加勒那样为X射线的发现所高度激动。1896年1月20日在法国科学院周会上，彭加勒把X射线照片给大家看,那是一张活人手骨的照片。

贝克勒尔问彭加勒:“X射线从管子的哪一部分发出?”

彭加勒回答说:“看来是从阴极对面的玻璃壁发荧光的地方发出的。”

法国物理学家贝克勒尔在实验室里做实验。照片右上方的阴影,就是银币在铀盐晶体作用下在底片上留下的印迹。

贝克勒尔立即作出推断:可见光与非可见光产生的机理应该是一样的,X射线可能总是伴随着荧光现象。贝克勒尔一贯的研究方法是描述性的,他基本上只信赖观测,尽可能小心地回避推理,但这一次他非常相信他的推理:X射线与荧光之间很可能有一种关系。并决定立即用实验来证实这一推断。

贝克勒尔是很幸运的,他有极优越的条件可以立即着手进行实验,因为他祖父曾研究过磷光[①],在他写的六本书中有两本是磷光方面的专著;而他的父亲则是荧光方面的专家,而且特别熟悉铀。贝克勒尔继承父业,也非常熟悉荧光物质,而且实验室里还有现成的硫酸铀酰钾。他决定用这一铀盐开始实验。

实验的构思是这样的:用黑色的厚纸严密包好照相底片,使其不受阳光作用,但可受到X射线作用。在纸封附近放两块铀盐的晶体,其中有一

① 通常发光方式很多,但根据余晖时间的长短将晶体的发光分成两类:荧光(fluorescence,$\leqslant 10^{-8}$秒)和磷光(phosphorescence,$\leqslant 10^{-4}$秒)。余辉指激发停止后晶体发光消失的时间。

块铀盐晶体用一枚银币与纸封隔离，然后，用阳光照射这两块晶体，使它们发出荧光。如果发荧光的物体可以产生 X 射线，那么底片上将留下明显不同的痕迹。

当贝克勒尔把底片冲洗出来以后，一切和预料中的完全一样，用银币隔着铀盐晶体的那一张底片上，留下了银币的轮廓分明的斑点。看来，贝克勒尔一定非常满意他的推断，即发荧光的铀可以发射 X 射线。不过贝克勒尔的信条是要不厌其烦地反复实验，他不会轻易相信一两次实验的结论。

1896 年 2 月 26 日，他想重复做一次上面的实验，但是很扫兴的是天气阴沉，这是巴黎二月份常有的事。他只得把铀盐晶体和闭封的底片一起锁到抽屉里，等待天气转晴。贝克勒尔当时万万没有想到，二月底的几天阴沉的天气，竟给他带来了天大的幸运，给人类的科学前景带来了光明！ 3 月 1 日，天气晴朗，贝克勒尔开始实验。不知出于什么原因，他把原来放进抽屉中的底片冲洗出来了；冲洗的原因有的说是由于他严谨的工作作风，有的说他可能要换做另一个实验，还有人则说是为第二天报告的需要。那知底片冲洗出来以后，让他大吃一惊：他原以为由于光线极弱，铀盐晶体只有极其微弱的荧光，因而X射线就几乎不可能产生，这样，底片也可能不会感光；即使感光，也一定非常非常微弱。但冲洗出来的底片其感光的程度竟与上次一样！贝克勒尔立即意识到他发现了一种非常重要的现象：铀盐晶体即使不受太阳照射，亦即不发荧光，也可能发出 X 射线。这一预想很容易用实验来证实，而实验也果然证实了他的预言。但他一直认为他做的实验，都是在进一步研究 X 射线，还不知道自己是在一系列错误的假设下进行探索的。

进一步的研究，贝克勒尔发现所有的铀盐晶体，不论它们是否发荧光，都使底片感光；而其他的矿物，即使是发出极强荧光的物体，却不能使底片感光。这一发现才真正使他激动起来，连他那一小撮漂亮的胡子也因激动而不断地抖动。贝克勒尔这才明白，使底片感光的不是什么 X 射线，而一种新的射线，其射线源就是铀。这种射线他称之为“铀射线”，后来被取名为“贝克勒尔射线”。

贝克勒尔射线的发现，对物理学有极为重大的意义，因而使他荣获了诺贝尔物理学奖。在这以前，科学家们坚信原子是最小的、不可再分割的粒子，现在，铀原子却可以放射出一种射线来，可见原子并不是不可分割的。还有更使物理学家迷惑不解的是，铀盐晶体不断放出射线的能量是从哪儿来的呢？当时有一位物理学家问英国实验物理学家瑞利勋爵：

“如果贝克勒尔的发现是真的，那能量守恒定律岂不遭到了破坏吗？”

瑞利十分幽默地回答说：“更糟糕的是我完全相信贝克勒尔是一位值得信任的观察者。”

## （二）

现在我们再回过头来回想一下贝克勒尔得到这个重大发现的过程，我们将惊异地发现，这一发现竟然是建立在三个错误的假定上：第一，X射线是由玻璃壁上发荧光的地方产生；第二，其他发荧光的物质也发射X射线；第三，当铀盐不发荧光时也仍然发射X射线。难怪连瑞利勋爵都发出了感慨：

“一个如此奇妙的发现，竟然起因于一连串虚假的线索，这真是惊人的巧合。科学史上大约很难再出现与这相似的发现”。

这种巧合虽然令人惊奇，但是我们不能因此就认为，贝克勒尔的重大发现完全是由于他的运气好。如果我们持这种看法，就不能从中得出有益的结论。我们知道，造成错误最常见的原因，就是在实验证据不足的情况下作出普遍性概括。贝克勒尔在开始研究X射线与荧光之间的关系时，他大概明白自己是在证据不足的情况下作了一些尚需证实的推断，不然他为什么一再告诫他的助手，要不厌其烦，反反复复地做实验呢？贝克勒尔是一位十分严谨的实验物理学家，他平生最厌恶的就是轻率地作出概括，和在证据不足的情形下提出假说。这次他能提出几个推断，对他来说几乎是空前绝后的事情了，所以我们可以想见他将如何谨慎地用实验来证实自己的推断。在没有十足的证据时，他是不会相信自己的推断的。正因为如此高度重视实验对理论建立的作用，所以他的发现也就具有一定的必然性了。

此后，贝克勒对放射线还继续做了几年研究，但未取得实质上的进展，在这方面继续作出贡献的是居里夫人（Madame Curie，1867—1934）。贝克勒尔之所以落后，是因为他只局限于把铀作为他的放射源。铀是他知道得最清楚的物质，它曾经帮助过他做出了重大发现，现在却又阻碍他继续前进。另外，他的思想方法的缺陷，也不能不是原因的一个方面。他重视实验观察，对假说持谨慎、怀疑的态度，无疑是他发现贝克勒尔射线重要原因之一；但对假说在理论建立中的重大作用他却认识不足，这又使他没有能够乘胜扩大战果，进而研究放射性的普遍性。难怪在多年之后，他不无遗憾地说：

> 因为新射线是通过铀来认识的，所以有一种先验的观点，认为其他已知物体的放射性可能比这个还要大很多是不可能的，于是，对这个新现象普遍性的研究，似乎就没有对它的本质的物理研究来得紧迫。

## （三）

讲完幸运的贝克勒尔，再来看看约里奥-居里夫妇的不幸。

1935年，瑞典皇家科学院诺贝尔物理学奖委员会决定把该年度物理奖授予1932年发现中子的英国物理学家查德威克（James Chadwick，1891—1974）。

据说评奖委员会在征求意见时，卢瑟福坚持要把发现中子的诺贝尔物理奖授给他的学生查德威克一个人。当时有人提出，约里奥-居里夫妇对此做过真正重要的发现，不考虑他们是说不过去的。卢瑟福的回答据说是这样的：

"发现中子的诺贝尔奖单独给查德威克就算了，至于约里奥夫妇嘛，他们是那样的聪明，不久会因别的项目而得奖的。"

论约里奥-居里夫妇对发现中子所作的贡献，那的确是无法否认的，查德威克本人在1935年12月12日接受诺贝尔奖发表讲话时，就曾这么提到约里奥-居里夫妇的贡献：

约里奥-居里夫妇及其夫人的非常卓越的实验，在发现中子的路上迈出了真正的第一步……

那么，约里奥-居里夫妇是怎样失去了做出重大发现的机会呢？下面我们将介绍的就是他们的失误，以及他们从失误中的奋起。

弗雷德里克·约里奥(Frédréc.Joliot，1900—1958)于1900年3月19日出生在法国一个商人家庭。约里奥喜爱运动，他曾回忆说他差一点就成了职业足球运动员。同时，他又喜欢音乐，能弹一手漂亮的钢琴。在中学时，由于太喜欢运动，他的学习成绩并不好，所以刚进大学念书时，他感到非常吃力。但是到1923年毕业时，他已是名列前茅了。他的物理老师是有名的物理学家朗之万(Paul Langevin，1872—1946)，他看到约里奥很有培养前途，就亲自与居里夫人商量，将约里奥安排到她的实验室去当助理实验员。从此，约里奥便踏上了他那光辉的科学探索生涯。

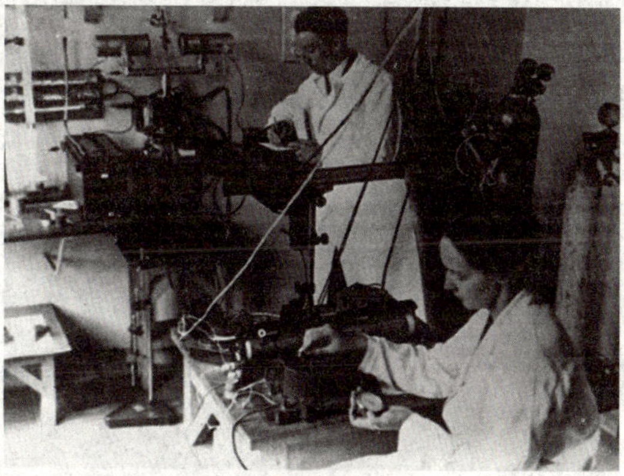

约里奥-居里夫妇在实验室里做实验。

更幸运的是在居里夫人的实验室里，他与居里夫人的女儿伊伦娜在一起工作。伊伦娜1918年就已经从巴黎大学毕业，比约里奥大3岁。开始约里奥听人说伊伦娜冷若冰霜、言语尖刻，但通过一段时间的交往，约里奥发觉伊伦娜并不像人们说的那样。他对伊伦娜迅即产生了好感。后来约里奥回忆这一时期的情形曾写道：

> 我开始注意她了。她表情冷淡，有时还忘了对人说一声早安。她在实验室里是不会引起别人好感的。但是在这位被别人看成是一块未经琢磨的石头似的青年女子身上，我发现了一个非常敏感、具有诗人气质的人。她在许多方面是她父亲的化身……作风朴实，有头脑，态度从容。

由于志趣相投，他们在相识3年后于1926年10月9日结婚。两人决心合力研究放射性。非常有意思的是，普朗克决定在大学从事物理研究时，他的老师约里（P. von Jolly）说物理已经完善得没有什么可以值得研究的了；30多年以后，著名化学家德比尔纳（André.Debierne，1874—1949）多少有点开玩笑地对约里奥说：

"你现在才来研究放射性，未免太晚了。这些元素和衰变系列现在都已知道了。除了把它们的各种特性算到小数点3位和4位以外，没有剩下什么可做的了。"

约里奥和伊伦娜可不这么认为，他们认为在他们面前展开的是一个崭新而神秘的世界，需要开拓的领域太多了。事实证明，他们是对的。在他们探索过程中，他们曾先后4次走到伟大发现的边缘，其中3次因为某些方面的失误使机遇从他们鼻子尖上溜走了。

## （四）

1930年，德国物理学家玻特（Walter Bothe，1891—1957）和他的学生贝克尔（Herbert Becker）发现了奇怪的现象，当他们用α粒子轰击原子序数为4的元素铍（Be）时，按照以往的实验情况，α粒子应该从铍元素的原子核里打出质子来。但这一次质子没有出现，却出现了一种强度不大而穿透力很强的射线，这种射线能穿透几厘米厚的铜板而其速度并不明显减小。当时因为不知道这是一种什么射线，就称其为“铍辐射”。由于铍辐射穿透力极强，酷似当时人们所知的γ射线，所以玻特在1931年苏黎世物理学家会议上，在报导这一实验结果时，就说铍辐射很可能是γ射线之类的东西。

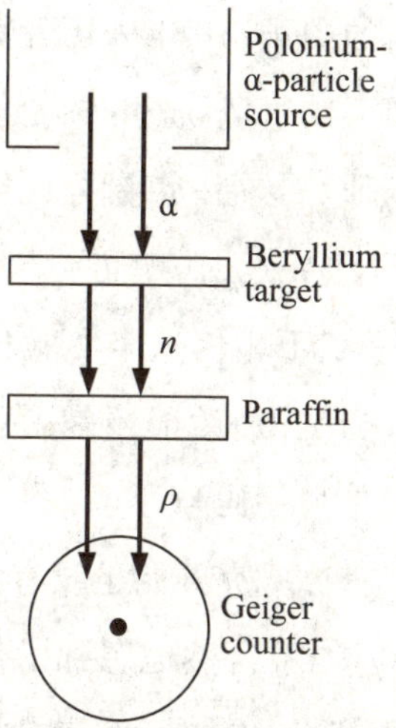

约里奥–居里夫妇铍实验示意图。英文字解释（从上到下）：钋（α粒子源）、铍靶、石蜡、盖革计数器。

约里奥-居里夫妇在1931年底，也开始研究玻特的实验发现。他们实验室条件极好，又有强大的α射线源，所以很容易就做出了与玻特相同的实验结果。为了检查一下石蜡是否会吸收这种“铍辐射”，他们在铍和辐射侦测装置间放了一块石蜡。结果他们非常惊异地发现，石蜡不仅没有吸收“铍辐射”，而且在石蜡后面的辐射比没有石蜡时还要强大得多！经过鉴别，从石蜡后面飞出来的竟是质子！也就是说，“铍辐射”从石蜡中打出了质子。在这种情形下，约里奥-居里夫妇已经面临伟大的发现了，但他们却仍然沿着玻特的错误思路想下去，还认为“铍辐射”是一种“新的γ射线”。现在回想起来，约里奥-居里夫妇的结论简直是不可思议的。因为γ射线是由质量几乎为零的光子组成，如果它与质量比质子小得多的电子相碰，那是能够将电子撞得动起来的（这种碰撞由康普顿在“康普顿效应”里作过详细的研究）。但是，现在撞出的是质子，其质量为电子质量1836倍，γ光子怎么能够撞得动它呢？这犹如一个乒乓球撞一个铅球，无论乒乓球以多大的速度撞向铅球，即使乒乓球被撞得粉身碎骨，铅球也是绝对不会动的。按照这种正常的逻辑思考，约里奥-居里夫妇就应该知道他们已经发现了一种新的基本粒子了——它不带电、质量比电子大得多。可惜他们糊涂一时，活生生让伟大的发现从他们的鼻子尖上溜走了！

1932年1月18日，他们把这一实验结果和评论发表在《报告》上。

当时在英国有一位物理学家叫查德威克，为寻找卢瑟福在1920年就提出的中子，10年来历经无数次失败仍毫无所获。有一天早晨，查德威克看到了约里奥-居里夫妇的文章，他感到极为震惊，就将这一实验情况告诉给老师卢瑟福。卢瑟福的震惊想来一定比查德威克更有过之无不及，因为他听了后竟大声嚷道：

"我不相信这个实验！"

当然，最后他还是同意：任何人都应当相信观察的结果，至于解释嘛，那就是另一码事了。

查德威克开始也没有十分固定的看法，但他很自然地想到了他寻找了十多年的中子。再加上他在寻找过程中取得了一定的经验，所以他很快就肯定约里奥-居里夫妇观察到的现象绝不是什么"新的γ射线"，并确信这里面有一种新奇的东西将被发现。经过一段时间的努力，他才弄清楚所谓"铍辐射"原来正是他苦苦寻找、"千呼万唤始出来"的中子！这正是：

发现中子的英国物理学家查德威克

踏破铁鞋无觅处，得来全不费工夫。

这种粒子的质量近似于质子的质量。于是，卢瑟福12年前预言的中子，终于被证实了，又一个基本粒子——中子，终于出现在人类面前！

1932年2月17日，即约里奥-居里夫妇的第一篇实验报告发表刚好一个月之后，查德威克在英国《自然》杂志上发表了自己的实验报告及结论。

查德威克之所以能够这么迅速地取得成果，正如他自己在回忆中所说："这不是偶然的"，而是他早就对中子这一概念有了精神上的准备。约里奥-居里夫妇则完全没有朝中子这方面想。约里奥自己也承认，他根本不知道卢瑟福关于中子的假说，因而缺乏作出这一重大发现的敏感性。他说：

> 中子这个词早就由卢瑟福这位天才，在1920年一次会议上用来指一个假设的中性粒子。这个粒子和质子一起组成原子核。大多数物理学家包括我自己在内，没有注意到这个假设。但是它一直存在于查德威克工作所在的卡文迪什实验室的空气里。因此最后在那儿发现了中子。这是合乎情理的，同时也是公道的。具有悠久传统的老实验室总是蕴藏着宝贵的财富。在已消逝的岁月里，我们那些还活着的或已去世的老师所发表的见解，被人们有意或无意地多次思考过然后又忘掉了。但他们的见解却能深入到这些老实验室工作人员的思想里，结出丰硕的果实。这，就是发现。

约里奥的话有一定的道理，但也不全对。老实验室固然有宝贵的思想熏陶它的成员，但也常常会散发出一种陈腐的保守气息。这种例子在本书中就有不少。关键是实验物理学家不能只埋头于自己的实验，而忽略广泛地吸取别人创造性的新思想。用一句中国人十分熟悉的话来说，就是“不能只顾埋头拉车，还得抬头看路。”

约里奥-居里夫妇由于忽视了学术思想的广泛交流，不仅失去了发现中子的机会，而且由于几乎完全相同的原因，又失去发现正电子的机会。

事情还得从1928年讲起。那年英国科学家狄拉克在处理一个量子力学中符合相对论的方程时，出现了一件很有趣味也很值得人思考的事情。在解方程时，求出的电子总能量有两个值，一正一负，每个中学生都知道，这时负根将被视为“增根”而舍去，因为电子怎么可能有负能量？这似乎是毫无物理意义的。狄拉克开始也是这样认为，舍去了负值，只保留下正值。但是不久，狄拉克又仔细研究了负能态的值，得出了一个非常成功的电子理论，这一理论预言存在一种电子的“反粒子”，即正电子。正电子带正电荷，其电量和质量与电子相同。

1932年8月2日，美国物理学家密立根（Robert A. Millikan，1868—1953）的得意门生，安德森（Carl D. Anderson，1905— ）在研究宇宙射线对铅板的冲击时，他利用置于磁场中云室所拍的照片，发现了一种新粒子的径迹。这种粒子在磁场中偏转的径迹与电子完全相同，但偏转方向却恰好相反。从偏转方向来看，这个粒子应该带正电荷，那么，它会不会是质子呢？安德森经过计算，由这种粒子运动的曲率可以肯定，它不是质子，于是他认为这种粒子是一种带正电荷的电子。于是狄拉克的预言被证实了。安德森因为这项发现于1936年获得诺贝尔物理学奖。



但在安德森发现正电子之前，约里奥-居里夫妇就曾经在云室中清楚地看见过正电子的径迹。但遗憾的是他们没有认真研究这一奇特的现象，却提出了一种经不住仔细推敲的解释。直到安德森提出了正电子实验报告以后，他们才明白又一次重大发现的机会被他们失去了。

经过连续两次失误之后，约里奥-居里夫妇并没有灰心丧气，他们总结了经验教训，果然卢瑟福预言的那样，在1933年底研究射线轰击铝的时候，发现了“人工放射性”，并于1935年因这一发现而获诺贝尔奖化学奖。

约里奥-居里夫妇对科学研究的献身精神，执著的追求，精湛的实验技术，都是非常可贵的，作为实验物理学家，他们堪称典范。然而由于不注重学术思想交流，不注重理论思维，这种使得他们缺乏一种敏感性，习惯于定向思维，不擅长侧向思维。总的说来，就是缺乏想象力。

这种缺点不仅表现在失去发现中子、正电子的事件，而且也相当明显地表现在“核裂变”的发现这一过程中。德国化学家哈恩之所以能做出“核裂变”这一震撼世界的伟大发现，正像查德威克能发现中子一样，完全是得益于约里奥-居里夫妇的实验发现。而且奇怪的是开始哈恩完全不相信约里奥-居里夫妇的实验结果，还多次严厉批评过他们！在用中子轰击铀元素时，约里奥-居里夫妇已经发现产物中好像有镧元素；这时，约里奥-居里夫妇实际上已经发现了核裂变，但他们就是拘泥于陈旧的定见，打不开思路，认为在这种情形下铀核不可能裂变。一直等到哈恩因为不相信他们的实验而重复他们的实验时，才发现了铀原子核在中子的轰击下真的分裂了！哈恩是化学分析方面的权威学者，他在实验中确定铀核裂变的产物不是镧，而是钡。在化学上来说，镧元素和钡元素的差别并不大，在周期表里钡仅仅在镧的前面一格。这么伟大的发现再次从约里奥-居里夫妇面前溜走！这已经是第三次了。

爱因斯坦在《论科学》一文中曾说过这么一段话：

> ……想象力比知识更重要，因为知识是有限的，而想象力概括着世界上的一切，推动着进步，并且是知识进化的源泉。严格说，想象力是科学研究中的实在因素。

爱因斯坦的这句话极深刻的道理，它不仅对科学家是十分重要的，而且对我们每一个中学生、大学生来说，更为显得迫切。没有想象能力的高材生，绝对不可能做出有重大价值的发现。

## 他们真是一群骗子吗？

> ……个性冲突在科学思想的发展中有时非常重要。我敢说，这应该被当做一条规则而不是一个特例，这一规则使生物学史变得更加清晰。
>
> M. T. 吉塞林

1903 年，法国科学院通讯院士布隆德洛（Prosper-René Blondlot，1849—1930）教授继 1897 年英国物理学家卢瑟福发现α射线和β射线、1900 年法国物理学家维拉德（Paul Ulrich Villard，1860—1934）发现γ射线之后，郑重而又激动人心地在法国科学院的院刊上宣布了的新发现:N射线(N-rays)。

接着,在一段短暂的时间里,N射线这种新辐射的异乎寻常的性质,吸引了全世界许多科学家的想象力。这正如美国西北大学克洛茨(I.M.Klotz)教授在1980年撰文所说:“布隆德洛的发现在科学界的许多部门激起了一阵狂热的反应。”

但两年之后,研究N射线的这股狂热的浪潮又突然中止,因为人们发现N射线是一种纯属虚幻的射线。事后,围绕N射线事件展开了一场争论,有人认为布隆德洛是一个科学骗子,并耸人听闻地说:

“悲剧的暴露最终导致布隆德洛的发疯和死亡。”

有的人认为,布隆德洛的助手“对N射线的发现或许扮演了一个过分热心的促进者的角色”。还有的人则明确表示,“故意的欺诈可以不予考虑”,而应该“从心理学方面进行一些研讨”。

本节的目的,就是想对N射线事件的始因做一初步探讨,对某些不够认真或者说过火的说法,提出一些不同的看法。为此,我们应该先从布隆德洛本人谈起。

## (一)

布隆德洛于1849年诞生在一个知识分子的家庭里。他的父亲N. 布隆德洛是法国著名的生物学家和化学家。布隆德洛本人毕业于法国的南锡(Nancy)大学,后又于1881年获索尔本大学物理博士学位,他的博士论文是论“电池和极化规律”。从1882年起,他开始在南锡大学任教,并于14年之后晋升为教授。1910年,当他年满61岁时退休了。

发现N射线的法国科学家布隆德洛教授。

布隆德洛是一位经验丰富而且颇有

名气的电磁学方面专家。赫姆霍兹去世后，布隆德洛被推选为法国科学院通讯院士，以顶替赫姆霍兹空出来的位置。在“发现”N 射线以前，他曾经因为用实验证实麦克斯韦的电磁理论，获法国科学奖金；1899 年获 LaCaze 奖金。

布隆德洛“发现”N 射线的过程大致是这样的：1890 年前后，布隆德洛对 X 射线的研究十分感兴趣，并积极参与到 X 射线本质的争论之中。他是一位实验技巧十分高超的物理学家，1891 年他设计了一种与迅速旋转镜相似的技术，测得电磁辐射传播的速度为 297600 km / s；后来他又确定X射线传播速度与光速一样，从而认为 X 射线应该是电磁辐射的一种。为了进一步证实这一结论，布隆德洛又设计了一个巧妙的实验，试图从电磁波的偏振性来证实 X 射线是一种电磁辐射。

如果 X 射线是电磁波，它就必然有偏振性，这种偏振性可以用下述方法检测：在 X 射线传播的途径上，安置由两根削尖的金属丝做成的可以跳火花的检测器。调置检测器的方位，如果 X 射线是电磁波，它必有某一确定的偏振方向，那么当检测器的方位与偏振方向吻合时，跳动的电火花的强度将会明显增强。结果，实验证实了布隆德洛的推测，火花亮度确实在某一特定方向上有明显增强。这使布隆德洛十分兴奋。

在这次实验中出现了一件令人布隆德洛感到十分奇怪的现象：当X射线通过电火花缝隙后，再让它通过一个石英棱镜时，某些射线发生了折射。由于当时人们认为X射线通过石英棱镜不会发生折射，因而布隆德洛甚为惊讶。接着，他在概念上作了一个“灾难性的飞跃”：这种发生折射的射线既然不可能是 X 射线，那一定是某种尚不为人所知的“新射线”。他把这种“新射线”命名为“N 射线”，以纪念他供职的南锡大学。

布隆德洛并非物理新手，他深知要使 N 射线被物理学界公认，还需要排除许多偶然和人为的因素，所以在“发现”N 射线以后，他立即对实验设备做了进一步改进，其中包括照相设备和使用低强度气体火焰（low-intensity gas flame）作为检测器等等。利用新的设备，布隆德洛不仅进一步“证实”

了新射线的存在，而且他还对N射线的性能和辐射源作了广泛的研究。1903年初，他开始将自己的研究结果连续发表在法国科学院院刊上。

接着，各有关学科的科学家都迫不及待地涌到N射线研究领域来，形成一股热潮。法国第一流的科学家，包括彭加勒、J.贝克勒尔（Jean Besquerel，发现天然放射线的H. Besquerel的儿子）和受人尊敬的生理学家奥古斯丁·卡彭蒂尔（Augustin Charpentier，1852—1916）等人，纷纷发表意见，赞扬布隆德洛的“伟大”发现。1904年，在国外已经开始对N射线提出怀疑和批评时，科学院的Le Conte奖金评选委员会（彭加勒是评委之一），仍然决定将这一珍贵的荣誉和5万法郎的奖金授给布隆德洛，而没有授予另一位候选人皮埃尔·居里（P.Curie，1859—1906，1903年诺贝尔物理学奖获得者）。据说，奖状第一稿主要是表彰他关于N射线的发现，后来因为批评和怀疑N射线的人越来越多，为了谨慎起见，在奖状的定稿上只在末尾提到了N射线的发现，而奖励的主要原因则改为“他的全部研究工作”。但是，一般人仍然认为，N射线的发现仍然是布隆德洛获得这个重要奖赏的主要原因。

正是由于著名科学家的赞扬和法国科学院的鼓励及支持，N射线在法国研究的浪潮越来越汹涌。据统计，1903年上半年法国科学院的院刊*Comptes Rendus*上只登载了4篇有关N射线的论文，但到1904年上半年，这方面的论文数量扶摇直上，竟达到54篇！一位作者指出：

> 从1903年到1906年期间，至少有40人“观察”到N射线，有100多名科学家和医生发表了大约300多篇论文来分析这种射线。

这种大规模的研究，使得N射线各种惊人的性质迅速为人们“发现”。物理学家们“发现”几乎所有可被N射线穿透的物质，如木头、纸、薄铁板和云母等等，都不能透过可见光；但水和盐都能阻挡这种射线……生理学家们也不甘落后，他们也展开了规模不小的紧张研究工作，其挂帅人物是南锡大学医学院生物物理学教授卡彭蒂尔。在1904年5月的一个月里，他发表了7篇关于N射线的文章。他发现人体的神经和肌肉可以发出特别强的N射线，他甚至测出尸体发出的N射线。他还发现N射线可以提高人的视觉、嗅觉和听觉的敏感性，不久又发现生物发出的这种射线与N射线有些不同，于是他称它为“生理射线”(physiological rays)，并声称实验已“证实”这种射线与N射线均可沿导线传播。面对如此丰富多彩的发现，卡彭蒂尔信心十足地宣称：N射线作为一种有效的人体探测手段，将迅速应用于医学临床。除了卡彭蒂尔，还有许多科学家作出了生理上N射线的“重大发现”。索尔本大学一位物理学家发现，N射线是从人脑部控制语言的“白洛嘉氏区”发出的；还有一位科学家发现，从人体分出的酶也能发出N射线……

有一位作者用了59页的篇幅，才简要列举和综述了三年时间内所作的有关N射线的发现。有趣的是，像其他一些重大发现一样，N射线发现的优先权之争也随着研究的取得“进展”而激烈展开。

## (二)

正当法国国内N射线的研究热闹得不可开交的时候，国外物理学界却产生了普遍的怀疑。因为任何一个真正的科学发现，例如电磁波、X射线等，总可以在世界任何地方的实验室和在任何时候重复产生，可是N射线却无法满足这一最起码的要求。英国的开尔文(Lord Kelvin，1824—1907)、克鲁克斯(William Crookes，1832—1919)，德国卢麦尔(Otto R. Lummer，1860—1925)、鲁本斯(Heinrich Rubens，1865—1922)、德鲁特(P. K. L. Drude，1863—1906)、美国的伍德(Robert Williams Wood，1868—1955)等世界著名的物理学家，虽然都对发生在法国的N射线极感兴趣，并且按照布隆德洛论文中所指示的方法安排实验，但无论怎样小心和努力，也得不到一点N射线的影子，这使他们感到迷惑不解。正如伍德所说，法国“似乎有存在着出现这种最难以捉摸的辐射形成所必需的、显然是特别的条件。”在法国国内也有持不同看法的人，例如著名物理学家朗之万。

国外的科学家决定去法国看一看到底是怎么一回事。1904年夏季，正在美国霍普金斯大学任教的伍德教授要出席在欧洲召开的学术会议，他决定趁此机会去访问布隆德洛的实验室。

美国物理学家伍德。他有恶作剧和捉弄人的癖好。

伍德是美国著名的实验物理学家。他毕业于哈佛大学，很早就显示出超群的实验天才。他擅长用最简单的方法揭示隐秘现象。他一生主要的贡献是在物理领域里，尤其是光谱学，他的实验对原子物理学的进展起了重大作用。他的《物理光学》(*Physical Optics*，1905)一书，是美国权威教材。伍德有一种不可遏止的好奇心，还有恶作剧和捉弄人的癖好。有一次，一个巫师说他能够同已经去世的英国物理学家瑞利保持联系，伍德为了揭露骗局，就编了一些电磁学难题请这位巫师向死了的瑞利请教，结果让巫师大出洋相。

伍德到了南锡大学后，受到布隆德洛友好而真诚的接待。布隆德洛还立即为伍德做了一系列实验，以证实N射线的存在和它的一些奇异性质。伍德是一位极高明的物理实验专家，当布隆德洛为他做完一系列实验后，他立即敏锐地察觉出他的法国同行们极可能误入歧途了。布隆德洛将能斯特灯发出的N射线射到正在闪火花的间隙检测器上，根据他的介绍，火花亮度要增加；如果用手挡往射线，火花亮度将减弱。令伍德十分惊讶的是，法国同行竟然用极不可靠的肉眼来判断光的强弱。当法国同行们煞有介事地演示火花亮度强弱变化时，伍德无论怎样睁大眼睛凝视那微弱的火花，却丝毫感觉不到亮度的变化。伍德将自己的观察结果告知东道主时，他们却说这是由于伍德眼睛的灵敏度太差！伍德听了不免气上心头，于是他决心试试东道主的“眼睛的灵敏度”。难道这些法国同行真有斯库鲁支穿过马雷身体，看到马雷身体后面大衣上的铜纽扣的特异本领？①

伍德于是诡谲地说，既然我的眼睛不够灵敏，就请你们说出我用手指挡住N射线的正确时刻吧。由于房间暗，伍德很隐蔽地把手伸进、移出，结果东道主们几乎一次也没有说对。伍德像逗小孩一样，有时故意把手放在N射线径过的路径上不动，然后问东道主火花亮弱的程度。他们一会儿说亮了，一会儿又说暗了；而当伍德有时移动手的时候，他们所说的亮度起伏又同手的进出运动毫无关系。在接着的一个演示实验里，布隆德洛要在N射线的折射光束中"找出"N射线的光波谱。实验时，伍德恶作剧地把一个必不可少的零件（一个铝质棱镜），偷偷地装进了自己的口袋里，布隆德洛不知道，但他却仍然在那儿正儿八经地"分析N射线"的光谱！

回到美国后，伍德写了一篇文章披露此事，发表在英国的《自然》杂志上。伍德的文章发表后，在法国以外的科学家们对N射线的研究，立即失去了兴趣，只有少数法国科学家还继续支持布隆德洛。到1905年，法国科学院的*Comptes Rendus*也不再刊登关于N射线的文章了。1906，法国《科学评论》提议让布隆德洛来作一个判决性实验，布隆德洛拒绝了。

于是，N射线事件至此可以说正式结束了。虽然布隆德洛到1919年还声称：

> 我从未对我命名的N射线……有丝毫的怀疑，并且我还将尽我的一切力量证明它们将被我从未停止的无数观察所确证。

但几乎已经没有人相信他的话。也许只有心理学家对他的话感兴趣；这毕竟是科学创造心理学一个不可多得的典型例证。

## （三）

清朝诗人袁枚在《重登永庆寺塔》一诗中感慨万千地写道：

① 斯库鲁支（Scrooge）和马雷（Marley）都是英国作家狄更斯《耶诞圣歌》一书中的特异人物。

九级浮图到顶寒，
十年前此倚栏干。
过来事怕从头想，
高处人休往下看。

如果我们不把这首诗用于表达封建社会历经官场后的恐惧心态，而拿来用于研究科学发展史，那我们最好将最后两句诗改为：

过来事应从头想，
高处人须往下看。

这样，我们也许可以得到许许多多的教益。

轰动一时的N射线事件早已被人们遗忘，也许现在连知道这件事的人都很少。但也有几位物理学家和科学史家对这事颇感兴趣。他们访问了所剩无几的几位知情人，翻阅积满灰尘的档案，希望能挖掘出隐藏在这一事件背后更深一层的启示。W. 布劳德和N. 韦德在《背叛真理的人们——科学界的弄虚作假》一书中谈到N射线事件时，尖锐地指出：

> 整个领域的科学家居然都被非理性的因素引入了歧途，这是一种值得深思的现象。用“病理的问题”作搪塞，无异于胡乱贴标签。实际上，N射线事件极为突出地暴露出科研过程中广泛存在的几个问题。

《背叛真理的人们——科学界的弄虚作假》一书的中译本封面

那么，到底“广泛存在”一些什么问题呢？这当然是一个仁者见仁、智者见智的问题，各人看法很可能不会完全一致。本书作者试图提出两个问题以引起更多人的重视。

(1)科学创造心理学是一门很重要的学科。

直到今天，还有为数不少的人仍然认为，科学研究要求的是准确的计算、精密的实验、无懈可击的逻辑论证和至高无上的客观性，与研究感觉、情绪、动机、气质等心理因素没有什么关联。这种看法实际上是历史留下来的一种偏见，而且正是由于这种偏见才使得有些作者认为，N射线事件只不过是一场地道的骗局，布隆德洛和卡彭蒂尔只不过是两位"超级科学骗子"而已。用这种观点来对待N射线事件固然痛快淋漓，慷慨激昂，但这种观点是不科学的，它无法解释许多令人惶惑的现象。法国科学家罗斯丹(Jean Rostand)就曾指出：

> (N射线事件)最令人吃惊之处在于受骗人数之多，简直到了令人难以相信的地步。这些人当中，没有一个是假科学家和冒充内行的人，没有一个是梦想家或故弄玄虚的人；相反，他们熟知实验程序，头脑清醒，思维健全。他们后来作为教授、咨询专家、讲师所取得的成就就是明白无误的证明。

罗斯丹是法国人，他的话也许有些偏向他的同胞们，例如"无私"、"头脑清醒"这些评语似乎不合实际情况(下面我们将会看到这一点)，但罗斯丹的话大致上与实际情况是相符的。

就拿布隆德洛来说，前面我们介绍过他对物理学作出的贡献和他在法国科学界的地位，即使在N射线事件以后，虽然他仍然坚持N射线绝非虚妄，但他的生活、教学和研究仍一如既往，一直都非常正常。他到1910年才退休，退休后仍然保留名誉教授称号，并继续与大学里的人有学术联系。1923年他的一本热力学教科书出第三版，1927年11月还为他的电学教科书的第三版写过前言，根本没有像西布罗克(W. Seabrook)说的那样，因"骗局"被揭露，羞于做人而发疯以致自杀身亡。说他是个地道的"骗子"，似乎有悖于实际情况。

再拿卡彭蒂尔来说，认为他在N射线事件中玩弄骗术，似乎也说不过去。卡彭蒂尔是一位受人尊敬的医学物理学教授，声望极高。对于N射线的研究，他的热情和兴趣是异乎寻常的，而且他的"成果"惊人。为了人体N射线的发现，他还与几位学者就优先权打起了官司，闹得沸沸扬扬，不可收拾，后来还是法国科学院出面，在1904年春的一份正式报告中判定卡彭蒂尔的发现最早，因而拥有优先权。最令人感兴趣和惶惑的是，他曾专门研究过眼科学，他的博士论文题目是《视网膜不同部分的视觉》，他还写过一篇题为《影响光度测量的生理条件》的文章。对视觉有如此丰富的理论和实验研究的医学教授，正如拉杰曼（R. T. Lagemann）所说：

"如果有谁本应提防在观测闪动的、低强度的光源时可能出现错误的话，卡彭蒂尔就是一位。"可恰恰就是这位卡彭蒂尔，在虚假的N射线研究中作出了"重大的发现"！

还有J. 贝克勒尔和彭加勒等人，他们都高度评价了N射线这一"重大发现"，但他们又同时都是世界知名的科学家，尤其是彭加勒，前面我们曾经专门提到过他，他是当时科学界最伟大的科学家之一。用骗局、学术骗子来对待这些人和N射线事件，显然有失偏颇；而且对科学史的研究也会带来不良的影响。相反，如果我们放弃这种偏颇的看法，而从心理学的角度来研究这一事件，它也许会给我们带来许多有益的启示。苏联学者Π. A. 拉契科夫曾深刻指出：

"科学心理学作为科学的重要组成部分之一，现在正在发展着。没有它，就不可能揭示完整的和真正的科学历史过程。"

拉契科夫的这一观点显然值得我们高度重视。从科学心理学观点对N射线事件进行剖析，我们比较容易理解这一事件的发生和发展过程。

布隆德洛是在五花八门的射线（如X射线、α射线、β射线、γ射线、阴极射线、阳极射线等等）不断被发现的时候，"发现"了N射线，并且迅速为众多科学家接受。这一事件在事后看起来似乎有点令人迷惑，但实际上它与一种心理定势和崇拜权威的心理现象有密切关系。

到 1903 年，科学界早已熟知了各种各样的射线，对于再出现一种新的射线，无论对布隆德洛还是对其他科学家来说，早就有了心理上的准备，已经是“见怪不怪”了。正如克洛茨所说：

“如果这种射线先于 X 射线和放射性十年，……那么它就没有其他射线作先例，因而布隆德洛几乎肯定会对他的发现作更严格的分析。”

在心理学中，这种现象称为心理定势。心理定势是一种在科学研究中经常出现的心理现象，它常常给科学研究带来难于克服的惰性和阻碍，延缓科学研究的正常进行。例如，在杨振宁和李政道提出在弱相互作用中宇称可能不守恒这一见解之前，虽然没有任何实验足以判明在弱相互作用中宇称是守恒的，但是一种心理定势的作用，即在其他相互作用中人们有肯定的判据证明宇称是守恒的，再加上某种美学的观点，于是人们几乎坚信在弱相互作用中宇称也一定是守恒的。甚至当杨、李提出新的不同见解时，他们的意见遭到包括泡利、费曼和戴逊等最著名科学在内的几乎所有物理学家的反对。可见心理定势一旦形成，将是一股多么强大的力量。对于 些二流科学家来说，心理定势和崇拜权威的心理肯定起了双重的作用。

造成N射线的另外一个不可忽视的心理因素，是一种似乎与科学毫不相关的情感，即民族自尊心。法国科学的兴盛期是 1770—1830 年，到了 19 世纪初达到全盛期以后就急转直下地走向衰落；而德国则由于 1848 年资产阶级革命和 1871 年的全国统一，科学日渐昌盛，并取代法国成为世界科学的中心。到 20 世纪初，德国科学达到了极盛期，法国科学界的国际声望则继续下落。在这种情形下，在贝克勒尔和居里夫妇发现放射性之后，又发现了 N 射线，这实在使法国科学界兴奋得难以自已。在这种对于科学理智有害的情绪和感情支配下，本来可以防止的错误发生了，本来可以做到的严格自律放松了。正如莎士比亚在《威尼斯商人》一剧中所说：

理智可以制定法律来约束感情，可是热情激动起来，就会把冷酷的法令蔑弃不顾……

自然规律就是科学研究活动的"法律"和"法令"。在科学创造活动中，激情和忠诚固然不可缺少，但任何时候都必须有冷峻的理智，万不能"把冷酷的法令蔑弃不顾"。

相比之下，意大利物理学家费米就比布隆德洛冷静得多。

从1934年3月开始，费米开始用慢中子轰击从轻到重的所有能找到的元素。在轰击铀元素以前的元素时，他发现每一种元素被慢中子轰击后，其原子核都变成有放射性的原子核，放射性原子核的品种数由该元素的同位素数目决定。如某元素只有一种同位素，则只有一种有放射核；如有两种同位素，则有两种有放射性的核。他还发现了一条普遍规律：中子碰到原子核后，原子核即将其捕获，形成一个新核；由于新核不稳定，核里的一个中子发射出一个β粒子（即电子），使该中子变为质子，于是被轰击的元素多出一个质子，原子序数因而提高一位。接下去，费米当然会想到：如果用慢中子轰击当时元素周期表上最后的一个元素铀92时，铀的同位素如果也像它前面的元素一样，放出一个β粒子，那不就会产生一个周期表上还没有、自然界中尚未见到的第93号元素了吗？这一设想简直是太激动人心了！

费米怀着激动的心情开始用慢中子轰击铀92，我们完全可以想象他是多么热切地期望得到"超铀元素"啊！结果似乎颇为理想，β粒子果然放射出来了。但是，大自然在显示她的真实面目时，似乎总是羞羞答答，"欲抱琵琶半遮面"。现在，β粒子倒是真放射出来了，但与此同时又出现了一些以前未曾出现过的复杂情况，这使得费米不敢贸然断定自己真的得到了"超铀元素"（即93元素）。他发表在1934年6月英国《自然》杂志上的论文，题目还只是《可能产生原子序数高于92的元素》，他并没有因为某些非常可能是93号元素的迹象，而忘记了大自然是颇善于恶作剧的。他在文章中谨慎地写道：

“……我们有可能假设该元素的原子序数大于92。如果是第93号元素，那么在化学性质上，它应该与锰和铼相似。这一假设由下面的观测得到一定的证实，即……可以被不溶于盐酸的硫化铼的沉淀物带走。然而，考虑到有几种元素都易于以这种形式沉淀，因而这一证据不能认为是非常充分的。”

意大利裔美国物理学家费米在实验室。

应该说费米的态度是值得赞赏的，他没有让激情主宰自己。尤其难能可贵的是，他抵挡住了荣誉的诱惑，保持了一个科学家在任何时候也不能丧失的理智。当时罗马大学物理研究所所长柯比诺（O. M. Corbino）却认为费米太谨慎，认为费米的犹豫纯属多余。柯比诺不仅是一位科学家，他还是一位参议员，在他身上激情多于理智，政治因素多于科学因素。为了振兴日趋衰落的意大利科学事业，他费了很多心血才物色和培养了费米这样一位科学上的帅才，如今发现了第93号元素，多年来想使意大利的科学恢复到伽利略、伏打和阿伏伽德罗时代光辉熠熠的盛境的梦想，终于实现了！

在同年6月4日有国王出席的林赛科学院会议上，柯比诺自作主张地宣布：93号元素被意大利物理学家费米发现了！这一消息立即轰动了全世界，意大利报纸更是趁机大肆宣扬“法西斯主义在文化领域的重大胜利”；甚至有一家小报还煞有其事地宣称费米将一小瓶93号元素献给了意大利王后。

费米对柯比诺轻率的做法十分生气。在他的坚持下，柯比诺和费米向报界作了声明，指出制成93号元素是可能的，但在得到确证之前，“尚须完成无数精密的实验”。

后来的事实证明，费米的谨慎是完全正确的，正是在他感到有疑问的地方，由他人作出了重大发现——核裂变。

N 射线事件和 1934 年的超铀元素的“发现”，具有极为相似的心理背景（许多类似的发现为新的发现做好了心理上的准备，强烈的爱国主义激情的驱使等等），然而，N 射线事件最后闹得法国科学院狼狈不堪，而费米的科学理智却使意大利避免了一场灾难。这两件事的对比，很值得我们研究和深思。

情感如果不用冷峻的理智来约束，就往往会给科学研究带来失败和灾难。

个性，也是科学心理学应该深入研究的课题。布隆德洛带来的灾难，肯定与他的个性有关。如果说在 N 射线事件刚开始时，布隆德洛的错误还可以原谅的话，那么后来他仍然一味坚持自己是正确的，就无论如何也无法原谅了。1969 年诺贝尔生理学及医学奖获得者卢里亚（Salvador E. Luria，1912—1991）曾尖锐指出：

> 在科学界，正像人类其他活动一样，个性和竞争一直存在着，甚至是决定性因素……在哥伦比亚读着像《丰富的机会》这种优美的叙事诗的学生们，需要多长时间才能了解科学史上大量的嫉妒和争斗呢？

加州大学动物学系的吉塞林（M. T. Ghiselin）也曾著文指出：

“……个性冲突在科学思想的发展中有时非常重要。我敢说，这应该被当做一条规则而不是一个特例，这一规则使生物学只变得更加清晰。”

反观我国科学史的研究，则似乎过分强调历史的、客观的规律，而对丰富的心理学事例几乎很少有人问津。这不能不说是一个大缺陷。应该说这是物理学中机械决定论在科学史研究中的一种反映。

除此以外，下面的一个问题也值得重视。

(2)观察的可靠性问题。

有一个小故事，它或许有助于我们了解N射线事件。

我们知道，卢瑟福是一位伟大的物理学家，他所领导的卡文迪许实验室对于实验结果，要求有非常严格的检验。卢瑟福经常强调，正确的实验结果必须能用多种方法重复出来。本世纪初，卢瑟福的实验室在做元素嬗变实验研究时，他们的结论与奥地利科学院院士梅耶(Stefan Meyer，1872—1949)领导的镭研究所得到的结论有重要的差异，这使卢瑟福十分吃惊。梅耶在放射性和核物理方面有许多重要贡献，而且是卢瑟福的好朋友。卢瑟福虽然对自己的研究结果充满信心，但毕竟梅耶也不是平庸之辈，于是卢瑟福请查德威克去梅耶实验室考察一下，弄清差异产生的原因。考察的结果让查德威克大吃一惊，梅耶实验室竟然采用了一种极不可靠的观察方法，正是这种不可靠的观察方法导致梅耶的失误。

原来，梅耶实验室专门找一些斯拉夫姑娘来读粒子轰击元素后引起荧光屏上的"闪烁数"，据说斯拉夫姑娘眼睛大，读数准确。这当然无可非议，即使斯拉夫姑娘眼睛不大也没有关系，但糟糕的是他们在向姑娘们交代任务时，先把预想的结果告诉了她们。而卡文迪什实验室在这方面的做法就明显不同，他们专门找那些不懂行的人来读数，并且事先绝不告诉他们结果"应该会怎么样"。后来，查德威克向梅耶建议，由他亲自用卡文迪什实验室的办法来安排姑娘们进行观察，他连放射源、屏幕等都不作交代，只让她们见闪亮就读数。结果，实验结果与卡文迪许实验室的结果一样。

那么，布隆德洛的实验助手对N射线事件起了什么样的作用，有没有什么影响呢？这是许多考察N射线事件的学者十分关心的事情。伍德认为，布隆德洛的助手"还没有足够的科学知识来制造这样一个骗局"，而且据考察N射线事件的一位学者皮瑞特(E. Pierret)的考察，布隆德洛"从未以欺骗的原因责备他以前的助手。"但是，有根据认为，由于以下两方面原因，布隆德洛的助手仍然对N射线事件的发展可能起了推波助澜的作用。

一是当时实验物理学家们多有梅耶实验室的习惯，在布置助手们做实验时，常常做过多的指示，有意无意地道出“实验结果出现什么结果最理想”等带有“启发性”的暗示。这种暗示，肯定会使助手们“观察”到超出实验所能提供的一些“结果”，正如梅耶实验室的斯拉夫姑娘所做的一样。皮瑞特在考察中明确指出，“布隆德洛也有这种习惯”。这样，布隆德洛的助手肯定为布隆德洛提供了一些失真而又被当作真实的信息。

另一原因多少带有一点猜测了。皮瑞特指出，在N射线“发现”以前，布隆德洛曾两次获得奖金，他的助手因实验的成功也获得了奖金的一部分。那么，期望N射线实验成功以获得更多的奖金，很可能影响了助手的观测。著名教授的“暗示”，再加上利益的影响，的确会容易使观测者有一种偏爱某些数据的心理。这并不是什么罕见的现象，问题是科学家应该认识到这一情况，并采取有效措施防止这种偏爱带来的虚假结果。也许布隆德洛正是在这上面出了问题。

美国物理学史研究中心的威尔特（S. Weart）在对各国为物理学提供基金倾向进行考察时，在法国发现一份没人注意却十分有趣的文件。这份文件是布隆德洛在宣布N射线被发现后两周写的一封推荐信，目的是想提高助手的薪金和地位。信是这样写的：

> ……如果我能完成（我的工作），那应该感谢一个非常有献身精神的合作者的得力帮助，他就是我们实验室的技师菲尔兹先生（Mr. L. Virtz）。他不仅制造了所有的设备，而且对于它的安装也提出了不止一个聪明主意；另外，他重复了我所有的实验和测量，以及一个精密研究中不可缺少的控制过程。

如果说勒杰曼在他的文章中只是暗示“布隆德洛的助手或许扮演了一个对N射线过分热心的促进者的角色”，那么，在引述了上面的推荐信后，威尔特就有理由叹息说：“布隆德洛过分信赖一个依赖他的人的科学辨别力了。”

总的看来，布隆德洛犯下了严重的错误这是无可否认的，他犯错误的原因也是多方面的。在他之后，这些错误原因还一再使其他科学家犯下了许多同样的错误。

这也许更值得人们深思。

## 迈克尔逊为什么感到遗憾

我尊敬的迈克尔逊博士，您开始工作时，我还是一个小孩子，只有一米高。正是您，将物理学家引向新的道路。通过您的精湛的实验工作，铺平了相对论发展的道路。您揭示了光以太理论的隐患，激发了洛伦兹和菲兹杰诺的思想，狭义相对论正是由此发展而来。没有您的工作，这个理论今天顶多也只是一个有趣的猜想，您的验证使之得到了最初的实验基础。

爱因斯坦

迈克尔逊（Albert Abraham Michelson，1852—1931）是美国伟大的实验物理学家，由于他的光学实验极其精确，获得了1907年诺贝尔物理学奖。

美国物理学家迈克尔逊（左1），与爱因斯坦见面时与密立根（右1）合影。

1931年，爱因斯坦到美国时，专门去拜会了迈克尔逊。爱因斯坦当面表示了对迈克尔逊的敬佩。他说了上面那一大段话。

坦的称赞后，说：

“我的实验竟然对相对论这样一个‘怪物’起了作用，真是令人遗憾呀！”

这时迈克尔逊已经79岁了，他是不是老糊涂了？因为到1931年的时候，相对论早已被全世界科学家接受了，而且获得了极高的声誉，爱因斯坦本人也在1921年获得了诺贝尔物理学奖。在这种情形下，迈克尔逊不仅不为自己对相对论有所贡献感到高兴，反而感到“遗憾”，岂不让人“丈二和尚，摸不着头脑”吗？

要想弄清这件事的来龙去脉，我们还得从头讲起。

## （一）

1852年12月19日，迈克尔逊诞生在波兰的一个小镇斯特列罗。他的父亲是一个经营纺织品商店的老板，母亲也是商人的女儿。

19世纪中期，欧洲由于经济危机和政治上的动乱，许多欧洲人都向美国迁居。迈克尔逊的几个姑妈都在美国，因此，他们全家也决定于1856年迁往美国，那年迈克尔逊只有4岁。他们先乘船到巴拿马，然后乘火车、独木舟，骑骡子，……最后又乘远洋轮船，到达旧金山。

读中学时，迈克尔逊因家中经济不宽裕，学习之余常为学校清理物理仪器，每月可得到3美元的报酬。中学校长伯拉雷先生对光学很有兴趣，常常给迈克尔逊讲解奇妙的光学现象。这使迈克尔逊对科学，尤其是光学，从此有了极大的兴趣。迈克尔逊一生不忘伯拉雷校长对他的启发引导。他曾经在回忆文章中写道：

“伯拉雷校长是一位了不起的人，我非常感谢他对我严格彻底的训练。他喜欢我，对我的训练非常严格，特别是在数学方面。当时我并不喜欢这样，因为太艰苦了！但后来我十分感激这种训练。”

迈克尔逊16岁时中学毕业，是班上年龄最小的一个，考什么大学呢？迈克尔逊征求伯拉雷校长的意见。校长说：

“你可以报考安纳波利斯海军学院，我们学校有一个名额。”

“您为什么觉得那儿好呢？”迈克尔逊问。

“那儿可以受到很好的实验训练，尤其是光学实验。另外，在海军学院读书可以得到生活、旅费补助。毕业后工作没问题，待遇也不错。”

迈克尔逊听了校长的建议，报考了海军学院。他考得很好，名列前茅。但是，本应属于他的这个名额，却被一位议员开后门给了别人。迈克尔逊不服气，决心要进海军学院。于是他在亲朋好友的帮助下，凑齐了路费，亲自到华盛顿去见当时的美国总统格兰特，申明自己的情况和决心。

格兰特总统在白宫接见了迈克尔逊，对这位年轻人的决心、勇气，十分欣赏，竟然破例允许他进入海军学院。

以后，迈克尔逊常常骄傲地说：“我一生的事业，就是从这次‘不合法’的行动开始的。”

## （二）

1873年，迈克尔逊从海军学院毕业后，被任命为海军学院的物理教师。这时，他对于在实验室测量光的传播速度有强烈的兴趣。光传播的速度很快，每秒达30万千米。这么快的速度，简直难以想象。我们知道，飞得最快的飞机，每秒也只能达到1.7千米左右，而光速是每秒30万千米！难怪迈克尔逊说：

“光速的数值大大超越了人们的想象力。但是，我们可以用极精确的方法，将它测量出来。因此，测量光速是一件非常吸引人的工作”。

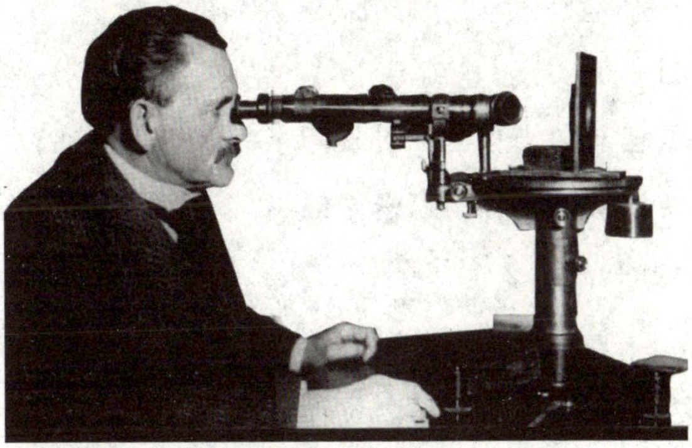

迈克尔逊在做光学方面的实验。

1877年11月，他设计了一个很巧妙的方法，可以更精确地测出光速。可惜他没有钱购买仪器设备。幸亏他的岳父很富有，也很支持他的研究，就送给他 2000 美元购置设备。有了这笔当时是不小的赠款，迈克尔逊才顺利地在 1878 年完成了实验。这次实验，由于他把光速测得很准确，因此引起了全世界科学家的重视。

他家乡的人，对迈克尔逊的成就非常自豪。在当地报纸上，还专门刊登了一则消息：

"本地布商萨缪尔的儿子迈克尔逊海军少尉，由于在测定光速方面有惊人发现，引起了人们广泛的重视。"

正在这时，全世界物理学家都在关心以太的问题。物理学家们认为光是靠以太传播的，但以太又十分神秘，很不容易找到它。很多实验室都想寻找以太，但都没有结果。迈克尔逊这时测量光速出了名，很多人劝他：

"你的仪器是世界第一流的，如果你用实验寻找以太，那是再合适不过的了。"

迈克尔逊一听，正中下怀，于是下决心从事"寻找以太"的实验。

到 1887 年，迈克尔逊用当时最先进的光学仪器，寻找以太已经好几年了，但一直找不到这个神出鬼没的东西。他在一年不同的时期，如春夏秋冬，重复他的实验，但是不管他如何努力，就是找不到以太的踪迹。

有人说："也许迈克尔逊的实验设计有缺点？"

但是，经过最仔细、最挑剔的分析，迈克尔逊的实验，几乎没有任何设计上的失误。这就是说，迈克尔逊实验证实：根本没有以太；以太是科学家自己想象出来的一种实际上并不存在的东西。

美国物理学家密立根当时认为："迈克尔逊的实验结果，是一个不合道理的、看上去无法解释的实验事实。"

荷兰物理学家洛伦兹说："我真不知道应该如何看待迈克尔逊的结果，是不是他的实验还有漏洞？"

英国物理学家瑞利叹气说："迈克尔逊的实验结果，真令人扫兴。"

## （三）

迈克尔逊虽然用他闻名于世的实验，证实了以太根本不存在，但他本人，直到他去世的时候都没有放弃以太。在他晚年，还经常提到“可爱的以太”。在去世前4年出版的最后一本书上，他还写道：

“虽然相对论已被普遍接受，但我个人仍然保持怀疑。”

我们知道，迈克尔逊1931年去世，那么上面那段话应该是1927年写的。到1927年，相对论早已被认定是20世经最伟大的理论了，而迈克尔逊却坚持不承认相对论，这种极端的保守态度，真令人感到惊讶。他不但不为自己曾对相对论做出了贡献而高兴，相反却感到遗憾。

迈克尔逊是一位伟大的实验物理学家，这是大家都承认的，他终生从事光学精密实验，为科学发展做出了卓越的贡献。但在对待物理学发展的态度上，他不容易接受新的物理思想。他经常自信地对人说：

“物理学的发展，只能通过精密测量得到，只能在小数点以后的第6位数上寻找。”

做精密的实验，对物理学的进步当然很重要，但是，如果没有理论上的指导，精密测量就会失去意义。例如，迈克尔逊自己把光学实验做得非常精密，属于世界第一流的，但他不能引起物理学发生重大的、突破性的进展。

爱因斯坦说得好：“是理论决定你观察到什么。”

这是什么意思呢？每个人在实验中做观察测量时，他脑袋里一定事先有一种想法（所谓想法，广义地说，就是一种理论），这种想法支配你如何进行观测。打个比方，如果你对天上的云，事先没有任何理论知识，你向天上的云看了好半天，也许什么也看不出来，只知道云彩在天空变化万千，绚丽多彩。如果你知道许多天气知识，你向天上多看几眼，就可能说出今天、明天的气象：有没有雨、有没有风等等。这就是“理论决定你观察到什么”。

迈克尔逊正是由于对理论、假说的意义，缺乏正确的认识，所以他对别

迈克尔逊用这台巨型干涉仪测量以太。为了稳定起见，整个装置放在一个巨大的水泥台上，水泥台又放在水银池子里。

人提出的新理论、新思想不感兴趣，有时显得十分无知。

有一次，他问一位天文学家："英国的爱丁顿先生提出一种恒星理论，这个理论是怎么一回事？"

那位天文学家回答说："爱丁顿认为，有一种恒星上的物质，密度比水大 30000 倍。"

迈克尔逊急忙打断那人的话头，说："那不是比铅的密度还大？"

铅的密度，是地球上密度最大的。那位天文学家点了点头，迈克尔逊于是斩钉截铁地说：

"那么，爱丁顿先生的理论一定错了！"

实际上，爱丁顿的理论并没有错，天空中有一种叫"白矮星"的恒星，那上面的物质的密度真是比水的密度大几万倍。但这种奇特的结论，迈克尔逊是决不相信的。

正是因为迈克尔逊只专心于埋头实验，对新理论不感兴趣，又不喜欢与研究生合作，所以他一直不愿意承认相对论。

有一件趣事。1931年迈克尔逊病重时，许多科学家去看望他，他的妻子总是在大门口小声叮咛探视迈克尔逊的客人：

“千万别向他提到相对论，否则他会发火。”

他直到去世，也未改变这种保守观点。

## 整个物理学界何以都会迷惘？

> 大约两年前，整个科学史上最令人惊奇的发现之一诞生了。……我指的是由杨振宁和李政道在哥伦比亚大学做出的发现。这是一项最美妙、最独具匠心的工作，而且结果是如此的令人惊奇，以至于人们会忘记思维是多么美妙。它使我们再次想起物理世界的某些基础。直觉、常识——它们简直倒立起来了。这一结果通常被称为宇称的不守恒性……
>
> C. P. 斯诺

一部物理学史，真是充满了离奇的事件，如果去掉那些令人生畏的数学公式和一些读起来令人别扭的专业名词，其离奇曲折的程度，绝不亚于一部福尔摩斯探案集。如果就“破案”的难度和技巧而言，那比后者还不知强多少倍。就拿β衰变来说，由于β能谱的连续性，使物理学陷入危机。为了解救这一危机，泡利独具一格地提出中微子假说，成功地解释了连续谱，而且拯救了能量和角动量两个守恒定律。泡利的功劳不可谓不大。

到了1956年，又是这个β衰变出了问题，引出了所谓的“θ-τ之谜”，威胁着另一个叫做宇称守恒的定律。泡利，这位在几十年前为拯救能量守恒定律立下丰功伟绩的“福尔摩斯”，又要重振当年雄风，继续拯救这个宇称守恒定律。哪知沧海桑田，这次他竟败在比他小将近30岁的、两位中国出生的年轻物理学家手下。这不真有点玄乎吗？可这都是事实。自然界比柯兰道尔[①]更富有想象力。

## （一）

物理学家对守恒定律有一种特殊的偏爱，这有着深刻的历史原因和现实意义的。从古希腊起，人们就试图从杂乱无章的自然界找到某种符合审美原理的一些形式，即希望在自然界找到和谐、秩序。而且，从一种纯思辩的原因出发，人们相信有理由希望自然界具有一种我们可以理解的秩序。令人惊奇的是，人们这种希望竟获得了极大的成功，守恒量和守恒定律的发现就是最突出的一个例子。

定恒量和守恒定律是物理学中非常重要的概念。有些量在一定的系统中，不论发生多么复杂的变化，都始终保持不变，如系统的总能量、总动量等。有了这种规律，自然界的变化就在其看来杂乱无章中呈现出一种简单、和谐、对称的关系，这不仅有着美学的价值，而且它能对物质运动的范围作出严格的限制，从而具有重要的方法论的意义。每一个读过高中物理的人，都有这种体会：有些题目如果用能量守恒定律来做，比用牛顿三大定律来做简单得多，几乎可以一下子就直接解出来，让人觉得十分舒服、痛快！在科学研究中也是如此，例如，在物理学史上，单纯从守恒定律出发，就曾做出过许多重大的发现，而且十分简便、痛快。例如中微子的发现，以及反粒子的预言，无一不雄辩地证实了这一事实。

守恒定律的普遍性引起了物理学家们的深思：在守恒定律的背后有没有更深刻的物理本质？19世纪末，人们才终于认识到，一定物理量的守恒是和一定的对称性相联系的。杨振宁教授（1922—）在1957年12月11日作的诺贝尔讲演中，曾详细谈到了这一关系。他说：

> 一般来说，一个对称原理（或者，一个相应的不变性原理）产

---

① 柯兰道尔（Sir Arthur Conan Doyle，1859—1930）是苏格兰物理学家和作家，他塑造的大侦探福尔摩斯风靡全球。

生一个守恒定律。……这些守恒定律的重要性虽然早已得到人们的充分了解，但它们同对称定律间的密切关系似乎直到20世纪才被清楚地认识到。……随着狭义相对论和广义相对论的出现，对称定律获得了新的重要性：它们与动力学定律之间有了更完整而且相互依存的关系，而在经典力学里，从逻辑上来说，对称定律仅仅是动力学定律的推论，动力学定律则仅仅偶然地具备一些对称性。并且在相对论里，对称定律的范畴也大大地丰富了。它包括了由日常经验看来绝不是显而易见的不变性，这些不变性的正确性是由复杂的实验推理出来或加以肯定的。我要强调，这样通过复杂实验发展起来的对称性，观念上既简单又美妙。对物理学家来说，这是一个巨大的鼓舞。……然而，直到量子力学发展起来以后，物理学的语汇中才开始大量使用对称观念。描述物理系统的状态的量子数常常就是表示这系统对称性的量。对称原理在量子力学中所起的作用如此之大，是无法过分强调的。……当人们仔细考虑这过程中的优雅而完美的数学推理，并把它同复杂而意义深远的物理结论加以对照时，一种对于对称定律的威力的敬佩之情便会油然而生。

杨振宁教授的这段话言简意赅，但对尚未学习理论物理的人来说，似乎有点抽象，不太好懂。其实，我们学过的初、高中物理学中，有很多有关对称性方面的定律，只不过没有用“对称性”这样的深度来描述它罢了。例如，与能量守恒定律相联系的对称性，是时间平移的对称性，即物理规律在t时刻成立，那在另一时刻t′它也应该成立；与动量守恒定律相联系的对称性是空间平移对称性，即物理规律不因空间位置平移而改变，欧姆定律在湖北省武汉市成立，在美国纽约市也会成立，这就是“空间平移的对称性”。与角动量守恒相联系的是空间转动的对称性，即空间具有各向同性，物理规律不因空间转动而改变，麦克斯韦电磁定律在地球表面成立，在不断转动的空间站也成立。

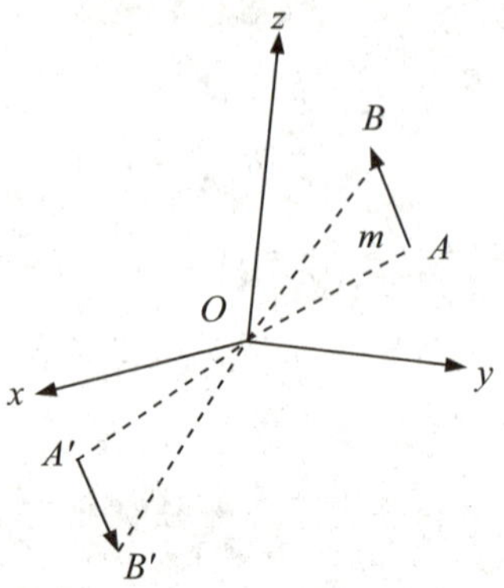

空间坐标反射示意图

上面提到的都是经典力学中的对称性，是最简单的一些对称性，它们反映了时间和空间是均匀的、各向同性的。这些对称性都是对某种“连续变换”的不变性。经典力学还具有左右对称性，即在空间坐标反射变换下的不变性。牛顿定律就具有空间坐标反射不变性。例如，质量为 $m$ 的物体在外力 $F$ 的作用下，沿 $AB$ 作加速度为 $a$ 的匀加速直线运动，且 $a=F/m$；$a$、$F$、$AB$ 具有相同的方向。如果做空间反射[即用坐标($-x$、$-y$、$-z$)代替坐标($x$、$y$、$z$)]，运动轨迹则为 $A'B'$，力 $F$ 为 $F'$，$F'$ 与 $A'B'$ 方向仍一致，牛顿定律为 $a=F'/m$，即质量为 $m$ 的物体的运动规律在空间反射下仍然不变。但这种左右对称性是一种分立变换下的对称性。经典力学虽然具有这种对称性，但却找不到相应的守恒量，因而不产生守恒定律。这样，左右对称性对于经典力学就不具有十分重要的实用意义。但是在量子力学中，分立变换下的对称性和连续变换下的对称一样，可以形成守恒定律，找到守恒量。这个守恒量被称之为“宇称”(parity)。

## (二)

宇称的概念最早是由美国物理学家维格纳(Eugene Paul Wigner，1902—1995，1963 年获得诺贝尔物理学奖)引入的。1924 年，正在进行铁光谱研究的美国物理学家拉波特(Otto Laporte，1903—1971)发现，铁原子的能级分为两种，后来把它们分别称为“奇”、“偶”能级。如果只发射或吸收一个光子，则在这些能级跃迁中，能级总是由奇变偶，或由偶变奇。1927 年 5 月，维格纳用严密的推导证明，拉波特的经验规律是辐射过程中左右对称的结果。维格纳的分析论证，正是借助于“宇称”和“宇称守恒”的观点。他将偶能级定义为带有正宇称,奇能级定义为负宇称。拉波特发现的规律正好反映了辐射过程中宇称守恒,即粒子(系统)的宇称在相互作用前、后不改变,作用前粒子系统宇称如果为正,作用后亦为正;作用前粒子系统宇称如果为负,则作用后亦为负。如果作用前、后宇称的正负发生了改变,则宇称不守恒。维格纳还指出,与宇称守恒相关联的对称性就是左右对称,或称空间反射不变。

维格纳的基本思想很快被吸收到物理学语言中。由于在其他相互作用中宇称守恒是毫无疑问的,于是这一思想就迅速被推广到原子核物理、介子物理和奇异粒子物理学中去。而且,这一推广应用似乎颇具成效,于是物理学家们确信,宇称守恒定律有如能量、动量等守恒定律一样,是一条普遍有效的规律。从宏观现象得到的左右对称的规律,也完全适用于微观世界。

在科学史上,科学家经常采用扩大已发现规律的应用范围,向未知领域进行探索。1959年诺贝尔物理学奖获得者之一塞格雷说过:

> 一旦某一规则在许多情况下都能成立时,人们就喜欢把它扩大到一些未经证明的情况中去,甚至把它当做一项"原理"。

宇称守恒定律的遭遇也正是这样。在1956年以前,它一直被视为物理学中的金科玉律,谁也没有想到去怀疑它。但到1956年,物理学家们的这一信念开始发生动摇。发生动摇的原因是出现了一种佯谬,即"θ-τ之谜"。

1947年,鲍威尔(C. F. Powell,1903—1969)用乳胶方法发现了12年前日本物理学家汤川秀树(H. Yukawa,1907—1981)预言的介子。不久,英国物理学家罗彻斯特(George Dixon Rochester, 1908—2001)和澳大利亚物理学家巴特勒(Clifford Charles Butler,1922—1999)从宇宙射线中发现了一种中性粒子衰变为两个π介子的过程,这中性粒子后被称为θ粒子,其衰变过程为:

$$\theta \rightarrow \pi + \pi$$

1949年，R. 布朗（R. Brown）等人又发现一个新粒子，即τ粒子，它可以衰变为3个π介子：

$$\tau \rightarrow \pi + \pi + \pi$$

由于θ，τ粒子具有一些先未曾预料到的性质，故被称为“奇异粒子”（strange particle）。根据实验测得，这两个粒子的质量、平均寿命非常接近，但其衰变方式不同：θ粒子衰变为2个π介子，因此宇称为正，而τ衰变为3个π介子，宇称为负。1953年，英国理论物理学家达里兹（Richard Henry Dalitz，1925—2006）和法布里（E. Fabri）根据实验指出，按照θ和τ的衰变公式，可以确定θ的宇称为正（亦称偶），而τ的宇称为负（亦称奇）。这当然不是什么了不起的问题，人们早就知道不同的粒子可以以不同方式衰变，正如不同的人可以以不同的方式死去一样。问题在于这两个粒子在物理学家看来似乎是同一个粒子，如果真是同一个粒子却不遵守宇称守恒定律，在当时看来这是不允许的。到1956年初，实验资料均证实了达里兹和法布里的论证。

于是，物理学家只能在两种选择中决定取舍：要么认为τ和θ粒子是不同的粒子，以挽救宇称守恒定律；要么承认τ和θ粒子是同一种粒子，而宇称守恒定律在这种衰变中失效。但是，左右对称这一原理毕竟具有那么悠久的历史，以致人们很难相信宇称会真的不守恒。所以，人们囿于传统的信念，开始根本不愿意放弃宇称守恒的观念，而是极力设法去寻找τ和θ粒子之间的某种不同，以证明它们是不同的粒子。但一切努力均劳而无功，τ和θ粒子实在是无法区分。物理学家又一次陷入了迷惘和思索；同时，新的突破也在紧张的思索之中孕育着。这种情形正如杨振宁教授所说：

> 那时候，物理学家发现他们所处的情况，就好像一个人在一间黑屋子里摸索出路一样，他知道在某个方向上必定有一个能使他脱离困境的门。然而这扇门究竟在哪个方向上呢？

## （三）

1956年9月，物理学家们听到了一个他们不愿意听到的建议，提建议的人却认为他们提出的建议正是“脱离困境的门”。提这建议的人就是杨振宁和李政道(1926—)。在西雅图举行的一次国际理论会议上，杨振宁指出：

杨振宁和李政道一起讨论物理学问题。

> 然而，不应匆忙即下结论。这是因为在实验上各种K介子(即τ和θ)看来都具有相同的质量和相同的寿命，已知的质量值准确到2至10个电子质量，也就是说准确到1%，而寿命值则准确到20%。……这迫使人们怀疑……τ和θ不是同一粒子的结论是否站得住。附带地，我要加上一句：要不是由于质量和寿命的相同，上述结论肯定会被认为是站得住的，而且会被认为比物理学上许多其他结论更有依据。

接着，于10月1日，杨振宁和李政道在美国《物理评论》上发表了一篇名为《弱相互作用中宇称守恒的问题》的文章。他们在文章中指出，虽然在所有强相互作用中，宇称守恒的证据是强有力的；但在弱相互作用中，以往的实验数据对于宇称是否守恒的问题，都不能给出回答。虽然以前在分析实验数据时都预先假定宇称是守恒的，但实际上根本没有必要，也就是说，以前的实验安排得使宇称守恒或不守恒都不影响结果，因而整个衰变过程中，所完成的实验既不足以肯定、也不足以否定宇称守恒定律。原来物理学家由于一相情愿地认为在弱相互作用中宇称是守恒的，结果竟受到自然界的愚弄。他们两人认为，也许在弱相互作用中宇称根本就是不守恒的。而且他们还注意到，类似的情况不是唯一的，以前人们就知道至少有一个

守恒定律(同位旋守恒)仅适用于强相互作用,而不适于弱相互作用。他们在文章中明确指出:

> 为了毫不含糊地肯定宇称在弱相互作用中是否守恒,就必须进行的实验……并加以讨论。

这儿我们需要简单介绍一下弱和强相互作用。物理学家通过对亚原子粒子 50 多年的研究,已掌握它们之间有 4 种不同的相互作用。现将其类型及强度列表如下:

| 类型 | 强度(数量级关系) |
|---|---|
| 强相互作用 | 1 |
| 电磁相互作用 | $10^{-2}$ |
| 弱相互作用 | $10^{-13}$ |
| 引力相互作用 | $10^{-38}$ |

关于电磁和引力相互作用人们比较熟悉,就不必多说。强相互作用是把核子结合在一起的力,以及核子和π介子之间的相互作用;弱相互作用最典型的例子是原子核的β衰变,后来物理学家发现π介子衰变、中微子过程等都属于弱相互作用。

美国物理学家费曼

物理学家对弱相互作用的研究,从发现β射线算起到 1956 年已有半个多世纪,如果从费米提出β衰变理论算起,也有 20 多年。但由于人们从未怀疑过左右对称性,所以虽然对弱相互作用(尤其是β衰变)做过大量实验,却没有一个实验能证明弱相互作用中宇称是否守恒。

杨振宁和李政道的文章发表后，反应冷淡。当时在加利福尼亚理工学院任教的著名理论物理学家费曼曾回忆说，他对宇称不守恒的看法是：

我认为这种看法不一定能兑现，但并非不可能，而且这个可能性还是惊人的。数日后，实验物理学家诺尔曼·拉姆齐①问我，是否值得让他为此做实验验证，以确定在β衰变中宇称守恒是否真的遭到破坏。我明确地回答，值得。虽然当时我感到宇称守恒肯定不会遭到破坏，但又感到也许有遭到破坏的可能，所以，设法澄清这一点是十分紧要的事。他问我：你说宇称守恒不可能遭到违反，那你是否愿意以100元对1元跟我打赌？我回答说：不行，但打50元的赌我倒情愿。他说：50元也行，这个赌可是打定了，我去做！不幸的是拉姆齐此后没时间去做这个实验。使我欣慰的是我这50元算保住了。

戴森（左2）和杨振宁（左3）、李政道（右1），左1是杨、李的好友阿伯拉罕·派斯。



① 拉姆齐（Norman F. Ramsey，1915—2011），美国物理学家，1989年获得诺贝尔物理学奖。

费曼对宇称守恒的态度在当时来说还是比较高明的，而其他绝大部分物理学家还远不如费曼的认识水平，他们根本无法相信宇称竟会不守恒。普林斯顿高级研究院的戴森(Freeman Dyson，1923—)教授曾在《物理学的新事物》一文中，生动地描述了当时大多数物理学家的"蒙昧无知"。他写道：

给我寄来了一个副本（指李政道和杨振宁的论文），我看过了。我一共看了两遍。我说了"这个问题很有趣"一类的话，或许不是这几个字，但意思差不多。可是，我没有想象力，我连下面的话都说不出来："上帝！如果这是真的话，那它就为物理学开辟了一个全新的分支。"我认为，当时除了很少数几个人外，其他物理学家也都和我一样，是毫无想象力的。



戴森的话一点也不夸张。例如被公认为物理直觉异常敏锐、而且在量子物理发展过程中几乎是战无不胜的泡利，在1957年1月17日给韦斯科夫(Vector Frederick. Weisskopf，1908—2002)的信中写道：

"我不相信上帝是一个软弱的左撇子，我愿出大价和人打赌，……我看不出有任何逻辑上的理由认为，镜像对称会与相互作用的强弱有关系。"

## (四)

信也好，不信也好，这是只有实验才能决定的是非。但是，没有多少实验物理学家作出积极的响应。正如戴森在上面提到的文章中所说：

自然可以想象，在得知李、杨的模型后，所有的实验物理学家都会立即去做这个实验。要知道这里提出的正是盼望已久的、能揭示新的自然规律的实验。但是，实验物理学家们，除极少数人以外，仍然默默地继续从事原来的工作。只有在美国国家标准局工作的吴健雄和她的同事们有勇气花费半年的时间来准备这个有决定意义的实验。

大多数实验物理学家对验证宇称守恒的实验所采取的态度是:这个实验太难,还是让别人去做吧!

吴健雄(1912—1997)于1934年毕业于南京的中央大学,获学士学位。1936年,从浙江大学物理系考入美国加州大学伯克利分校,先后当过劳伦斯(Ernest Orlando Lawrence,1901—1958)和塞格雷的研究生。由于她刚强坚定的性格、敏锐的物理思想和高超的实验技术,而受到许多杰出物理学家的高度评价。塞格雷在他的《从X射线到夸克》一书中写道:

她的毅力和对工作的献身精神使人想起了玛丽·居里,但她更成熟、更漂亮、更机灵。她的大部分科学工作是从事β衰变的研究,并且在这方面作出一些重要的发现。

她还跟泡利工作过一段时间,泡利对她十分敬重,他曾说:

> "吴健雄这位中国移民,对核物理这门科学的兴趣简直浓厚到了令人难以想象的程度。和她讨论核物理方面的问题,她会滔滔不绝,忘记了夜晚窗外早已是皓月当空。"

与吴健雄合作做验证宇称守恒实验的美国国家标准局的三位物理学家:安伯勒(右一)、海瓦尔德(右二)和哈德逊(左一)。

吴健雄需要约半年时间为实验做各种准备。由于实验需要使温度接近0.01K,而她当时所在的工作单位哥伦比亚大学实验室里,还没有获得这种制低温的装置,只有美国国家标准局才有这样的装置和熟悉制冷技术的工作人员。幸好标准局相信吴健雄做这项实验是必要的,于是吴健雄与物理学家安伯勒(Ernest Ambler,1923—)、海瓦尔德(Raymond W. Hayward,1921—)、霍普斯(Dale D. Hoppes,1928—)和哈德逊(Ralph P. Hudson,1924—)等人能在标准局开始紧张的准备和预测工作。这时，全世界物理学家都焦急、紧张地等待他们实验的结果。大部分物理学家期望实验的结果将再次使泡利的“拯救”成功，他们甚至相信只可能出现泡利预言的结果，否则，已经相当完美、和谐的理论将又一次面临可怕的混乱。

1957年1月15日，哥伦比亚大学举行了新闻发布会，著名物理学家拉比(Isidor Isaac Rabi，1898—1988)宣布吴健雄等人的实验明确无误地证实了在β衰变中宇称是不守恒的。第二天，《纽约时报》头版刊登了这一消息。

> 现在，人们很难想象当时物理学家在得知这一结果时的心情。他们感到极度地震惊。不少人还默默期望，在其他弱相互作用中宇称也许仍然是守恒的。但是，以后所有的实验都毫无例外地证明：在强相互作用中，宇称守恒定律是不可动摇的，但在弱相互作用中，这个定律不起作用。

1957年1月27日，泡利又写了一封信给韦斯科夫，他在信中写道：

现在第一次震惊已经过去了，我开始重新思考。……现在我应当怎么办呢？幸亏我只在口头上和信上和别人打赌，没有认真其事，更没有形成文字，否则我哪能输得起那么多钱呢！不过别人现在是有权来笑我了。使我感到惊讶的是，与其说上帝是个左撇子，还不如说他用力时，他的双手竟是对称的。总之，现在面临的是这样一个问题：为什么在强相互作用中左右是对称的？

泡利的问题已经超越了本章θ-τ之谜的讨论范围。宇称既然在弱相互作用中已经肯定是不守恒的了，θ-τ之谜当然也就解开了。在结束本章之前，有一个问题也许应该引起我们的深思。

中国文化与欧洲文化是相辅相成的，应当互相学习。在杨振宁、李政道的理论获得吴健雄实验证实以后，西方人对中国文化是否对他们3人起了某种特殊作用，十分感兴趣。因为，这么一个重大的理论突破，从理论到实验恰好由3个中国年轻人完成，这大约不会是偶然的。美国一位杂志编辑小坎佩尔(James Campell, Jr.)推测，也许在西方和东方世界的文化遗产中有某种差异，促使中国物理学家去研究自然法则的对称性。《科学美国人》杂志的编辑伽德勒（Martin Gardner，1914—2010)则更有意思，他以中国的阴阳符号为例，说明中国文化素来强调不对称性。右图就是伽德勒所说的阴阳符号，由图中可以清楚地看出，阴阳符号是一个非对称分割的圆，并涂成黑白(或黑红)两色，分别代表阴和阳。阴阳表示了自然界、社会以及人的一切对偶关系，如善恶、美丑、雌雄、左右、正负、天地、悲欢、奇偶、生死等等，无穷无尽。而且最奥妙的是每一侧都有另一侧的小圆点，这意思是说阴中有阳、阳中有阴；丑中有美、美中有丑；奇中有偶、偶中有奇；生中有死、死中有生……这种不对称性的思想传统也许早就使杨、李受到潜移默化，使他们比更重视对称性的西方科学家易于怀疑西方的科学传统。

中国古代学说中的的阴阳图

无论以上具体分析有多大学术价值，但东方文化(尤其是中国文化)远从莱布尼兹起，就受到西方杰出科学家的重视。英国科技史学家李约瑟(Joseph T. M. Needham，1900—1995)说：

“17世纪的欧洲大思想家中，以莱布尼兹对中国思想最为向往，许多文献里都载有他对中国的浓厚兴趣。”

到20世纪70年代以后，人们已经看到，科学的整体化时代正在到来，这时国内外开始惊讶地发现，在西方所谓系统、协同等新颖的观念和理论，在中国古代科学中竟然如此丰富，有的已形成了一定的理论体系，它们将会对现代科学中的综合起到巨大作用，可以帮助现代科学更有效地突破旧框架的束缚。1977年诺贝尔化学奖获得者普里高津曾经说：

> 我们正在向新的综合前进，向新的自然主义前进。这个新的自然主义将把西方传统连同它对实验的强调和定量的表述，同以自发的自组织世界的观点为中心的中国传统结合起来。

他还说："中国文化是欧洲科学灵感的源泉。"

普里高津的话显然值得深思。